ANSYS 技术丛书

ANSYS CFD 入门指南

——计算流体力学基础及应用

胡　坤　胡婷婷　马海峰　顾中浩　编著

机械工业出版社
CHINA MACHINE PRESS

本书借助ANSYS Workbench平台，全面讲述了CFD解决工程问题的完整流程，主要内容包括流体计算域创建、计算网格生成、物理问题计算求解、计算后处理等。本书注重理论和实践相结合，结构脉络清晰，可以帮助读者迅速掌握CFD学习的流程、方法和思路，并建立起自己的一套CAE问题解决方案。

本书可以作为机械、力学、水利、汽车、航空航天、能源动力、电子工程等领域本科生、研究生和教师的参考书及教学用书，也可以供相关领域从事产品设计、仿真和优化的工程技术人员及广大CAE爱好者参考。

图书在版编目（CIP）数据

ANSYS CFD 入门指南：计算流体力学基础及应用 / 胡坤等编著．—北京：机械工业出版社，2018.10（2025.1 重印）
（ANSYS 技术丛书）
ISBN 978-7-111-61198-1

Ⅰ．① A…　Ⅱ．①胡…　Ⅲ．①工程力学－流体力学－有限元分析－应用软件　Ⅳ．① TB126-39

中国版本图书馆 CIP 数据核字（2018）第 243660 号

机械工业出版社（北京市百万庄大街 22 号　邮政编码 100037）
策划编辑：徐　强　责任编辑：徐　强
责任校对：陈　越　封面设计：鞠　杨
责任印制：常天培
固安县铭成印刷有限公司印刷
2025 年 1 月第 1 版第 11 次印刷
184mm × 260mm · 16 印张 · 406 千字
标准书号：ISBN 978-7-111-61198-1
定价：65.00 元

前　言

计算流体力学是一门汇集了流体力学、数学、计算机科学等内容的综合学科，所涉及内容繁多，既包含了流体流动的众多物理模型，还包括了数值计算的诸多理论，同时还涉及数值算法在计算机中的实现等。要将如此复杂的理论体系应用于工程中，无疑对使用者自身的素质提出了极高的要求。

目前有众多成熟的计算流体力学软件包可供使用，如 Fluent、STAR CD、STAR CCM+、CFX 等，这些成熟的软件都提供了良好的前后处理接口，通过将复杂的 CFD 计算理论进行封装，大大降低了 CFD 软件的工程应用门槛。

CFD 的工程应用包含了前处理、计算求解以及后处理三个主要过程。其中前处理主要用于计算区域创建、网格划分以及计算参数指定。计算求解主要用于离散方程的数值计算。后处理则主要将计算获得的数据进行可视化显示，以方便实现工程应用。

ANSYS Workbench 提供了一整套 CFD 解决方案，其 DesignModeler 模块可用于前处理几何计算域的创建，Mesh 模块可用于计算网格的生成，而 Fluent 及 CFX 可用作计算求解，CFD-Post 用于计算后处理。

本书借助 ANSYS Workbench 平台，全面讲述 CFD 解决工程问题的完整流程，主要内容包括：

流体计算域创建。主要介绍计算域几何创建，包括 ANSYS DesignModeler 模块的详细使用方法以及常见的流体计算区域创建方式。

计算网格生成。包括 Mesh 模块介绍以及常用的网格生成方法。

物理问题计算求解。包括 Fluent 软件的使用介绍，以及物理模型、边界条件、求解控制参数等的设置方法。

计算后处理。主要包括 CFD-Post 模块的应用以及常见的后处理方式，如平面创建、云图显示、曲线图及数据输出等。

本书面向的读者为无任何 CFD 基础的工程师或科研人员，虽然本书不要求读者具备此类基础，但是拥有流体力学、数值计算以及计算机程序设计基础的人员，则能够更好地利用本书的内容。

本书中的案例文件保存在网盘中（链接：https://pan.baidu.com/s/1CtMxjEVJp5TflrNRZC0pJg 密码：al1s），读者可自行下载。

目　录

第 5 章 Fluent 求解器基础

第 6 章 计算后处理基础

第 1 章 计算流体力学概述

1.1 计算流体力学

计算流体力学（Computational Fluid Dynamic，简称 CFD）是 20 世纪 60 年代伴随计算机科学迅速崛起而形成的，它是通过计算机数值模拟和可视化处理，对流体流动和热传导等相关物理现象进行数值分析和研究的一门力学分支学科。传统的流体力学主要研究流体流动（流体动力学）或静止问题（流体静力学），CFD 主要研究前一部分，即流体动力学部分，对于流体静力学问题，虽然可以采用 CFD 解决，但这并非 CFD 的初衷所在。

流体流动的物理特性通常以偏微分方程的方式进行描述，这些方程控制着流体的流动过程，常将其称为“CFD 控制方程”。宏观尺度的流动控制方程通常为 Navier-Stokes 方程（不可压缩粘性流体的运动微分方程），也简称为NS方程，对于该方程的解析求解至今仍是世界难题，因此在工程上常采用数值求解的方式。为了求解这些数学方程，计算机科学家应用高级计算机语言，将其转换为计算机程序或软件包。“计算”部分代表通过数值模拟的方式对流体流动问题的研究，包括应用计算程序或软件包在高速计算机上获得数值计算结果。存在的问题是：在开发 CFD 程序或是进行 CFD 模拟过程中，是否需要流体工程、数学和计算机科学的专业人员一起工作？答案是否定的，CFD 更需要的是对上述每一学科知识都有一定了解的人。

对于流体流动问题的研究，传统方法有两种：一种是纯理论的分析流体力学方法，另一种是实验流体力学方法。CFD 方法与这两种传统方法间的关系如图 1-1 所示。这三种方法并非完全独立，它们之间存在着密切的内在联系。在 CFD 技术发展以前，实验手段和理论分析的方式被用于研究流体流动问题的各个方面，并帮助工程师进行设备设计及含有流体流动问题的工业流程设计。随着计算机技术的发展，数值计算已成为另一种有用的方法。在工程应用中，尽管理论分析方法仍然被大量的使用，实验方法也继续发挥着重要的作用，但发展趋势明显趋于数值方法，尤其是在解决复杂流动问题时。

图 1-1 解决流体力学的三种方法

之前，初学者学习 CFD 需要投入大量时间用于编写计算机程序。而今，工业界甚至科学领域希望在非常短的时间内获得 CFD 知识的需求在不断增长，人们不再有兴趣也没有足够的时间用于编写计算程序，而是更加乐于使用成熟的商业软件包。多功能 CFD 程序正在逐步得到认可，随着流体物理学模型的更趋成熟，这些软件包已经得到广泛认可。

尽管商用软件中包含了诸多先进的计算方法，然而 CFD 并不是仅仅熟练运用软件那么简单。要想将 CFD 应用于工程领域，软件使用者至少应具备以下素质：一是对于所模拟的物理现象有深入的了解；二是对软件的每一步操作及相应参数设置有确切的认识；三是能够准确地解读计算结果，并能够将计算结果应用于工程设计。

1.2 计算流体力学的应用领域

CFD 是一种基于计算机仿真解决涉及流动、传热以及其他诸如化学反应等物理现象的分析方法。CFD 方法涵盖了广大的工业及非工业领域，以下是 CFD 方法的传统应用领域：

1）飞行器空气动力学。

2）船舶水动力学。

3）动力装置，如内燃机或气体透平机器的燃烧过程。

4）旋转机械，如旋转通道及扩散器内的流动等。

5）电器及电子工程，包含微电路的装置散热等。

6）化学过程工程，如混合及分离、聚合物模塑过程等。

7）建筑物内部及外部环境，如风载荷及供暖通风等。

8）海洋工程，如近海结构载荷等。

9）水利学及海洋学，如河流、海洋等。

10）环境工程，如污染物及废水排放等。

11）气象学，如天气预报等。

12）生物工程，如动脉及静脉的血液流动等。

1.3 计算流体力学的发展

计算流体力学作为流体力学的一个分支产生于第二次世界大战前后，在 20 世纪 60 年代左右逐渐形成了一门独立的学科。总的来说 CFD 的发展分为三个阶段。

1. 萌芽初创时期（1965—1974）

1）交错网格的提出。初期 CFD 发展过程中所碰到的两个主要困难之一是，网格设置不当时会得出具有不合理的压力场的解。1965 年美国 Harlow 和 Welch 提出了交错网格的思想，即把速度分量与压力存放在相差半个步长的网格上，使每个速度分量的离散方程中同时出现相邻两点间的压力差。这样有效地解决了速度与压力存放在同一套网格上时会出现的棋盘式不合理压力场的问题，促使了求解 Navier-Stokes 方程的原始变量法（即以速度、压力为求解变量的方法）的发展。

2）对流项差分迎风格式的再次确认。初期 CFD 发展过程中所遇到的另一困难是，对流项采用中心差分时，对流速较高的情况的计算会得出振荡的解。早在 1952 年，Courant、Issacson 和 Rees 三人已经在数值求解双曲型微分方程中引入了迎风差分的思想，但迎风差分对克服振荡的应用并未得到重视。1966 年，Gentry、Martin 及 Daly 三人，以及 Barakat 和 Clark 等，各自撰写介绍了迎风格式在求解可压缩流及非稳态层流流动中的应用方式。

交错网络的提出及对流项迎风差分的采用，使流动与对流换热的求解建立在一个比较健壮的数值方法基础上。

3）世界上第一本介绍计算流体及计算传热学的杂志 *Journal of Computational Physics* 于 1966 年创刊。Gentry 等关于确认迎风差分的论文就发表在该刊第 1 卷第 1 期上。

4）Patankar 与 Spalding 于 1967 年发表了求解抛物型流动的 P-S 方法。在 P-S 方法中，把 x-y 平面上的计算区域（边界层）转换到 x-w 平面上（w 为无量纲流函数），从而不论在边界层的起始段还是在其后的发展段，所设置的计算节点均可落在边界层范围内。

5）1969 年 Spalding 在英国帝国理工学院（Imperial College）创建了 CHAM 公司，旨在把他们研究组的成果推广应用到工业界。

6）1972 年 SIMPLE 算法问世。在求解不可压缩流体的流动问题时，若对所形成的包含速度分量及压力的代数方程仍采用直接求解的方法，则可以同时得出速度与压力的解。但这样的求解方法，即使在今天尚未得到广泛采用。于是所谓分离式的求解方法应运而生，即先求解一个速度分量，而把其他作为常数，随后再逐一求解其他变量。于是就产生了这样的问题，即所谓速度与压力的耦合问题。SIMPLE 算法成功地解决了这一问题。SIMPLE 算法的一个基本思想是在流场迭代求解的任何一个层次上，速度场都必须满足质量守恒方程，这是保证流场迭代计算收敛的一个十分重要的原则。

7）1974 年美国学者 Thompson、Thames 及 Mastin 提出了采用微分方程来生成适体坐标的方法（TTM 方法）。TTM 方法的提出为有限差分法与有限容积法处理不规则边界问题提供了一条崭新的道路——通过变换把物理平面上的不规则区域（二维问题）变换到计算平面上的规则区域，从而在计算平面上完成计算，再将结果传递到物理平面上。在 TTM 方法提出后，逐渐地在 CFD 领域中形成了“网格生成技术”这一分支，并成为目前世界上很活跃的研究方向。

2. 工业应用阶段（1975—1984）

1）1977 年由 Spalding 及其学生开发的 ENMIX 程序公开发行。

2）1979 年在计算传热学的发展进程中有三件大事应载入史册：

① 由美国 Illinois 大学的 Minkowycz 教授任主编的国际杂志 *Numerical Heat Transfer* 创刊。杂志分为两种：A：Applications（应用篇）及 B：Fundamentals（基础篇）。

② 由 Spalding 教授及其合作者开发的流动传热计算的大型通用软件 PHOENICS 第一版问世。PHOENICS 是英语 Parabolic, Hyperbolic or Elliptic Numerical Integration Code Series 的缩写（意为对抛物型、双曲型、椭圆型方程进行数值积分的系列程序）。

③ Leonard 在 1979 年发表了著名的 QUICK 格式。这是一个具有三阶精度的（从界函面数插值而言）的对流项离散格式，其稳定性优于中心差分。目前 QUICK 已在 CFD/NHT 研究与应用中得到广泛的应用。

3）1980 年 Patankar 教授的名著 *Numerical Heat Transfer and Fluid Flow* 出版。这本书内容精炼，说理透彻，注重物理概念的阐述，深受全世界数值传热的研究者与使用者的欢迎。出版后不久，被相继译成俄文、日文、波兰文及中文等，成为数值传热学领域中的一本经典著作。

4）1981 年英国的 CHAM 公司把 PHOENICS 软件正式投入市场，开创了 CFD/NHT 商用软件市场的先河。

随着计算机工业的进一步发展，CFD 的计算逐步由二维向三维，由规则区域向不规则区域，由正交坐标系向非正交坐标系发展。于是，为克服棋盘形压力场而引入的交错网格的一些弱点，1982年Rhie与Chou提出了同位网格方法。这种方法吸取了交错网格成功的经验而又把所有的求解变量布置在同一套网格上，目前在非正交曲线坐标系的计算中得到广泛的应用。关于处理不可压缩流场计算中流速与压力的耦合关系的算法，在这一段时期内也有进一步的发展，先后提出了SIMPLER、SIMPLEC算法。

3. 兴旺发达的近期（1985—至今）

1）Singhal撰文指出了促使CFD/NHT应用于工程实际应解决的问题。他认为当时工业界的应用之所以不够踊跃，除了数值计算方法及模型有待完善外，软件使用的方便及友好性不够完善也是重要原因。

2）前、后处理软件的迅速发展。

3）巨型机的发展促使了并行算法及紊流直接数值模拟（DNS）与大涡模拟（LES）的发展。

4）PC机成为CFD研究领域中的一种重要工具是该时期的一个特色。

5）多个计算传热与流动问题的大型商业通用软件陆续投放市场。继1981年PHOENICS上市以后，相继有Fluent（1983年），FIDAP（1983年），STAR-CD（1987年），FLOW-3D（1991年，现改为CFX）等进入市场，其中除FIDAP为有限元法外，其余产品均采用有限容积法。FIDAP以后又与Fluent合并，成为该软件家族中的一个部分。

6）1989年著名学者S.V.Patankar教授推出了计算流动传热-燃烧等过程的Compact系列软件。

7）1993年底欧共体解除对PHOENICS的禁运，商用软件正式进入中国的市场。

8）数值计算方法向更高的计算精度、更好的区域适应性及更强的健壮性（鲁棒性）的方向发展。

1.4 CFD解决工程问题的基本流程

利用CFD进行工程问题求解，一般采用以下工作流程：

1. 物理问题抽象

这一步主要解决的问题是决定计算的目的。在对物理现象进行充分认识后，确定要计算的物理量，同时决定计算过程中需要关注的细节问题。

2. 计算域确定

决定了计算内容之后，紧接着要做的工作是确定计算空间。这部分工作主要体现在几何建模上。在几何建模的过程中，若模型中存在一些细小特征，则需要评估这些细小特征在计算时是否需要考虑，是否需要移除这些特征。

3. 划分计算网格

计算域确定之后，需要对计算域几何模型进行网格划分。

4. 选择物理模型

对于不同的物理现象，需要选择合适的物理模型进行描述。在第一步工作中确定了需要模拟的物理现象，在此需要选择相对应的物理模型。如若需要考虑传热，则需要选择能量模型；若考虑湍流，则需要选择湍流模型等。

5. 确定边界条件

确定计算域实际上是确定了边界位置。在这一步工作中，需要确定边界位置上物理量的分布，通常需要考虑边界类型及边界位置上物理量的分布。

6. 设置求解参数

在上面的工作均进行完毕后，则需要设定求解参数。包括一些监控物理量设定、收敛标准设定、求解精度控制等。若为瞬态计算，则可能还涉及自动保存、动画设定等。针对不同的物理问题，需要设定的求解参数也存在差异。

7. 初始化并迭代计算

在进行迭代计算之前，往往需要进行初始化。对于稳态计算，选择合适的初始值有助于加快收敛，初始值的设定不会影响到最终的计算结果。而对于瞬态计算，则需要根据实际情况设定初始值，初始值会影响到后续时间点上的计算结果。

8. 计算后处理

计算完毕后，通常需要进行数据后处理，将计算结果以图形图表的方式展现出来，从而方便进行问题分析。后处理一般包含的内容包括表面或截面上物理量云图显示、线上曲线图显示、计算结果输出和动画生成等。

9. 模型的校核与修正

在后处理过程中，往往需要对计算结果进行评估，一般情况下是与试验值进行比较。评估的内容包括网格独立性、收敛性、计算模型、计算结果有效性与误差等。在评估的过程中通常需要不断地调整模型，最终使模型计算结果贴近于实验值，以方便后续的研究工作。

第2章 ANSYS CFD 软件简介

本章主要描述工程应用中常见的 CFD 软件。主要包括 CFD 前处理软件、求解器以及后处理软件。

2.1 CFD 工程应用一般流程

对于利用 CFD 进行模拟仿真计算，通常可以分为三个相互独立的阶段：计算前处理、计算求解及计算后处理。它们的主要目标为：

计算前处理：将现实世界抽象为计算机可以识别的数据模型，方便计算机进行计算。

计算求解：这部分工作主要是由求解器完成，同时是读取前处理数据，进行运算求解，输出一系列时空物理量。

计算后处理：对求解器输出的物理量进行处理，以图表或数据的方式展示给用户。用户读取计算机输出的数据，指导产品设计。

2.1.1 计算前处理

计算前处理在一些场合也称为“预处理”，其主要包括以下流程：

1）物理现象的抽象简化。现实世界是一个复杂的系统，要想对感兴趣的现象进行研究，必须进行简化处理。通常需要排除一些干扰因素，以便于研究分析。

2）计算域几何模型构建。计算域指求解计算时的积分空间。流体计算域与几何实体常常存在差异。后面章节提到的“计算区域抽取”将会专门针对这部分做阐述。

3）计算网格划分。目前绝大多数通用流体计算软件采用的是有限体积法，该方法要求对计算区域进行离散处理，表现在前处理过程中为计算网格划分。

4）设定计算区域属性。在 CFD 计算中，通常需要指定计算区域的工作介质属性、计算区域的运动状态等。

5）设定计算模型及边界条件。选择合理的计算模型以及边界条件，是获得正确计算结果的必要条件。

6）设定求解控制参数。为了加快计算收敛过程及提高计算精度，一些商用 CFD 软件通常允许用户对求解过程参数进行控制。

7）设定输出参数。CFD 计算数据量通常很大，通常可以设定需要输出的物理量，这样不仅可以减少输出的数据，还可以降低计算机硬盘读写时间，提高计算效率。

前处理的工作一般是通过前处理器完成。

2.1.2 计算求解

计算求解的工作是通过计算求解器完成的。通常 CFD 求解器的工作职责为：从前处理器读入数据（网格数据、边界信息、求解控制参数等），利用内置的求解算法进行求解计算，最后输出计算结果。

实际上商业通用 CFD 计算软件为了满足用户操作上的需要，其求解器通常还带有大部分的前处理内容，如 ANSYS CFD 中的 CFX 及 Fluent 软件，其包含了网格导入、计算模型选择、边界条件设置、求解控制参数设置等前处理内容，真正求解器的功能是从用户单击“计算”按钮后开始的。

2.1.3 计算后处理

计算后处理的主要工作是将求解器计算的数据以图形、曲线，或数据表的方式呈现给用户。常见的图形类型包括云图、矢量图、流线、XY 曲线图、数据输出等。计算后处理的工作一般是通过后处理器完成的。

提示： 前处理器的目的是让计算机识别真实的世界，求解器的目的是利用计算机求解前处理器生成的计算模型，后处理器则是将计算结果以直观的方式展现给人们。这三个过程可以相互独立，只要它们之间存在相同的数据接口即可。因此，市面上可以找到单纯的前处理软件、求解器软件和后处理软件。

2.2 ANSYS CFD 软件族简介

ANSYS CFD 是一个完整的 CFD 解决方案，包含了流体仿真的全部过程。其包含有顶级流体网格生成工具 ICEM CFD、旋转机械网格生成工具 TurboGrid、强大的通用 CFD 求解器 Fluent 及 CFX、模塑成型 CFD 仿真工具 Polyflow、以及后处理工具 CFD-Post。

2.2.1 前处理软件：ICEM CFD

ICEM CFD 是一个高度智能化的高质量网格生成软件，其具有两大主要特色：先进的网格剖分技术及一劳永逸的 CAD 模型处理工具。

1. 先进的网格剖分技术

在 CFD 计算中，网格质量及数量直接影响计算精度与计算速度。ICEM CFD 强大的网格划分功能可满足 CFD 计算对网格的严格要求：边界层自动加密、流场变化剧烈区域局部网格加密、高质量的全六面体网格、复杂空间的混合网格划分等。

主要优势包括：

1）采用映射技术的六面体网格划分功能。通过雕塑方法在拓扑空间进行网格划分，然后自动映射至物理空间，可以在任意形状的模型中剖分出六面体网格。

2）映射技术自动修补几何表面的裂缝和空洞，从而生成光滑的贴体网格。

3）采用独特“O”型网格生成技术来生成六面体边界层网格。

4）网格质量检查功能可以轻松检查、标识出质量差的单元。利用“网格光滑”功能可以对已有网格进行均匀化处理，从而提高网格质量。

5）ICEM CFD 提供了强大的网格编辑功能，可以对已有的网格进行编辑处理，如转化单元类型。

6）ICEM CFD 提供了良好的脚本运行机制，可以通过录制脚本方便地实现命令流自动处理。

2. 一劳永逸的 CAD 模型处理工具

ICEM CFD 处理除提供自身的集合建模工具之外，它的网格生成工具也可以集成在 CAD 环境中。用户可以在自己的 CAD 系统中进行 ICEM CFD 的网格划分设置，如在 CAD 系统中选择面、线并分配网格大小属性等，这些数据可存储在 CAD 的原始数据库中，用户在对几何模型进行修改时也不会丢失相关的 ICEM CFD 设置信息。另外 CAD 软件中的参数化几何造型可与 ICEM CFD 中的网格生出及网格优化等模型通过直接接口连接，大大缩短了几何模型变化之后网格的再生时间。该直接接口适用于多数主流 CAD 系统，如 UG NX、Creo、CATIA、SolidEdge、SolidWorks 等。

ICEM CFD 的几何模型工具的另一特色是其方便的模型清理功能。CAD 软件生成的模型通常包含所有细节，甚至还有粗糙的建模过程形成的不完整曲面等。这些特征对网格剖分过程带来了巨大挑战，ICEM CFD 提供的清理工具可以轻松处理这些问题。

2.2.2 CFD 求解器：Fluent

Fluent 是 ANSYS CFD 的核心求解器，其拥有广泛的用户群。ANSYS Fluent 的主要特点及优势包括：

1. 湍流和噪声模型

Fluent 的湍流模型一直处于商业 CFD 软件的前沿，它提供的丰富的湍流模型中有经常使用到的湍流模型、针对强旋流和各相异性流的雷诺应力模型等，随着计算机能力的显著提高，Fluent 已经将大涡模拟纳入其标准模块，并且开发了更加高效的分离涡模型（DES），Fluent 提供的壁面函数和加强壁面处理的方法可以很好地处理壁面附近的流动问题。

气动声学在很多工业领域中倍受关注，模拟起来却相当困难，如今，使用 Fluent 可以有多种方法计算由非稳态压力脉动引起的噪音，瞬态大涡模拟预测的表面压力可以使用 Fluent 内嵌的快速傅立叶变换（FFT）工具转换成频谱。Fflow-Williams&Hawkings 声学模型可以用于模拟从非流线型实体到旋转风机叶片等各式各样的噪声源的传播，宽带噪声源模型允许在稳态结果的基础上进行模拟，这是一个快速评估设计是否需要改进的非常实用的工具。

2. 动网格和运动网格

内燃机、阀门、弹体投放和火箭发射都是包含有运动部件的例子，Fluent 提供的动网格模型满足这些具有挑战性的应用需求。它提供了几种网格重构方案，根据需要用于同一模型中的不同运动部件，仅需要定义初始网格和边界运动。动网格与 Fluent 提供的其他模型如雾化模型、燃烧模型、多相流模型、自由表面预测模型和可压缩流模型相兼容。搅拌槽、泵、涡轮机械中的周期性运动可以使用 Fluent 中的动网格模型（moving mesh）进行模拟，滑移网格和多参考坐标系模型被证实非常可靠，并和其他相关模型如 LES 模型、化学反应模型和多相流等有很好的兼容性。

3. 传热、相变、辐射模型

许多流体流动伴随传热现象，Fluent 提供了一系列应用广泛的对流、热传导及辐射模型。对于热辐射，P1 和 Rossland 模型适用于介质光学厚度较大的环境，基于角系数的 surface to surface 模型适用于介质不参与辐射的情况，DO 模型（Discrete ordinates）适用于包括玻璃在内的任何介质。太阳辐射模型使用光线追踪算法，包含了一个光照计算器，它允许光照和阴影面积的可视化，这使得气候控制的模拟更加有意义。

其他与传热紧密相关的有汽蚀模型、可压缩流体模型、热交换器模型、壳导热模型、真实气体模型和湿蒸汽模型。相变模型可以追踪分析流体的融化和凝固。离散相模型（DPM）可用于液滴和湿粒子的蒸发及煤的液化。易懂的附加源项和完备的热边界条件使得 Fluent 的传热模型成为满足各种模拟需要的成熟且可靠的工具。

4. 化学反应模型

化学反应模型，尤其是湍流状态下的化学反应模型在 Fluent 软件中自其诞生以来一直占有重要的地位，多年来，Fluent 强大的化学反应模拟能力帮助工程师完成了对各种复杂燃烧过程的模拟。涡耗散概念模型、PDF 输运模型以及有限速率化学反应模型已经加入到 Fluent 的主要模型中。预测 NOx 生成的模型也被广泛地应用与定制。

许多工业应用中涉及发生在固体表面的化学反应，Fluent 表面反应模型可以用来分析气体和表面组分之间的化学反应及不同表面组分之间的化学反应，以确保表面沉积和蚀刻现象被准确预测。对催化转化、气体重整、污染物控制装置及半导体制造等的模拟都受益于这一技术。

Fluent 的化学反应模型可以和大涡模拟及分离涡湍流模型联合使用，这些非稳态湍流模型耦合到化学反应模型中，我们才有可能预测火焰稳定性及燃尽特性。

5. 多相流模型

多相流混合物广泛应用于工业中，Fluent 软件是在多相流建模方面的领导者，其丰富的模拟能力可以帮助工程师洞察设备内那些难以探测的现象，Eulerian 多相流模型通过分别求解各相的流动方程的方法分析相互渗透的各种流体或各相流体，对于颗粒相流体可以采用特殊的物理模型进行模拟。很多情况下，占用资源较少的混合模型也用来模拟颗粒相与非颗粒相的混合。Fluent 可用来模拟三相混合流（液、颗粒、气），如泥浆气泡柱和喷淋床的模拟。其可以模拟相间传热和相间传质的流动，使得对均相及非均相的模拟成为可能。

Fluent 标准模块中还包括许多其他的多相流模型，对于其他的一些多相流流动，如喷雾干燥器、煤粉高炉、液体燃料喷雾，可以使用离散相模型（DPM）。

VOF 模型（Volume of fluid）可以用于对界面的预测比较感兴趣的自由表面流动，如海浪。汽蚀模型已被证实可以很好地应用到水翼艇、泵及燃料喷雾器的模拟。沸腾现象可以很容易地通过用户自定义函数实现。

6. 前处理和后处理

Fluent 提供专门的工具用来生成几何模型及进行网格创建。GAMBIT 允许用户使用基本的几何构建工具创建几何模型，它也可用来导入 CAD 文件，然后修正几何模型以便于 CFD 分析，为了方便灵活地生成网格，Fluent 还提供了 TGrid，这是一种采用最新技术的体网格生成工具。这两款软件都具有自动划分网格及通过边界层技术、非均匀网格尺寸函数及六面体为核心的网格技术快速生成混合网格的功能。对于涡轮机械，可以使用 G/Turbo，熟悉的术语及参数化的模板可以帮助用户快速地完成几何模型的创建及网格的划分。

Fluent 的后处理可以生成有实际意义的图片、动画、报告，这使得 CFD 的结果非常容易地被转换成工程师和其他人员可以理解的图形，表面渲染、迹线追踪仅是该工具的一部分特征却使 Fluent 的后处理功能独树一帜。Fluent 的数据结果还可以导入到第三方的图形处理软件或者 CAE 软件中进行进一步的分析。

7. 定制工具

用户自定义函数在用户定制 Fluent 时很受欢迎。功能强大的资料库和大量的指南提供了全方位的技术支持。Fluent 的全球咨询网络可以提供或帮助创建任何类型装备设施的平台，如旋风分离器、汽车 HVAC 系统和熔炉。另外，一些附加应用模块，如质子交换膜（PEM）、固体氧化物燃料电池、磁流体、连续光纤拉制等模块已经投入使用。

8. 子模块

1）FloWizard：为产品设计提供快速流动模拟。FloWizard 软件是以设计产品或工艺为目的的快速流体建模软件。该计算流体动力学软件是专门为那些需要了解所设计产品的流体动力学特性的设计工程师和工艺工程师研制的。设计者不再需要是流体模拟方面的专家就可以非常成功地使用 FloWizard。因为它易学易用。在产品设计周期的初期，工程师就可以用快速流动模拟对产品方案进行流动分析，这就提高了设计的性能，降低了产品到达市场的时间。另外，FloWizard 能够执行多个流体动力学设计任务。

2）Fluent for CATIA V5：PLM 的快速流动模型应用。Fluent for CATIA V5 将流体流动和换热分析带入 CATIA V5 的产品生命周期管理（PLM）环境。它将 Fluent 的快速流动模拟技术完全集成到 V5 的 PLM 过程，所有的操作完全基于 CATIA V5 的数据结构。Fluent for CATIA V5 为用于制造的几何模型和流动分析模型之间提供了完全的创成关系。它减少了 CFD 分析周期的 60% 时间甚至更多，它提供了基于模拟的设计方法。设计、分析和优化可以在 CATIA V5 PLM 的单一工作流之内完成。

3）Icepak：电子产品散热分析软件。能够对电子产品的传热或流动进行模拟。Icepak 采用的是 Fluent 求解器，该软件是基于 Fluent 的行业定制软件，嵌入的各类电子器件子模型能大大加快仿真人员的建模过程，自动化的网格划分以及高效的求解器能够满足电子散热仿真的需求。

4）Airpak：HVAC 领域工程师的专业人工环境系统分析软件。Airpak 可以精确地模拟所研究对象内的空气流动、传热和污染等物理现象，并依照 ISO 7730 标准提供舒适度、PMV、PPD 等衡量室内空气质量（IAQ）的技术指标，从而减少设计成本，降低设计风险，缩短设计周期。Airpak 软件的应用领域包括建筑、汽车、楼宇、化学、环境、加工、采矿、造纸、石油、制药、电站、办公、半导体、运输等行业。

2.2.3 CFD 求解器：CFX

CFX 是全球第一款通过 ISO9001 质量认证的大型商业 CFD 软件，目前 CFX 的应用已遍及航空航天、旋转机械、能源、石油化工、机械制造、汽车、生物技术、水处理、火灾安全、冶金、环保等领域。

CFX 是全球第一个在复杂集合、网格、求解这三个 CFD 传统瓶颈问题上均获得重大突破的商业 CFD 软件。其主要特点包括：

1. 精确的数值方法

目前绝大多数商业 CFD 软件采用的是有限体积法，然而 CFX 采用的是基于有限元的有限体积法。该方法在保证有限体积法的守恒特性基础上，吸收了有限元法的数值精确性。其中，基于有限元的有限体积法，对六面体网格使用 24 点积分，而单纯的有限体积法仅采用 6 点积分。基于有限元的有限体积法，对四面体网格采用 60 点积分，而单纯的有限体积法仅采用 4 点积分。

ANSYS CFX 是全球第一个发展和使用全隐式多网格耦合求解技术的商业 CFD 软件，此方法克服了传统分离算法所要求的“假设压力项—求解—修正压力项”的反复迭代过程，而是同时求解动量方程和连续方程，该方法能有效提高计算稳定性与收敛性。

2. 湍流模型

绝大多数工业流动都是湍流流动。因此，ANSYS CFX 一直致力于提供先进的湍流模型以准确有效地捕捉湍流效应。除了常用的 RANS 模型（如 k-ε、k-ω、SST 及雷诺应力模型）及 LES 与 DES 模型之外，ANSYS CFX 提供了更多的改进的湍流模型。这些改进模型包括：能捕捉流线曲率效应的 SST 模型、层流 - 湍流转换模型、SAS（Scale-Adaptive Simulation）模型等。

3. 旋转机械

ANSYS CFX 提供了旋转机械模块，能够帮助用户方便地对旋转机械进行分析计算。

ANSYS CFX 是旋转机械 CFD 仿真领域的长期领跑者。该领域在精度、速度及稳健性方面均有较高的要求。通过采用专为旋转机械定制的前、后处理环境，利用一套完整的模型捕捉转子与定子间的相互作用，ANSYS CFX 完全满足旋转机械流体动力学分析的需求。利用 ANSYS 模块 BladeModeler 与 TurboGrid，能够满足旋转机械设计分析过程中的几何模型构建与网格划分工作。

4. 多相流

ANSYS CFX 中集成了超过二十年的多相流领域经验，允许模拟仿真多组分流动、气泡、液滴、粒子及自由表面流动。拉格朗日粒子输运模型允许求解计算在连续相内一个或多个离散粒子或液滴相。瞬态粒子追踪模拟可以模拟火焰扑灭过程、粒子沉降和喷雾等。粒子破碎模型可以模拟液体颗粒雾化，捕捉粒子在外力作用下的破碎过程，并考虑相间的作用力。壁面薄膜模型可以考虑颗粒在高温（低温）壁面的反弹、滑移和破碎等现象。欧拉多相流模型可以很好地模拟相间动量、能量和质量传输，而且 CFX 中包含丰富的曳力及非曳力模型，全隐式耦合算法对于求解相变导致的汽蚀、蒸发、凝固、沸腾等问题具有很好的健壮性。MUSIG 多尺度颗粒模型可以模拟颗粒在多分散相流动中的破碎与汇聚行为。利用粒子动力学理论和考虑固体相之间的作用，可以模拟流化床内的流动。

5. 传热及辐射

ANSYS CFX 不仅能够求解流体流动中的能量对流传输，还提供共轭热传递（Conjugate Heat Transfer, CHT）模型求解计算固体内部的热传导。同时 CFX 还集成了大量的模型捕捉各类固体与流体间的辐射换热，且这些固体和流体材料可以是完全透明、半透明或不透明。

6. 燃烧

不论是在燃气轮机燃烧设计、汽车发动机燃烧模拟、膛炉内煤粉燃烧还是火灾模拟，CFX 都提供了非常丰富的物理模型来模拟流动中的燃烧及化学反应问题。CFX 涵盖了从层流至湍流、从快速化学反应至慢速化学反应、从预混燃烧到非预混燃烧的问题。所有的组分作为一个耦合的系统求解。对于复杂的反应系统能够加速收敛。模型包含单步 / 多步涡破碎模型、有限速率化学反应模型、层流火焰燃烧模型、湍流火焰模型、部分预混 BVM 模型、修正的部分预混 ECM 模型、NOx 模型、soot 模型、Zimont 模型、废气再循环 EGR 模型、自动点火模型、壁面火焰作用模型、火花塞点火模型等。

7. 流固耦合

ANSYS 结合领先的流体力学和结构力学专业能力和技术以提供最先进的功能模拟流体和固体间的相互作用。单向和双向 FSI 模拟都可以实现，从问题建立到计算结果后处理全部在 ANSYS Workbench 环境中完成。

8. 运动网格

当流体模型中包含有几何运动（如转子压缩机、齿轮泵、血液泵等）时，网格也要求具有运动。特别是在流固耦合计算中涉及固体在流体中的大变形或大位移运动，ANSYS CFX 结合 ICEM CFD 可以实现外部网格重构功能，可以用于模拟特别复杂构型的动网格问题，这种运动可以是指定规律的运动，如气缸的活门运动，也可以是通过求解刚体六自由度运动的结果，配合 ANSYS CFX 的多构型（Multi-Configuration）模拟，可以很方便地处理如活塞封闭和便捷接触计算。而且对于螺杆泵、齿轮泵这类特殊的泵体运动，ANSYS CFX 还包含了独特的进入实体方法（Immersed Solids），不需要任何网格变形或重构，采用施加动量源项的方法模拟固体在流体中的任意运动。

2.2.4 后处理模块：CFD-Post

预测流体的流动并不是 CFD 模拟的最终目标。需要开展后处理以从预测结果中受益，后处理能够增强对流体动力学模拟结果的深入理解。ANSYS CFD-Post 软件是所有 ANSYS 流体动力学产品的通用后处理程序，能够实现流体动力学结果的可视化和分析的一切功能，包括生成可视化的图像、定量显示和计算数据的后处理能力，用以减缓重复工作的自动化操作，以及在批处理模式下运行的能力。CFD-Post 是 ANSYS CFD 的专用后处理器，其来源于 CFX-Post，具有强大的后处理功能。CFD-Post 具有以下一些独特优势：

1. 计算结果比较

CFD-Post 允许同时导入多个计算结果，特别适用于比较多个不同工况下的计算结果。能够以同步视图并行显示结果。另外，多个计算结果间的差异可以通过显示或度量的方式进行计算及分析。

2. 3D 图像

ANSYS CFD-Post 创建的所有图形都可以保存为标准的 2D 图像格式（如 JPG 及 PNG）。然而，在与项目经理、客户及同事间进行有效交流与沟通时常常难以找到正确的 2D 视图。在这种情况下，ANSYS CFD-Post 技术提供了写入 3D 图形文件的能力，以允许任何人都可以自由地从 ANSYS 分发 3D 视图。这些 3D 图像可以很好地集成在 Microsoft PowerPoint 中。

3. 自定义报告

ANSYS CFD-Post 的每一个会话均包含了标准的报告生成模板。通过简单地选择或取消选择操作，用户可以很方便地决定报告中包含的内容，能够自定义文本、图形、曲线、数据表等，甚至可以决定位于右上角的公司 Logo。报告是动态的且随数据集自动更新。最终的报告可以输出为 HTML 格式。

4. Turbo 后处理

ANSYS CFD-Post 提供了自动进行旋转机械后处理模板，可以很方便地生成以子午线视图展示的图像（如求解结果的圆周平均）及在 Hub 与 Shroud 之间任意叶片位置展开视图。通过制定旋转机械图形选项及模板还可以帮助用户对不同类型创建自动报告。

5. 流动动画

不管是稳态计算还是瞬态计算，动画能够使 CFD 计算结果更加生动。在 ANSYS CFD-Post 中，可以很方便地定义动画，包括功能强大的逐帧设置以及将动画保存为高质量的 MPEG-4 输出格式。对于包含有大量图形特征及渲染特征的动画，ANSYS CFD-Post 也能够为观众提供高度压缩的视频文件。

6. 计算器与表达式

在 ANSYS CFD-Post 中可以很方便地利用计算器功能实现感兴趣区域物理量的计算输出。利用表达式功能除了可以实现计算器能够实现的功能之外，还可以实现衍生物理量的计算输出。

2.3 本章小结

CFD 软件的目的在于将计算流体动力学方法应用于工程设计中，一般的 CFD 软件应用过程通常包含三个步骤：计算前处理、计算求解、计算后处理。这三部分可以集成于同一软件内，也可以分属不同的软件。

ANSYS CFD 软件包含了 CFD 工程应用流程中所需的所有工具，如前处理软件 ICEM CFD，计算求解软件 Fluent 及 CFX，后处理软件 CFD-Post，模型数据在这些软件间能够实现无缝连接。利用 ANSYS Workbench 平台可以很方便地将这些软件组合成计算工作流程，实现数据集中管理。

第3章 计算域基础

3.1 流体域的基本概念

将计算过程中所涉及的空间区域称为计算域，而将区域中所涉及的介质为流体的计算域称为流体计算域，简称流体域。在CFD计算过程中，除了流体域之外，还可能存在固体域等。

这里以一个简单的实例来说明流体计算域的概念：暖气片中的流动与换热。根据研究问题的角度不同，所建立的流体域模型也不同。如：

1）研究流体在管道中流动的压降，不考虑换热。在这种情况下，所建立的流体域模型仅为管道内部流动空间，管壁是可忽略的。

2）研究金属管道的温度分布。这种情况通常发生在计算热应力时。此时需要创建的模型既要包含管道内部流动空间，还需要包含固体管道实体模型。

3）研究暖气片供暖效率。不仅要考虑管道内部流动空间，还必须包含管道外部空间，考虑热辐射及热对流。至于是否需要建立管道实体模型，则视问题简化程度而定。

4）已知管道壁温分布，计算供暖效率。此时可以不考虑管道内部空间及管道本身，计算域只包含管道外壁与外部空间。

按流动介质在物体内部还是外部，可将流体域分为内流计算域与外流计算域。相对应的流体计算则划分为内流场计算与外流场计算。

3.1.1 内流计算域

内流计算域通常用于内流场计算。其主要特征在于：计算域外边界（除进口与出口外）一般为固体壁面，有时可能包含对称面。

内流计算域的外壁面边界与实体内边界相对应。而出口与入口的位置则需要计算人员确定，其位置的选定影响计算收敛性与正确性。通常将进、出口边界位置选定在流场波动较小的区域（入口位置一般选择容易测量区域，出口位置则一般选择流动充分发展区域）。

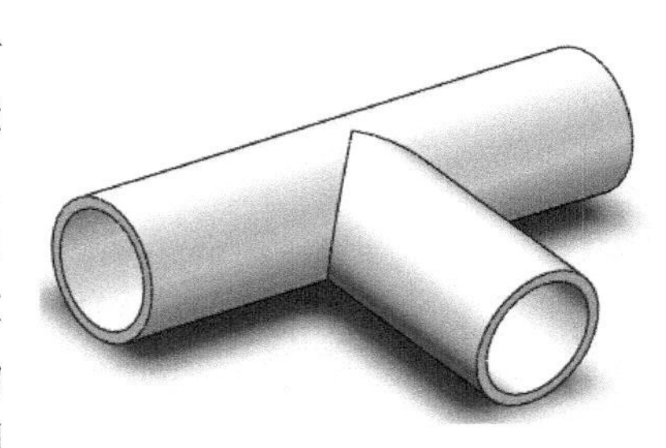

图3-1 实体几何模型

图3-1所示为经过特征简化后的三通管实体几何模型。通常来说，实物模型都是具有厚度的三维模型，但在进行CFD计算过程中，一些不同维度上尺度相差较大的几何模型有时也常简化为2D模型，或将有厚度的壁面简化为无厚度的平面。

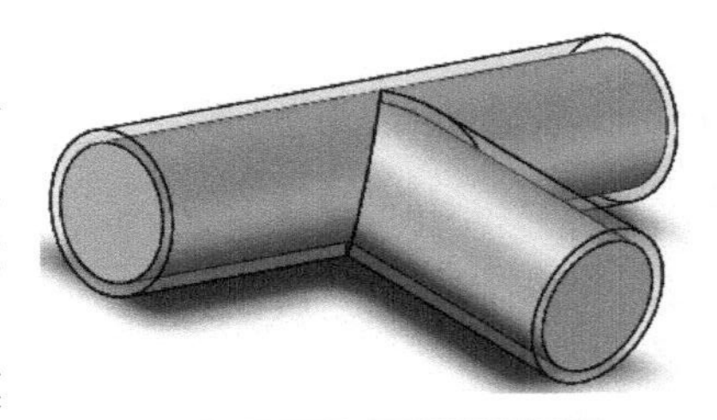

图3-2 流体域几何模型

图3-2所示为非透明部分为三通管的内流计算域几何模型（透明部分为实体几何模型，之所以保留是为了便于观察，

在实际计算中根据计算条件不同外部固体部分可能会被删除）。从图 3-2 中可以看出，内流场的外部边界通常对应着实体几何模型的内部边界面。

3.1.2　外流计算域

外流计算域通常用于计算外部流场，其外部边界一般是人为确定的。这类计算域创建的难点在于：合理选择外边界。通常外流场计算时，要求尽量减轻外部边界对流场的影响。外流场计算常见于航空航天等领域。图 3-3 所示为 CFD 领域研究较多的圆柱扰流计算流体域，这是典型的外流计算域。

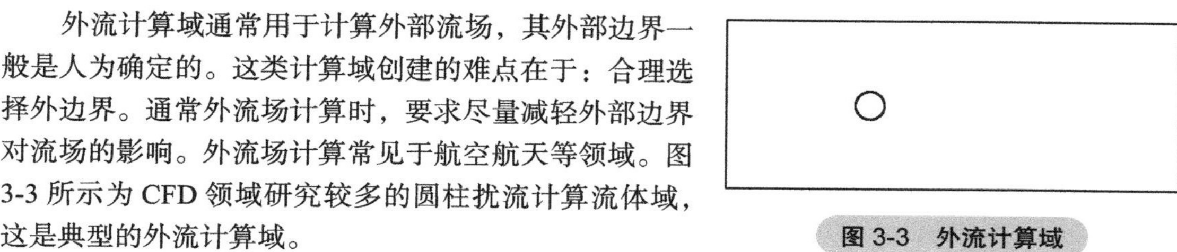

图 3-3　外流计算域

3.1.3　混合计算域

混合计算域既包含内流计算域又包含外流计算域。这种情况在实际工程应用中比较常见，如计算淹没射流中的喷嘴性能所创建的计算域。如图 3-4 所示的计算域模型即为典型的混合计算域，其既包含喷嘴内流场计算，同时还包含有射流自喷嘴出口喷出后的外部流体域流场计算。

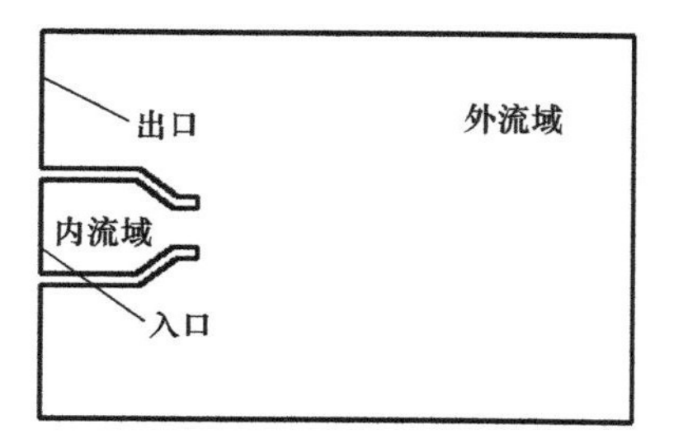

图 3-4　混合计算域

3.1.4　流体域简化

在实际计算过程中，有时为了减轻计算强度，常常对几何模型进行简化处理。常见的几何简化包括：利用模型的对称性简化、将 3D 模型简化为 2D 模型处理、利用流动周期性简化等。

对于图 3-5 所示的喷嘴模型，若计算其内部流场，根据问题简化程度，可以建立如图 3-6 所示的计算域模型。其中图 3-6a 所示为利用几何抽取功能建立的完整 3D 计算域模型；根据模型的对称性，可以建立图 3-6b 所示的四分之一计算域模型（包含两个对称面）；根据喷嘴内部流场特征，若不考虑流体切向物理量梯度分布，则计算域模型可以简化为图 3-6c 所示的 2D 平面模型；利用喷嘴结构的旋转对称特征，计算域模型可以进一步简化为图 3-6d 所示的 2D 模型。

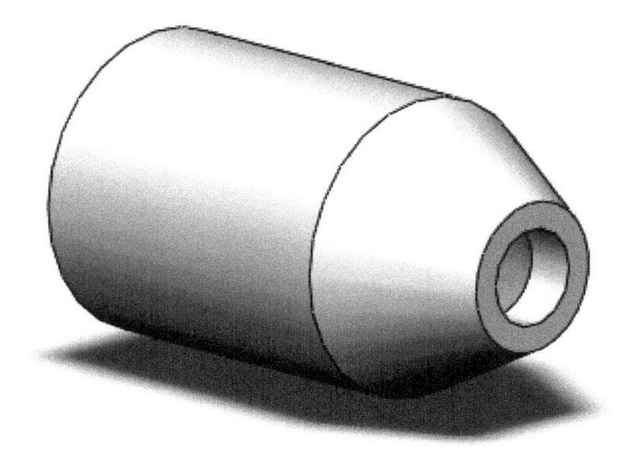

图 3-5　喷嘴实体几何模型

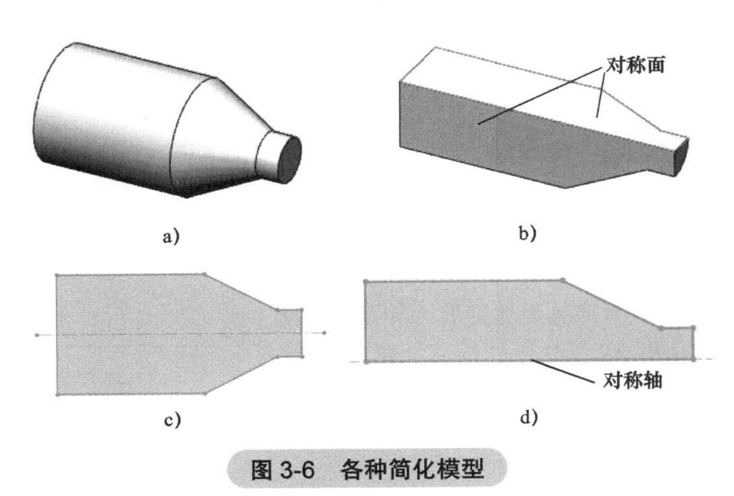

图 3-6　各种简化模型

a）3D 模型　b）四分之一模型　c）平面模型　d）轴对称模型

3.1.5　多区域计算模型

多区域模型指的是计算模型中包含有两个及两个以上计算域。

多区域计算模型主要适用于以下情况：

1）计算模型中涉及运动区域，如旋转机械模拟仿真。

2）计算模型中同时存在固体或流体区域，如共轭传热仿真等。

3）计算模型中存在多孔介质区域或其他需要单独求解的区域。

4）为了网格划分方便，将计算区域切分为多个区域。

对于多区域计算模型，一般 CFD 求解器均提供了数据传递方式，用户只需将区域界面进行编组处理即可完成计算过程中数据的传递。CFD 区域分界面数据传递主要采用定义 interface 来完成。

1. interface

interface 主要用于处理多区域计算模型中区域界面间的数据传递。

interface 是边界类型的一种，这意味着 interface 是计算域的边界，因此若计算模型中存在多个计算区域，若要保持计算域流通，则需要在相互接触的边界上创建 interface。在 CFD 计算中，interface 通常都是成对出现的，计算结果数据通过 interface 对进行插值传递。利用 interface 并不要求边界上的网格节点一一对应。对于如图 3-4 所示的混合计算域模型，既可以使用图 3-7 所示的单计算域模型，也可以使用图 3-8 所示的多计算域模型。

其中域 1 与域 2 之间由 interface 进行连通，如图 3-8 所示。

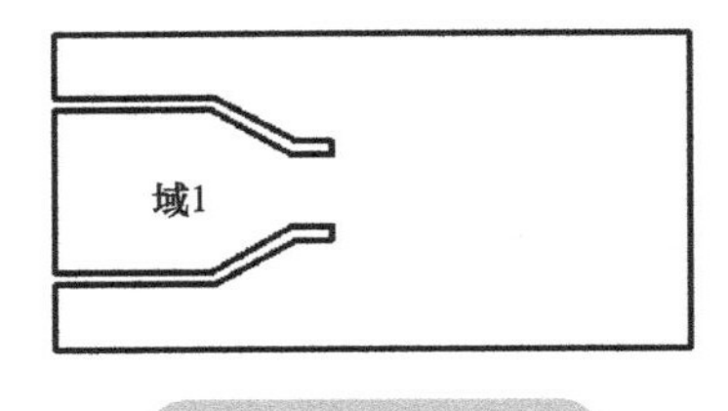

图 3-7　单计算域

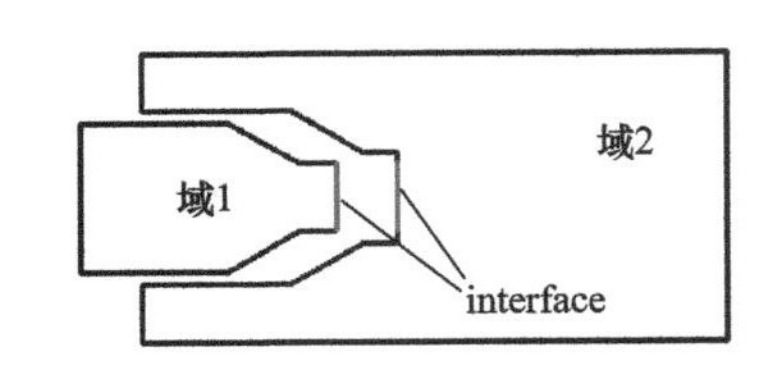

图 3-8　利用 interface 连接多计算域

2. interior

interior 指的是内部面，常出现在单计算区域中。在对单计算域进行分区网格划分时，尤其是划分不同类型计算网格时，网格分界面将会被求解器识别为 interior 类型。

需要注意的是：与 interface 不同，interior 不是计算区域边界，而是计算域内部网格面。interior 面上不能有重合的网格节点。而 interface 面对上的网格节点既可以重合，也可以不重合。

形象的说法：interface 是两个独立区域边界，是实际存在的边界。而 interior 则常常是虚拟形成的。默认情况下 interior 是连通的，而 interface 则是非连通的，需要在求解器中设置 interface 对才能使计算域保持连通。

3.2 流体域的创建方法

任何一款支持布尔运算的 CAD 软件均可以方便地完成计算域的生成。计算域几何建模方法主要分为两种：直接建模与几何抽取。对于一些简单的计算域模型，可以采用直接几何建模的功能，而对一些内表面复杂的计算域几何模型，则通常采用几何抽取功能实现。

1. 直接建立流体域模型

一些简单的内流道与外流道计算域可通过直接建模的方式构建几何模型。这种情况一般表现为流道几何尺寸容易获得，且几何特征比较规则，如管道流动模拟中的内流域、简单翼型计算中的外流域等。

2. 流体域抽取

几何抽取功能既可以生成外流计算域，也可以生成内流计算域，甚至可以生成既包含内流计算域又包含外流计算域的混合计算域模型。

3.3 流体域创建工具

ANSYS Workbench 中的 DesignModeler 与 SCDM 模块可以用于几何模型的创建，而网格划分工具 ICEM CFD 也具备一定的几何创建功能。

这些模块都有良好的外部几何导入接口，对于一些复杂的几何模型，可以利用专业的 CAD 软件（如 CATIA、UG NX、Solidworks 等）建立几何模型，然后导入到这些几何处理模块中进行前处理。

> **说明：** ANSYS Workbench 是 ANSYS 软件提供的仿真平台，其包含计算仿真中所需要的各种软件模块。

3.4 ANSYS DesignModeler 简介

除了可以利用常用的 CAD 软件（如 CATIA、UG、Creo、SolidWorks、SolidEdge 等）的布尔运算功能实现计算域的创建之外，更常见的是利用前处理工具来实现。ANSYS Workbench 中提供了 DesignModeler 模块，可以很方便地实现计算域的抽取工作。

ANSYS DesignModeler 是 ANSYS Workbench 中内置的一款几何创建工具模块，利用该模块的 Fill 命令及 Enclosed 命令，同时配合几何实体布尔运算功能，可以很方便地实现内、外流场计算域以及混合计算域的创建。

图 3-9 所示为 ANSYS DesignModeler（以后简称为 DM）的总体界面。DM 具有通用 Windows 应用程序相类似的界面，如图 3-9 所示，界面主要包括以下一些内容：菜单栏、工具栏、建模树形菜单、属性窗口以及图形显示窗口等。DM 不仅具有几何创建功能，同时还可以导入目前常见的 CAD 软件创建的模型（如 CATIA、UG、Creo、Solidworks 等），另外还可以导入一些中间格式几何文件（如 IGS、STP、parasolid、ACIS 等）。

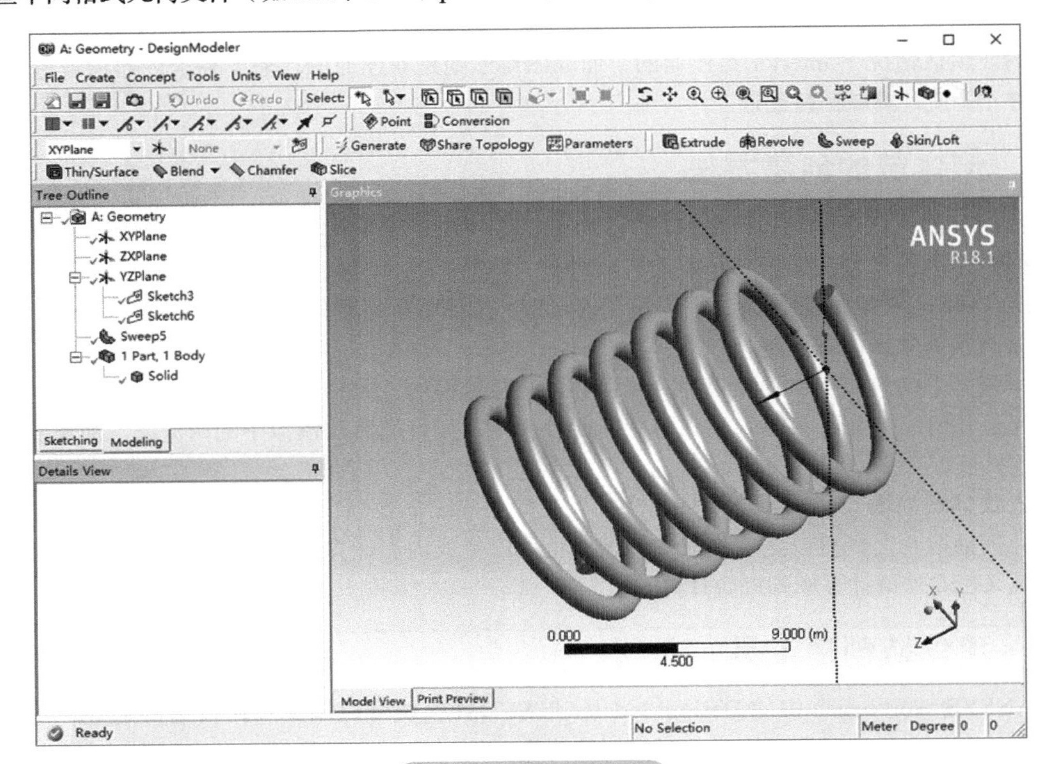

图 3-9　DM 总体界面

3.4.1　启动 DM

DM 模块需要在 Workbench 平台中启动。如图 3-10 所示，启动 ANSYS Workbench 后，从模块列表中拖拽模块 Geometry 至右侧的工程窗口中，鼠标右键选择 A2 单元格，在弹出的菜单中选择 New DesignModeler Geometry… 进入 DM 工作环境。

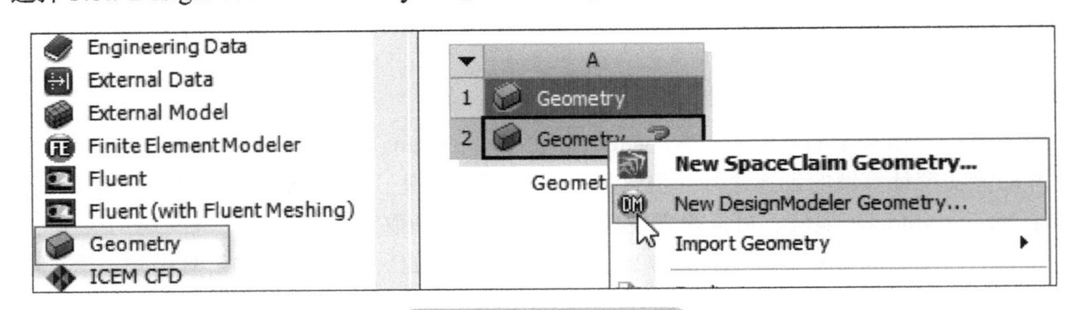

图 3-10　启动 DM 模块

> **说明**：在 17.0 之前的版本中，可以直接鼠标双击 A2 单元格进入 DM 模块。然而在 17.0 之后的版本中，双击 A2 单元格进入的是 SCDM 模块。

3.4.2　DM 的操作界面

DM 的操作界面与常用的 CAD 软件非常相似，如图 3-11 所示。

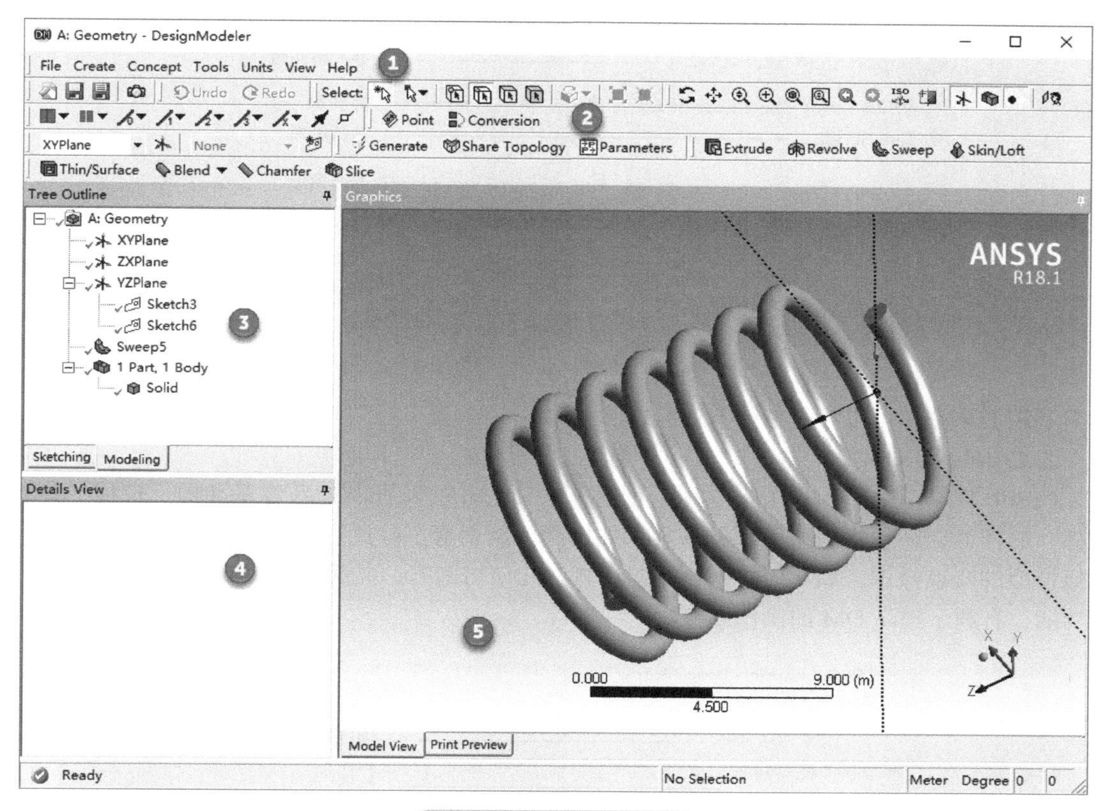

图 3-11　DM 操作界面

主界面包括：

1）菜单栏：提供所有的功能入口。

2）工具栏：提供一些常用操作按钮。

3）模型树：提供所有操作次序。

4）属性窗口：提供参数输入。

5）图形窗口：提供图形显示及图形选择操作。

3.4.2.1　菜单栏

DM 的菜单中包含了所有的软件操作入口。

1. File 菜单

File 菜单中包含了文件的输入输出、外部文件导入，如图 3-12 所示。

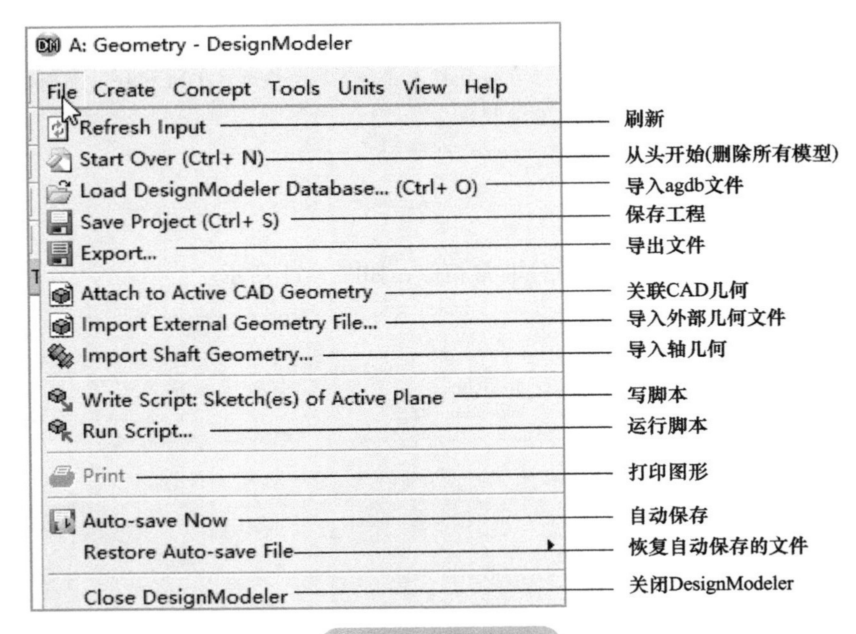

图 3-12 File 菜单

利用 File 菜单可以导入各种类型的外部文件。

2. Create 菜单

Create 菜单（见图 3-13）主要用于创建一些新的几何特征、如新建基准面、拉伸、旋转、扫掠、放样等，还包括一些特征的修补，如倒圆、倒角等。除此之外，Create 菜单中还包含了几何模型的变换操作，如几何阵列、布尔运算、几何切割等。灵活运用 Create 菜单中提供的各种功能，有利于提高 DM 的操作效率。

图 3-13 Create 菜单

3.Concept 菜单

Concept 菜单创建一些概念模型，主要用于 CAE 分析计算。Concept 菜单如图 3-14 所示。

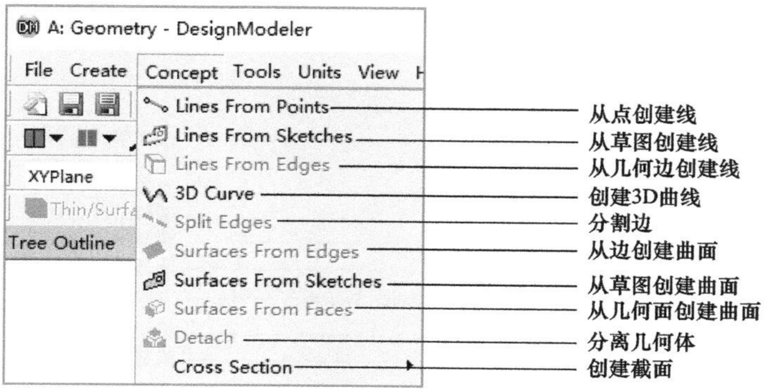

图 3-14　Concept 菜单

4. Tools 菜单

Tools 菜单下包含了众多实用的功能，如图 3-15 所示。

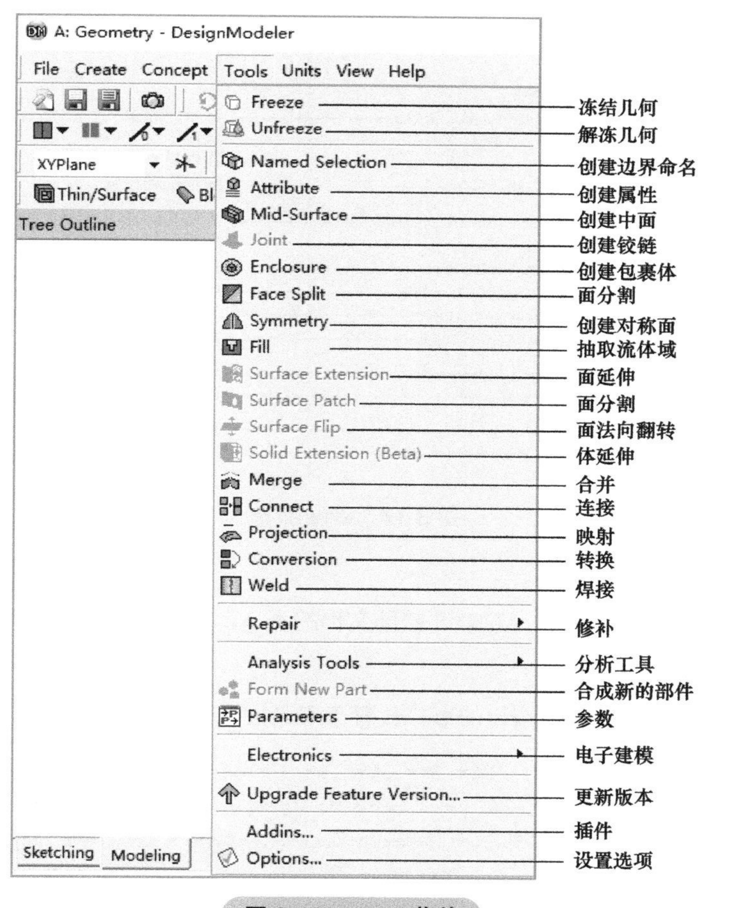

图 3-15　Tools 菜单

5. Units 菜单

Units 菜单（见图 3-16）可以修改在创建几何模型时所采用的单位，如可以选择利用 meter 作为单位，也可以选择利用 centimeter 作为单位，可以设置的内容包括长度、角度等。

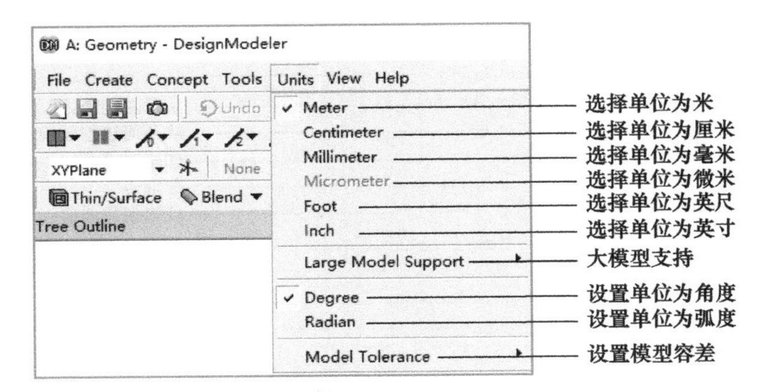

图 3-16　Units 菜单

6. View 菜单

View 菜单中包含了图形显示的各种选项，如图 3-17 所示。

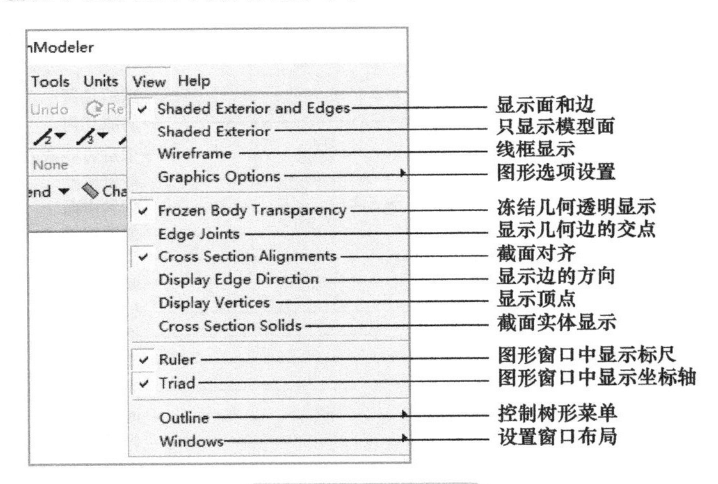

图 3-17　View 菜单

7. Help 菜单

Help 菜单中包含了一些进入 ANSYS 帮助文档的入口。

3.4.2.2　工具栏

DM 将一些常用功能以工具按钮的形式放置于工具栏中，如图 3-18 所示。

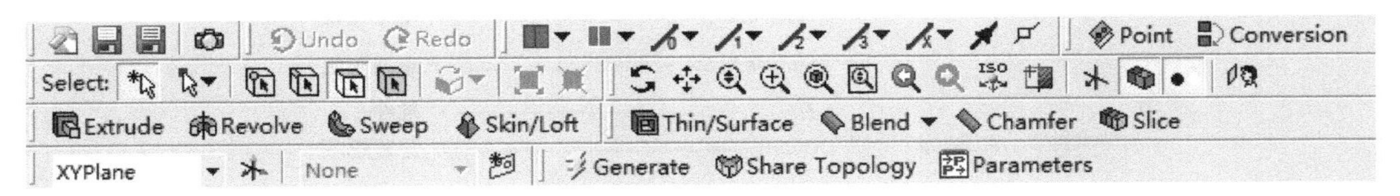

图 3-18　DM 工具栏

3.4.2.3　模型树

DM 将用户的所有操作以模型树的形式进行组织，这与绝大多数 CAD 软件操作形式相同。当需要删除某些几何特征时，只需要对模型树节点进行删除即可，如图 3-19 所示。

模型树包含两种类型：

1）Sketching（草图模式）：特征建模的基本形式。

2）Modeling（建模模式）：用于模型特征操作。

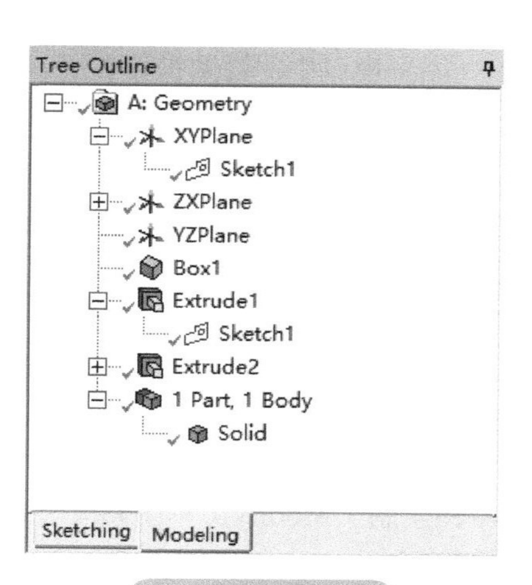

图 3-19　模型树

3.4.2.4　属性窗口

当鼠标选中模型树节点时，该节点若存在需要设置的参数，则会在属性窗口中显示这些参数设置面板，如图 3-20 所示。

Details View

Details of Extrude2	
Extrude	Extrude2
Geometry	Sketch2
Operation	Cut Material
Direction Vector	None (Normal)
Direction	Normal
Extent Type	Fixed
FD1, Depth (>0)	10 m
As Thin/Surface?	No
Target Bodies	All Bodies
Merge Topology?	Yes
Geometry Selection: 1	
Sketch	Sketch2

图 3-20　属性窗口

3.4.2.5　图形窗口

DM 创建的几何模型显示在图形窗口中，如图 3-21 所示。

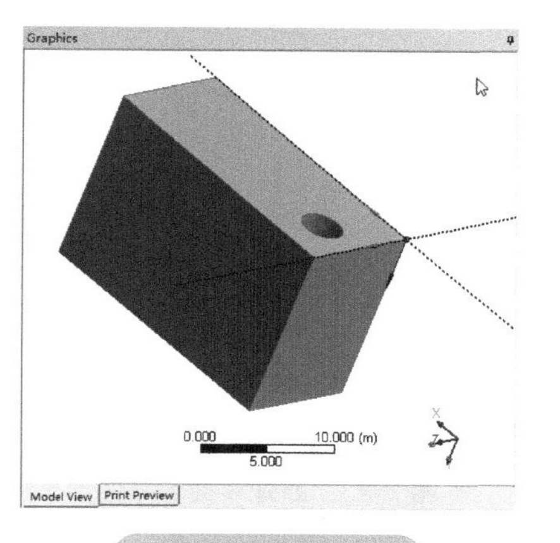

图 3-21　图形窗口

图形窗口中的视图操作：

1）图形缩放：滚动鼠标中键或拖动鼠标右键。

2）图形平移：Ctrl+ 移动鼠标中键。

3）图形旋转：移动鼠标中键。

3.5 草图功能

ANSYS DM 中，绝大多数的几何特征建模都是建立在草图的基础之上，如拉伸、旋转、扫掠、放样等操作都要先创建几何草图。

DM 的草图绘制模式位于树形窗口中。如图 3-22 所示，草图功能中包含五个选项卡：Draw（草图绘制）、Modify（草图修改）、Dimensions（尺寸指定）、Constraints（草图约束）、Settings（辅助设置）。

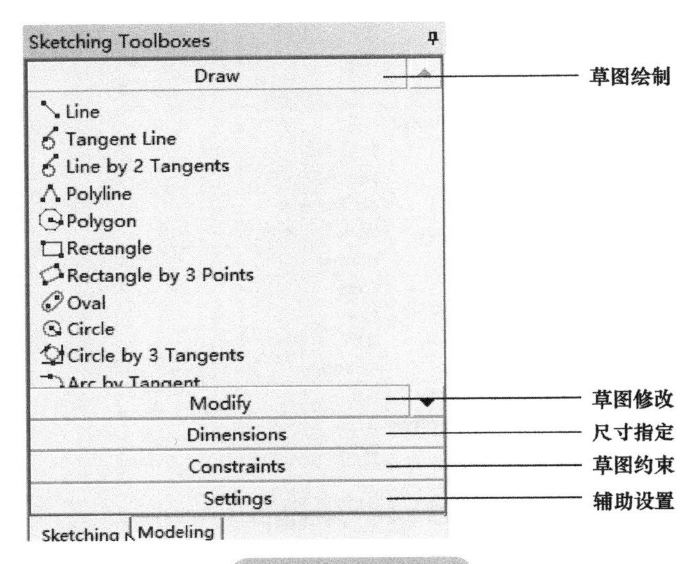

图 3-22 草图功能

3.5.1 基准面

在进行草图绘制之前，需要先指定基准面，通过菜单 Create → New Plane 或选择如图 3-23 所示工具栏按钮创建。

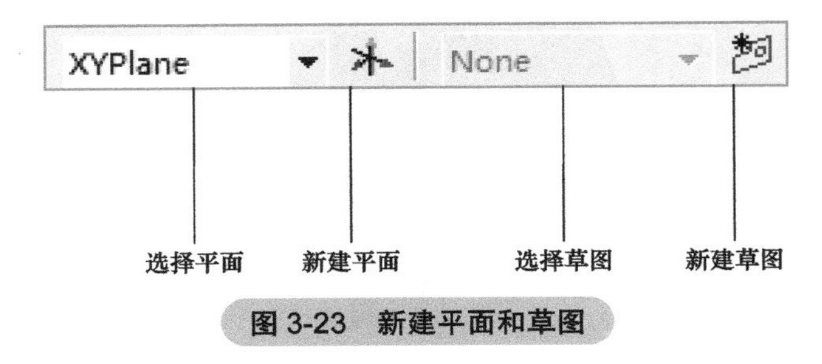

图 3-23 新建平面和草图

当单击新建平面按钮后，即可在属性设置窗口中设置该平面的属性（见图 3-24）。

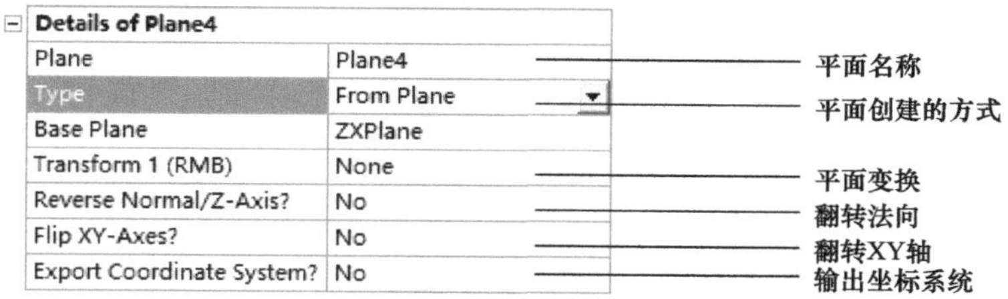

Details of Plane4		
Plane	Plane4	平面名称
Type	From Plane	平面创建的方式
Base Plane	ZXPlane	
Transform 1 (RMB)	None	平面变换
Reverse Normal/Z-Axis?	No	翻转法向
Flip XY-Axes?	No	翻转XY轴
Export Coordinate System?	No	输出坐标系统

图 3-24 平面属性设置

DM 提供了八种方式创建基准平面，如图 3-25 所示。

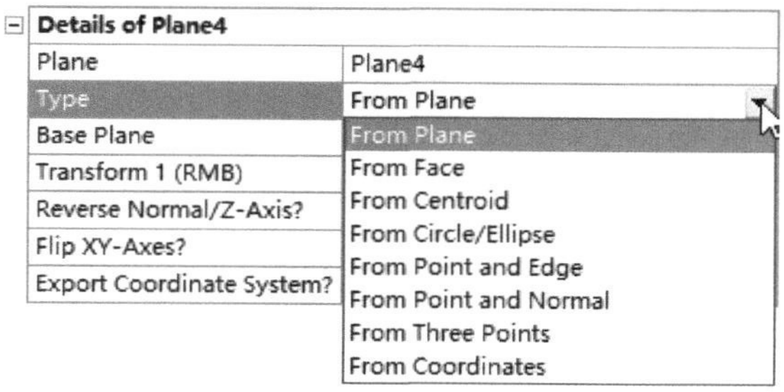

Details of Plane4	
Plane	Plane4
Type	From Plane
Base Plane	From Plane
Transform 1 (RMB)	From Face
Reverse Normal/Z-Axis?	From Centroid
Flip XY-Axes?	From Circle/Ellipse
Export Coordinate System?	From Point and Edge
	From Point and Normal
	From Three Points
	From Coordinates

图 3-25 创建基准平面

1. From Plane

From Plane 为从已有的基准面创建新的基准面，通过从已有基准面进行平移、旋转等操作来创建新的基准面。

如图 3-26 所示为从已有平面创建新的基准面的属性设置窗口。需要设置的参数主要为 Transform。在属性设置窗口中可以有多个 Transform。

提示： 在 Transform 中包含有 Offset X 和 Offset Global X，它们的不同点在于，Offset 是针对当前平面的 X 轴（此轴可能会与全局 X 轴存在差异），其他 Y、Z 轴也是这样。始终记住红色为 X 轴，绿色为 Y 轴，蓝色为 Z 轴。

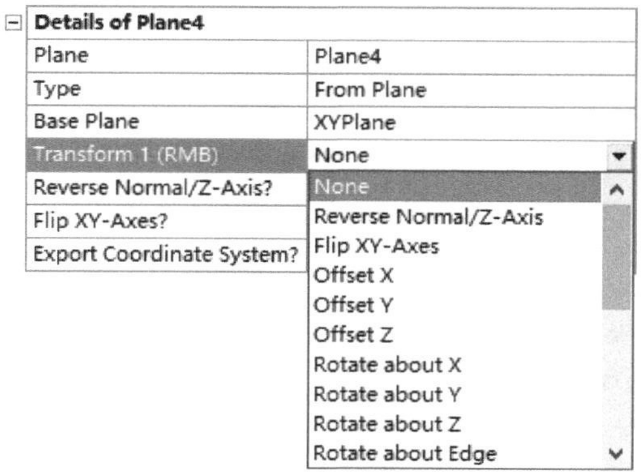

Details of Plane4	
Plane	Plane4
Type	From Plane
Base Plane	XYPlane
Transform 1 (RMB)	None
Reverse Normal/Z-Axis?	None
Flip XY-Axes?	Reverse Normal/Z-Axis
Export Coordinate System?	Flip XY-Axes
	Offset X
	Offset Y
	Offset Z
	Rotate about X
	Rotate about Y
	Rotate about Z
	Rotate about Edge

图 3-26 从已有平面创建新的基准面

2. From Face

From Face 为以已有的几何面作为基准创建新的基准面，也可以设置 Transform 参数，如图 3-27 所示。

Details of Plane5	
Plane	Plane5
Type	From Face
Subtype	Outline Plane
Base Face	Apply / Cancel
Use Arc Centers for Origin?	Yes
Transform 1 (RMB)	None
Reverse Normal/Z-Axis?	No
Flip XY-Axes?	No
Export Coordinate System?	No

图 3-27　从已有的几何面创建新的基准面

其他的方式与绝大多数 CAD 软件中的基准面创建方式相同，在此不再赘述，读者可以自己尝试。

3.5.2　草图绘制

DM 提供了众多草图绘制工具，如绘制直线、多段线、圆、矩形、圆弧等，这些功能按钮放在 Draw 选项卡中，如图 3-28 所示。

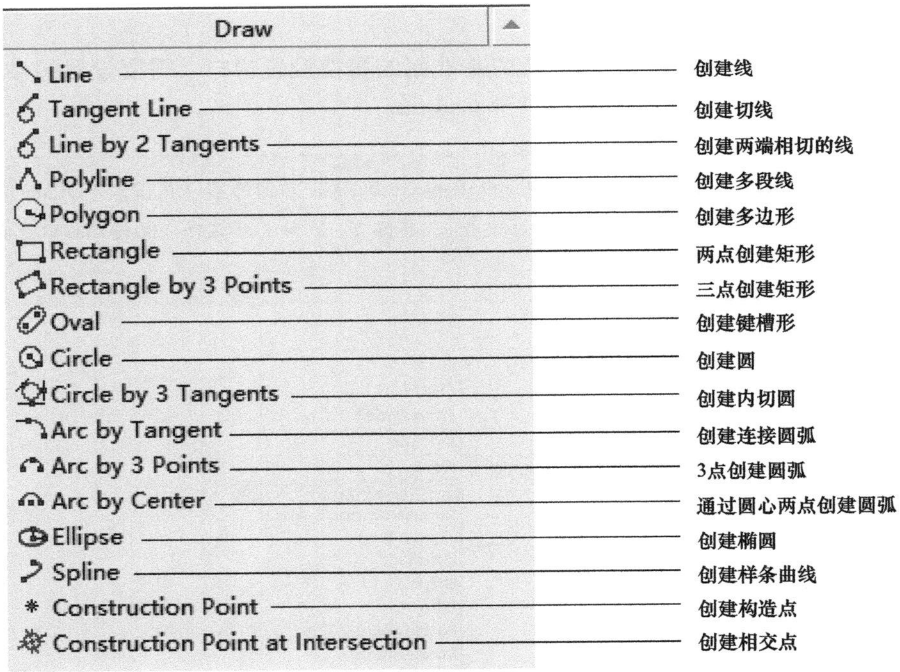

Draw	
Line	创建线
Tangent Line	创建切线
Line by 2 Tangents	创建两端相切的线
Polyline	创建多段线
Polygon	创建多边形
Rectangle	两点创建矩形
Rectangle by 3 Points	三点创建矩形
Oval	创建键槽形
Circle	创建圆
Circle by 3 Tangents	创建内切圆
Arc by Tangent	创建连接圆弧
Arc by 3 Points	3点创建圆弧
Arc by Center	通过圆心两点创建圆弧
Ellipse	创建椭圆
Spline	创建样条曲线
Construction Point	创建构造点
Construction Point at Intersection	创建相交点

图 3-28　草图功能

3.5.3　草图修改

草图修改功能按钮如图 3-29 所示。

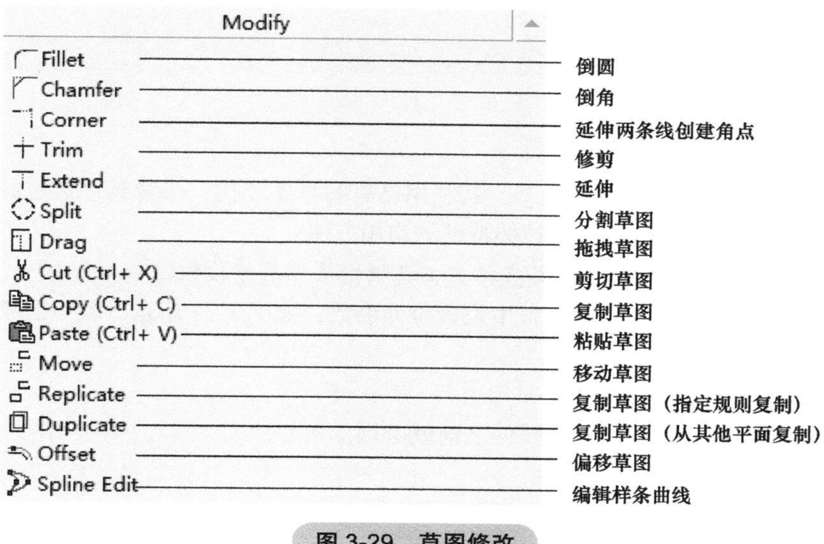

图 3-29　草图修改

3.5.4　尺寸指定

与其他 CAD 软件类似，DM 也提供了为草图指定尺寸的功能，这些功能位于 Dimensions 选项卡下，如图 3-30 所示。

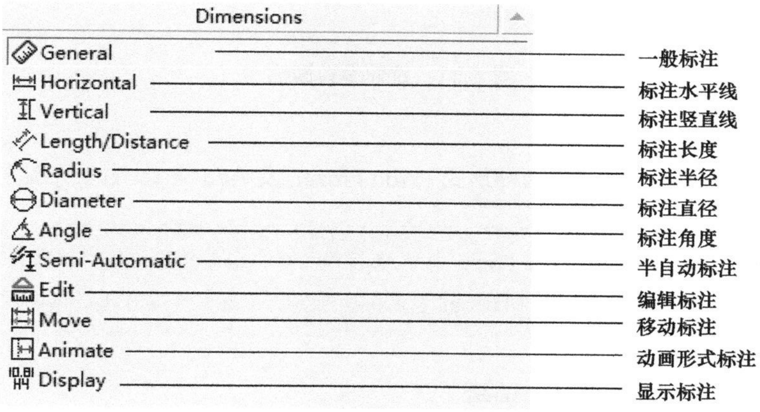

Dimensions

General —— 一般标注

Horizontal —— 标注水平线

Vertical —— 标注竖直线

Length/Distance —— 标注长度

Radius —— 标注半径

Diameter —— 标注直径

Angle —— 标注角度

Semi-Automatic —— 半自动标注

Edit —— 编辑标注

Move —— 移动标注

Animate —— 动画形式标注

Display —— 显示标注

图 3-30　尺寸标注

在对草图进行尺寸标注后，既可指定所标注的几何尺寸，也可以通过修改标注实现几何尺寸的修改，同时标注也是几何参数化的重要步骤。

3.6　特征建模

DM 提供了众多特征建模功能。这些功能包括拉伸（Extrude）、旋转（Revolve）、扫掠（Sweep）、放样（Skin/Loft），同时还包括一些建立在已有几何基础上的特征建模，如抽壳（Thin/Surface）、圆角（Blend）、倒角（Chamfer）、切割（Slice）等。

注：特征建模的基础是草图。

3.6.1 拉伸特征

拉伸是 DM 中的核心建模功能之一，其利用已有的草图结构，沿着某一指定的方向拉伸一定的距离，从而形成三维几何模型。拉伸特征的启用方法：

■ 利用菜单 Create → Extrude 或直接在工具栏中选择拉伸按钮 Extrude

选择拉伸功能后，需要在属性窗口中设置拉伸参数，如图 3-31 所示。其中需要设置的内容包括：

1. Geometry

选择用于拉伸的草图，通常是在拉伸之前就必须准备好。

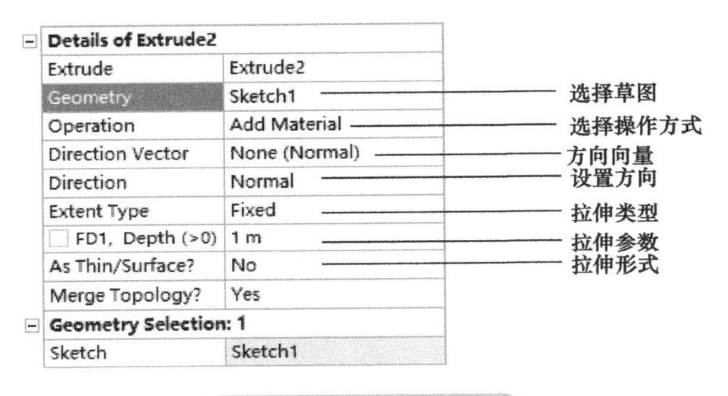

Details of Extrude2	
Extrude	Extrude2
Geometry	Sketch1
Operation	Add Material
Direction Vector	None (Normal)
Direction	Normal
Extent Type	Fixed
FD1, Depth (>0)	1 m
As Thin/Surface?	No
Merge Topology?	Yes
Geometry Selection: 1	
Sketch	Sketch1

图 3-31　拉伸参数面板

2. Operation

设置拉伸形式，DM 中提供了两种形式：Add Frozen 及 Add Material（见图 3-32）。

注：这两种形式的区别在于 Add Frozen 方式在拉伸之后，形成的几何体为独立的几何体，不会与原始几何体进行任何操作，而 Add Material 方式在拉伸后，会自动与原有几何体进行布尔加运算。

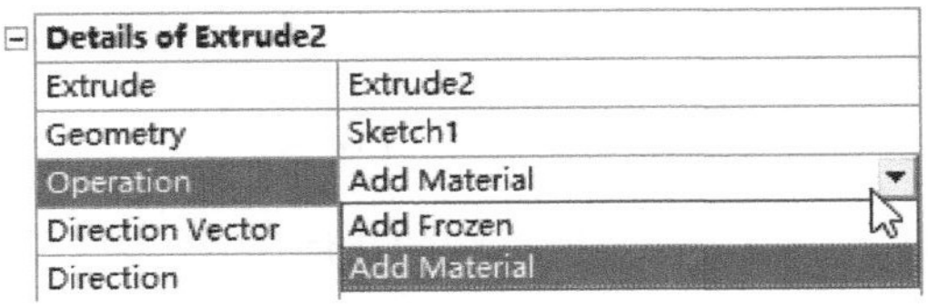

Details of Extrude2	
Extrude	Extrude2
Geometry	Sketch1
Operation	Add Material
Direction Vector	Add Frozen
Direction	Add Material

图 3-32　拉伸方式

3. 拉伸方向

拉伸方向主要有两种方式进行定义：Direction Vector 及 Direction。

两种方式的区别： 利用 Direction Vector 可以定义任何方向，而 Direction 只能沿法向。

如图 3-33 所示为采用 Direction Vector 定义与法向方向不一致的拉伸向量而形成的几何体，这是 Direction 无法做到的。Direction Vector 可以通过选择边或草图线来定义。

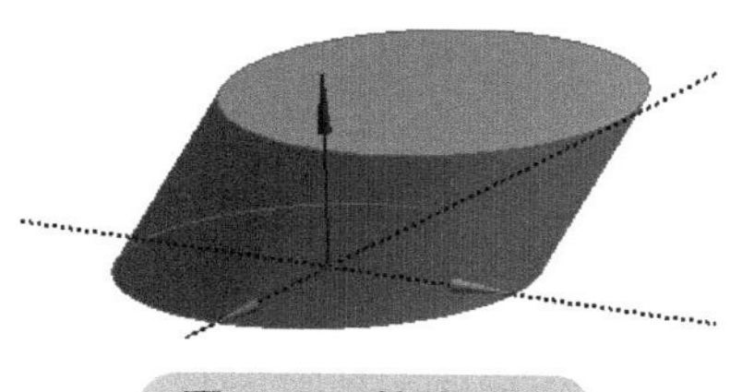

图 3-33　拉伸示例

Direction 包含了四个选项（见图 3-34）：Normal（法向）、Reversed（法向反向）、Both-Symmetric（两侧对称）、Both-Asymmetric（两侧反对称）。

Details of Extrude4	
Extrude	Extrude4
Geometry	Sketch1
Operation	Add Material
Direction Vector	None (Normal)
Direction	Normal
Extent Type	Normal
FD1, Depth (>0)	Reversed
As Thin/Surface?	Both - Symmetric
Merge Topology?	Both - Asymmetric

图 3-34　方向选项

如图 3-35 所示为不同拉伸类型形成的几何体。

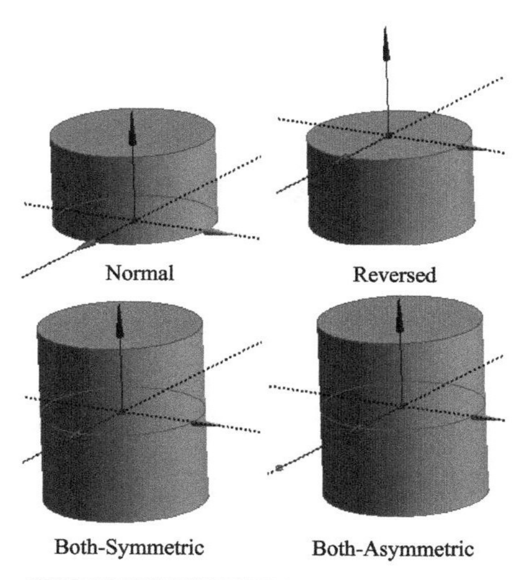

图 3-35　不同拉伸类型形成的几何体

4. Extent Type

若当前已经存在几何体，则 Extent Type 有五个选项。若当前无任何几何体，则 Extent Type

只有一个 Fixed 选项。

五个选项包括：Fixed（固定距离）、Through All（拉伸到几何边界）、To Next（拉伸到下一个面）、To Faces（拉伸到指定的面，可以是多个面）、To Surface（拉伸到指定的表面），如图 3-36 所示。

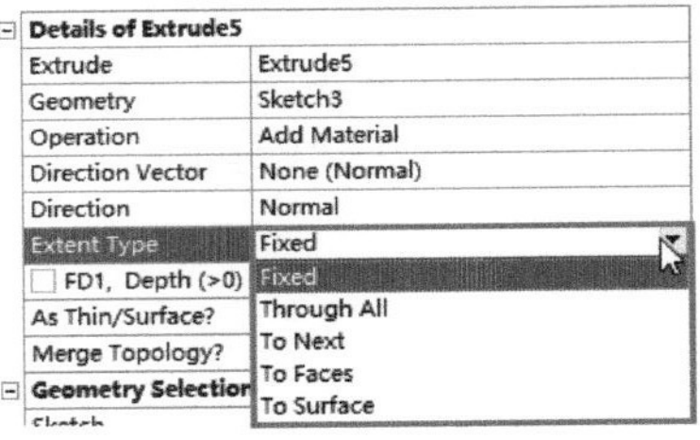

图 3-36 拉伸类型

5. Depth

指定拉伸距离。

6. As Thin/Surface

选择是否拉伸为无厚度表面。

3.6.2 旋转特征

指定草图及旋转轴，即可创建旋转特征（见图 3-37）。旋转特征中大部分参数与拉伸特征相同，这里不再赘述。

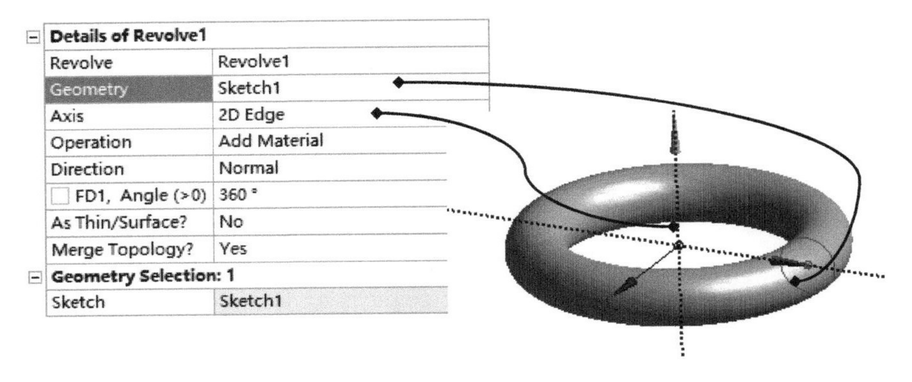

图 3-37 创建旋转特征

在旋转特征中，需要设置的是旋转角度 Angle，默认为 360°。

3.6.3 扫掠特征

创建扫掠特征（见图 3-38）需要指定轮廓草图与扫掠路径草图，必须确保两个草图不在同一个平面上。同时在扫掠过程中还需要保证几何体不会干涉，否则会导致扫掠操作失败。

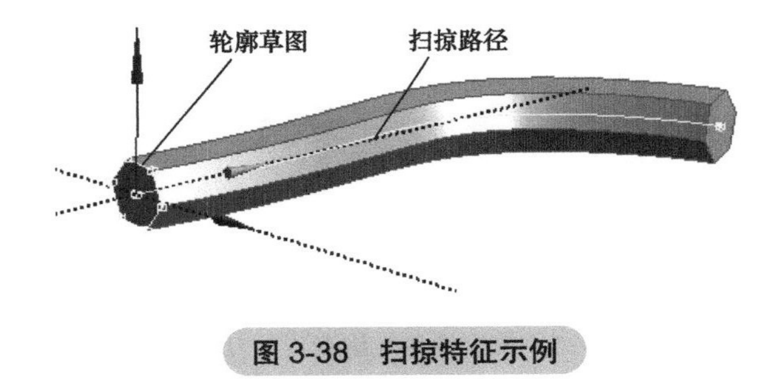

图 3-38 扫掠特征示例

草图准备完毕后，即可通过选择菜单 Create → Sweep 进行扫掠参数设置。参数面板如图 3-39 所示。

一些参数说明：

1. Profile

选择轮廓草图。

2. Path

选择扫掠路径草图。

3. Alignment

对齐方式。可选择路径对齐和全局坐标轴对齐。

4. Twist Specification

可选择是否有扭曲。在绘制弹簧之类螺旋几何体时，需要选择此选项，如图 3-40 所示。

Details of Sweep1	
Sweep	Sweep1
Profile	Sketch1
Path	Sketch2
Operation	Add Material
Alignment	Path Tangent
FD4, Scale (>0)	1
Twist Specification	No Twist
As Thin/Surface?	No
Merge Topology?	No
Profile: 1	
Sketch	Sketch1

图 3-39 扫掠参数

图 3-40 弹簧绘制

其他参数与之前的描述功能相同，这里不再赘述。

DM 中的扫掠特征并不支持变截面扫掠，不过此功能可以用放样特征来代替。

3.6.4 放样特征

放样特征实际上用得并不多，但是在一些特殊的场合可能会非常有用。放样特征需要创建至少两个截面草图，软件会自动在这些草图之间创建过渡。

如图 3-41 所示为采用了 3 个截面草图形成的放样几何体。

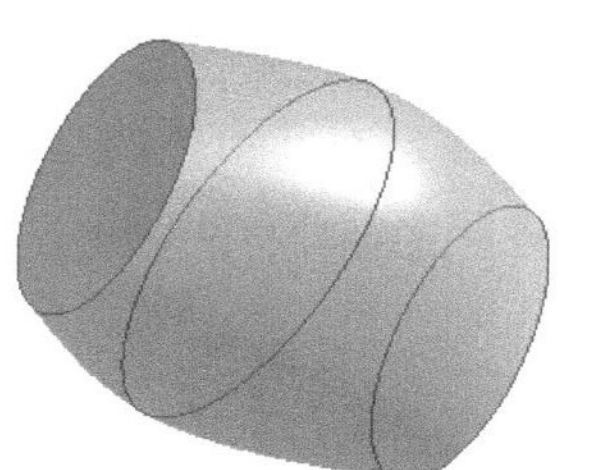

图 3-41 放样示例

放样特征所需要设置的参数较少，如图 3-42 所示，需要设置的参数为 Profiles，不过在选择截面草图时，需要注意选择顺序。截面要按几何顺序依次选择，否则在生成几何体的过程中会出错。

Details of Skin2	
Skin/Loft	Skin2
Profile Selection Method	Select All Profiles
Profiles	3 Sketches
Operation	Add Frozen
As Thin/Surface?	No
Merge Topology?	No
Profiles	
Profile 1	Sketch1
Profile 2	Sketch2
Profile 3	Sketch3

图 3-42 放样参数

3.6.5 抽壳特征

对已有的实体几何体创建抽壳特征，如图 3-43 所示。

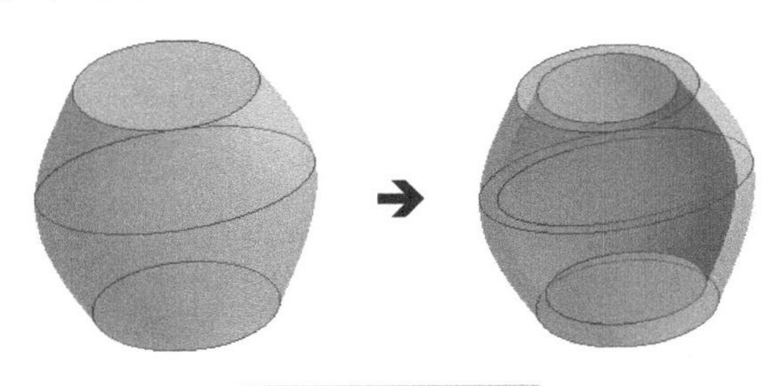

图 3-43 抽壳示例

通过选择菜单 Create → Thin/Surface 或直接单击工具栏按钮 Thin/Surface 可创建抽壳特征。抽壳参数如图 3-44 所示。

Details of Thin5	
Thin/Surface	Thin5
Selection Type	Faces to Remove
Geometry	1 Face
Direction	Inward
FD1, Thickness (>=0)	1 m
Preserve Bodies?	No

图 3-44 抽壳参数

在属性窗口中设置需要进行抽壳的面及保留的厚度，即可生成壳体。

3.6.6 圆角特征

在已有几何体的边上生成圆角。可通过菜单 Create 下的 Fixed Radius Blend、Variable Radius Blend、Vertex Blend 或单击工具栏按钮 Chamfer 激活此功能。图 3-45 所示为圆角特征示例。

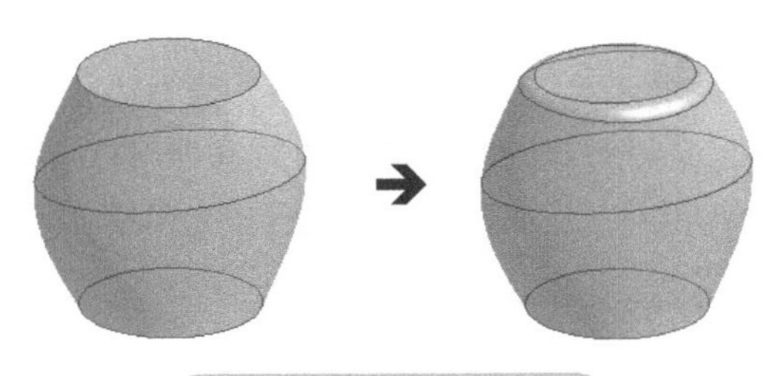

图 3-45 圆角特征示例

DM 中支持三种类型的圆角特征：Fixed Radius Blend、Variable Radius Blend、Vertex Blend。其中，Vertex Blend 主要用于线几何的折弯。

3.6.7 切割几何

将一个几何体拆解为多个几何体，此功能在网格划分过程中非常有用。通过菜单 Create → Slice 或单击工具栏按钮 Slice 启动几何切割。如图 3-46 所示为将一个几何体分割为三个几何体。

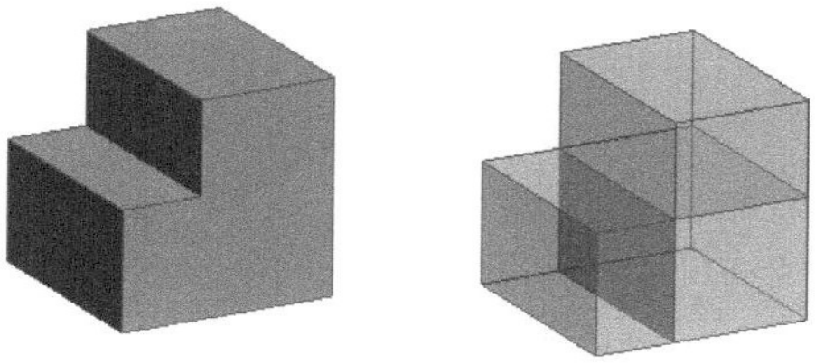

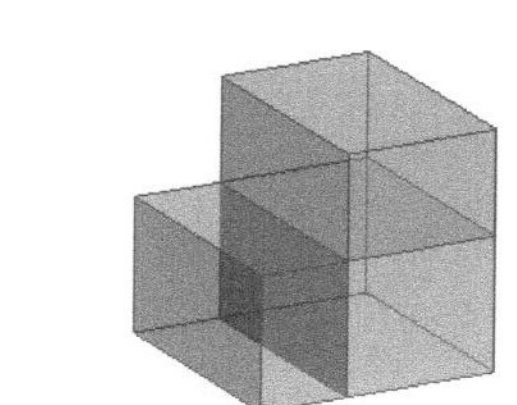

图 3-46　分割几何体

几何分割参数设置面板如图 3-47 所示。

Details of Slice6	
Slice	Slice6
Slice Type	Slice by Surface
Target Face	Selected
Slice Targets	All Bodies
Bounded Surface?	No

图 3-47　几何分割参数

在此面板中需要设置 Slice Type 及用于分割的工具几何体。DM 中提供了以下几种分割方式（见图 3-48），常用于几何体切割的几种方式包括：

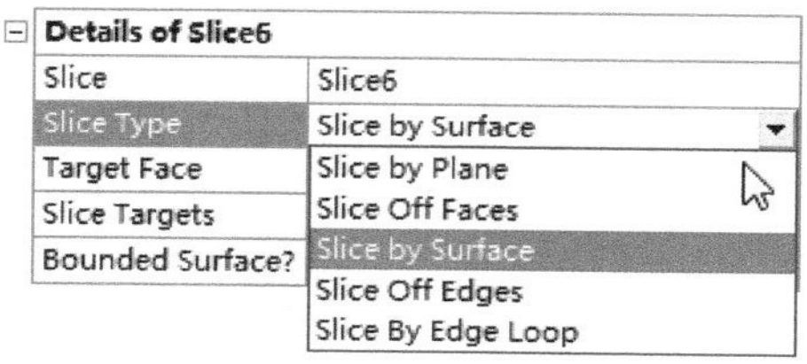

Details of Slice6	
Slice	Slice6
Slice Type	Slice by Surface
Target Face	Slice by Plane
Slice Targets	Slice Off Faces
Bounded Surface?	Slice by Surface
	Slice Off Edges
	Slice By Edge Loop

图 3-48　Slice Type

Slice by Plane：通过平面进行切割。需要注意能用于切割的面只能是 XY 面。

Slice by Surface：通过已有的几何面进行切割。

Slice By Edge Loop：通过边链进行切割。

3.7　几何操作

DM 中包含一些用于几何操作的功能项，其中最为常用的有布尔运算、几何阵列、几何镜像等功能。

3.7.1　阵列

在创建大量具有相同几何特征的几何体时，采用阵列进行创建非常方便。DM 中的阵列包括 Linear（线性阵列）、Circular（环形阵列）、Rectangle（矩形阵列）。

1. 线性阵列

线性阵列需要提供几何体以及阵列方向，如图 3-49 所示。选择菜单 Create → Pattern 启动阵列功能。线性阵列只允许沿一个指定的方向阵列。

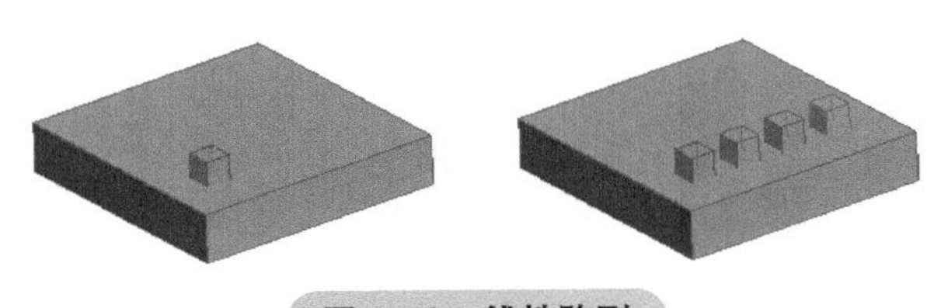

图 3-49　线性阵列

2. 环形阵列

环形阵列需要指定几何体以及旋转轴，如图 3-50 所示。

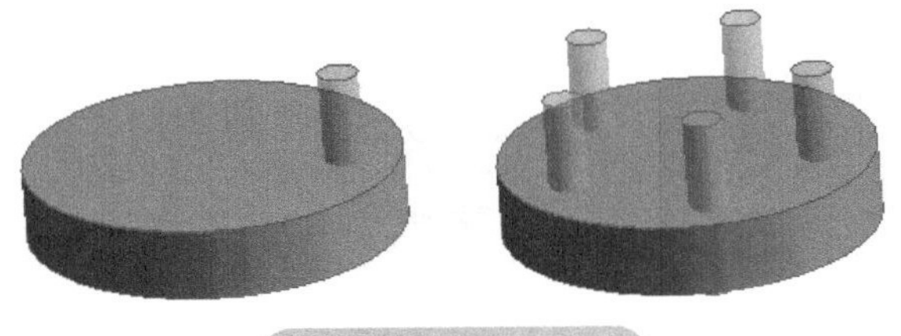

图 3-50　环形阵列

3. 矩形阵列

矩形阵列允许几何体沿两个方向阵列，需要指定几何体以及两个阵列方向，如图 3-51 所示。

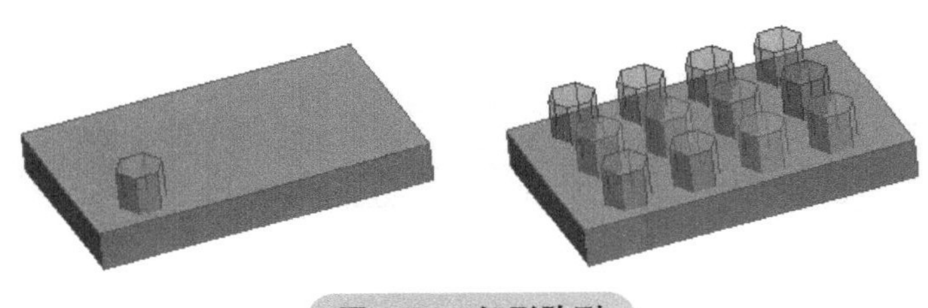

图 3-51　矩形阵列

3.7.2　布尔运算

布尔运算是 DM 中最为常用的功能之一，尤其是在创建流体计算域过程中。选择菜单 Create → Boolean 可激活布尔运算功能。

DM 提供了四种布尔运算功能（见图 3-52）：

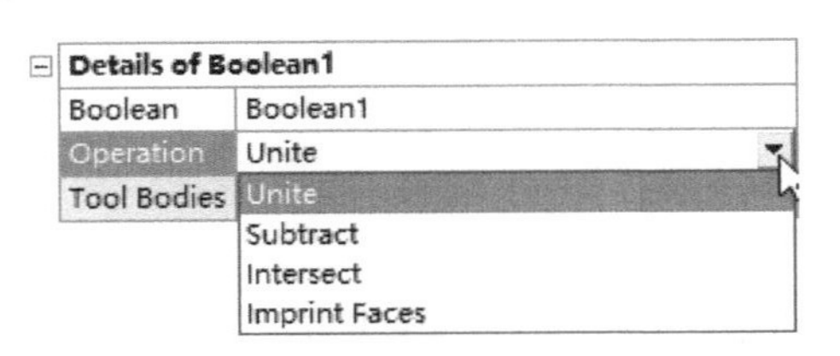

图 3-52　布尔运算面板

Unite：布尔加运算。

Subtract：布尔减运算。

Intersect：布尔交运算。

Imprint Faces：印记操作。

其中布尔加、减、交运算都比较简单，这里重点介绍印记操作。印记操作主要用于在计算域中创建边界，其核心是面切割。

要创建如图 3-53 所示的印记面，需要先构造如图 3-54 所示的两个几何体。

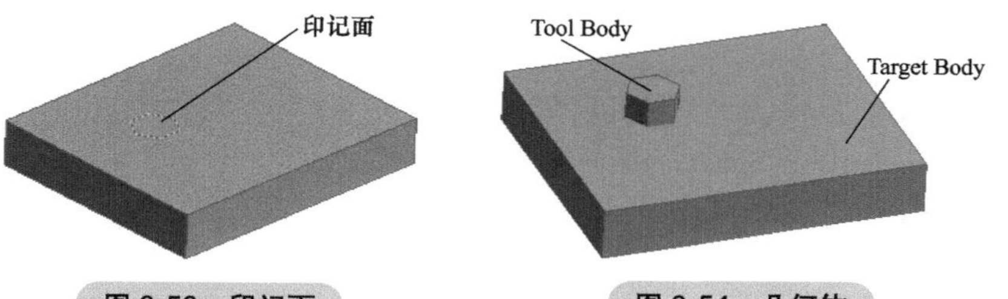

图 3-53　印记面　　图 3-54　几何体

选择菜单 Create → Boolean，在参数设置面板中（见图 3-55），选择 Operation 为 Imprint Faces，分别指定 Target Bodies 及 Tool Bodies，单击 Generate 按钮即可生成印记面。

Details of Boolean1	
Boolean	Boolean1
Operation	Imprint Faces
Target Bodies	1 Body
Tool Bodies	1 Body
Preserve Tool Bodies?	No

图 3-55　印记参数

3.8　流体域抽取

对于导入的复杂几何体，要创建其内流域或外流域，可以利用 DM 中的 Fill 及 Enclosure 功能来快速实现。

3.8.1　Fill 功能

DM 的 Fill 功能主要应用于内流场计算域的抽取。

选择菜单 Tools → Fills 即可进行 Fills 设置，其属性窗口如图 3-56 所示。其中 Faces 项需要用户指定实体几何的内部边界（同时也是流体域的外部边界）。

Details of Fill1	
Fill	Fill1
Extraction Type	By Cavity
Faces	0

图 3-56　Fills 功能属性窗口

在 Extraction Type 中设置 Fills 类型，其主要有两种类型：By Cavity 及 By Caps，如图 3-57 所示为选择 By Caps 后的属性窗口。

两种类型的主要差异在于：By Cavity 方式需要选择形成流体域的几何表面，不需要流道封闭，而 By Caps 方式则需要内流道是封闭空间。

Details of Fill1	
Fill	Fill1
Extraction Type	By Caps
Target Bodies	All Bodies
Preserve Capping Bodies	No
Preserve Solids	Yes

图 3-57　By Caps 属性窗口

3.8.2　Enclosure 功能

Enclosure 主要用于外流场计算域的创建。选择菜单 Tools → Enclosure 即可进行 Enclosure 设置。其默认属性窗口如图 3-58 所示。

在 Enclosure 中可以创建外流场的几何体，主要有三种类型：Box、Cylinder 以及 Sphere。同时用户可以自定义外部几何体，利用自定义外部几何体，可以部分替代布尔运算的功能，尤其是对于 CAD 软件中导入的装配体几何体的布尔运算。

在外流场计算中，常常涉及对称面的创建，利用 Enclosure 属性面板中的 Number of Planes 项可以很容易实现对称面的创建。

Details of Enclosure1	
Enclosure	Enclosure1
Shape	Box
Number of Planes	0
Cushion	Non-Uniform
FD1, Cushion +X value (>0)	30 mm
FD2, Cushion +Y value (>0)	30 mm
FD3, Cushion +Z value (>0)	30 mm
FD4, Cushion -X value (>0)	30 mm
FD5, Cushion -Y value (>0)	30 mm
FD6, Cushion -Z value (>0)	30 mm
Target Bodies	All Bodies
Merge Parts?	No

图 3-58　Enclosure 属性窗口

3.9　实例 1：DM 建模基础

本实例要创建的几何模型尺寸如图 3-59 所示。本实例较为简单，旨在演示 DM 创建三维几何模型的基本步骤。

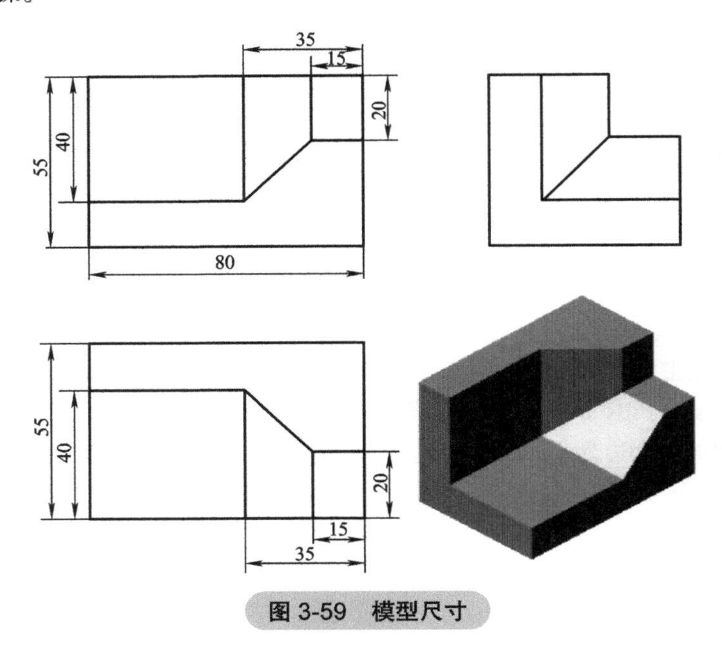

图 3-59　模型尺寸

3.9.1　模型分析

本实例模型为对称模型，常见的建模思路有两种：

1）根据模型的对称性，建立一般模型，之后采用镜像功能实现完整模型的创建，如图

3-60 所示。

2）采用拉伸方式创建两部分模型，之后利用布尔加运算实现完整模型的创建，如图 3-61 所示。

本实例分别演示这两种建模方案。

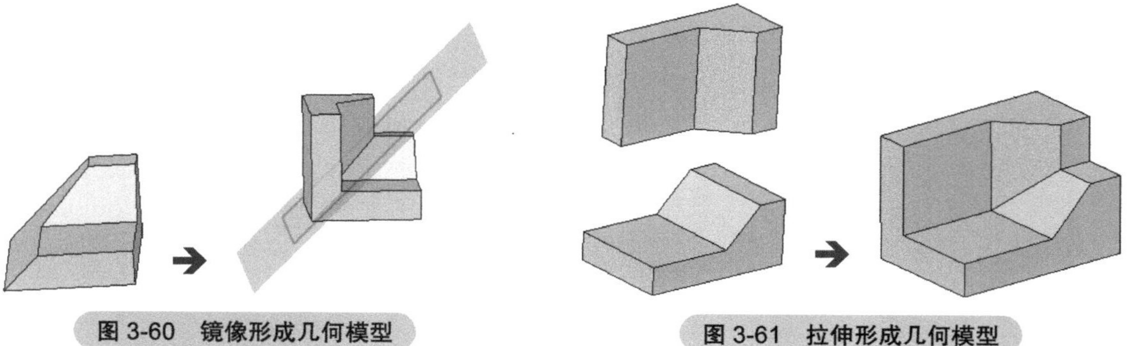

图 3-60　镜像形成几何模型

图 3-61　拉伸形成几何模型

3.9.2　第一种建模方式

第一种方式采用镜像操作形成几何模型。在镜像之前，需要先创建半模型。

Step 1： 启动 DM

在 Workbench 中添加 geometry 模块，鼠标右键单击 A2 单元格，选择菜单 New DesignModeler Geometry...，启动 DM 模块，如图 3-62 所示。

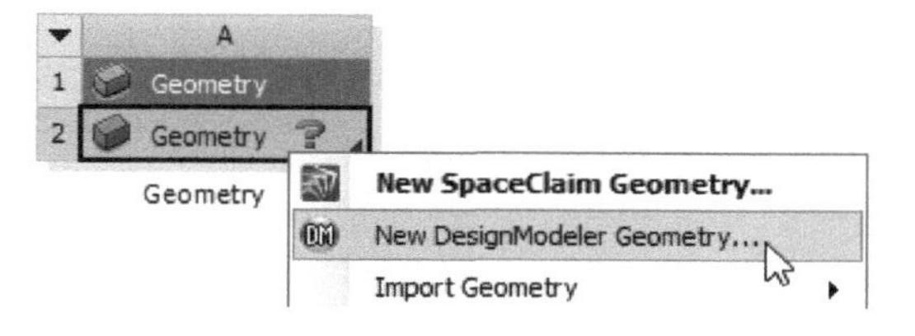

图 3-62　启动 DM 模块

Step 2： XY 面上创建草图

模型树菜单中选择节点 XYPlane，单击工具栏按钮，使 XY 平面正对着屏幕，单击模型树面板中的 Sketching 选项卡，切换至草图模式。

利用草图模式 Draw 列表中的 Line 工具创建如图 3-63 所示草图。

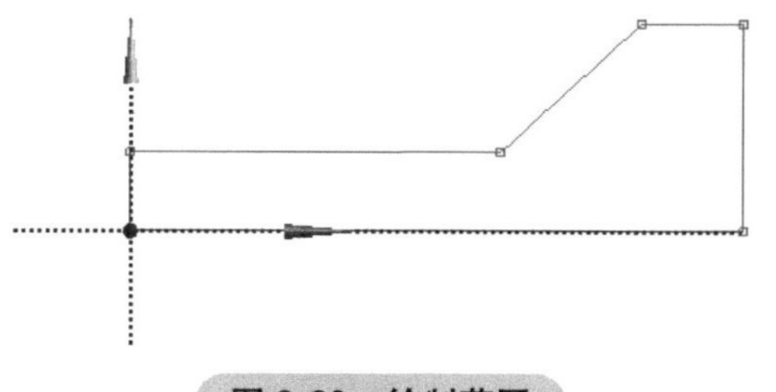

图 3-63　绘制草图

Step 3： 指定尺寸

利用草图模式中 Dimensions 列表项为草图指定尺寸，这里可使用 General 指定尺寸，如图 3-64 所示。

在属性设置窗口中设置各位置尺寸，如图 3-65 所示。

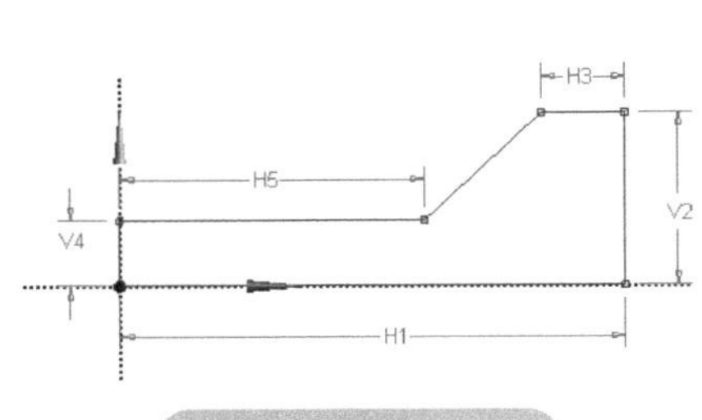

图 3-64　指定尺寸

Details of Sketch1	
Sketch	Sketch1
Sketch Visibility	Show Sketch
Show Constraints?	No
Dimensions: 5	
H1	80 m
H3	15 m
H5	45 m
V2	35 m
V4	15 m
Edges: 6	
Line	Ln7
Line	Ln8
Line	Ln9
Line	Ln10
Line	Ln11
Line	Ln12

图 3-65　设置尺寸

Step 4： 拉伸草图

先拉伸草图，之后进行镜像操作。

- 选择工具栏按钮 Extrude进行草图拉伸
- 属性设置窗口中设置 Geometry 为 Sketch1，设置 Depth 为 55 m（见图 3-66）
- 单击工具栏按钮 Generate 生成拉伸几何模型

Details of Extrude1	
Extrude	Extrude1
Geometry	Sketch1 ①
Operation	Add Material
Direction Vector	None (Normal)
Direction	Normal
Extent Type	Fixed
FD1, Depth (>0)	55 m ②
As Thin/Surface?	No
Merge Topology?	Yes
Geometry Selection: 1	
Sketch	Sketch1

图 3-66　设置拉伸参数

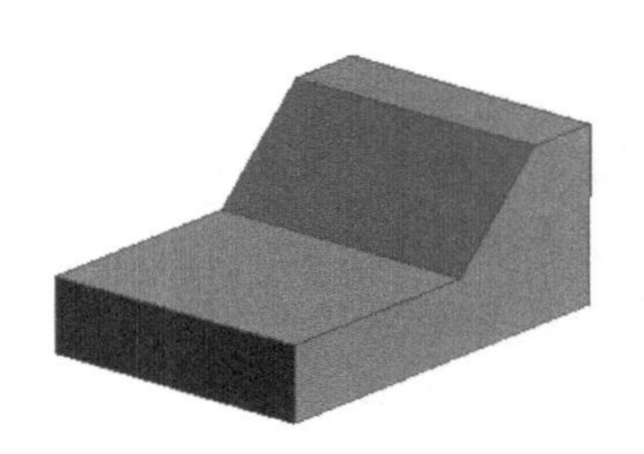

图 3-67　拉伸形成的几何模型

生成的 3D 几何模型如图 3-67 所示。

Step 5： 创建镜像平面

这里创建一个 45° 的平面用于几何镜像。需要注意的是，用于几何镜像的平面必须是 XY 平面。

- 单击工具栏按钮 New Plane

- 属性窗口中设置 Type 为 From Point and Normal
- 选择 Base Point 为图 3-68 所示顶点
- 选择 Normal Defined by 为图 3-68 所示的一条边（注意方向）
- 设置 Transform 1 为 Rotate about X
- 设置 Value 1 为 45°
- 单击工具栏按钮 Generate 生成 plane

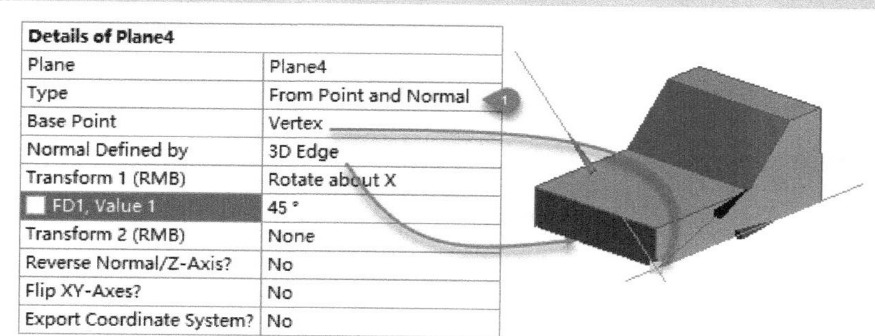

Details of Plane4	
Plane	Plane4
Type	From Point and Normal
Base Point	Vertex
Normal Defined by	3D Edge
Transform 1 (RMB)	Rotate about X
FD1, Value 1	45 °
Transform 2 (RMB)	None
Reverse Normal/Z-Axis?	No
Flip XY-Axes?	No
Export Coordinate System?	No

图 3-68 设置 Plane 参数

生成的平面如图 3-69 所示。确保 XY 平面与几何模型侧边贴合。

注意： 生成平面过程中的坐标轴颜色。在 DM 中，红色坐标轴为 X 轴，绿色坐标轴为 Y 轴，蓝色坐标轴为 Z 轴。

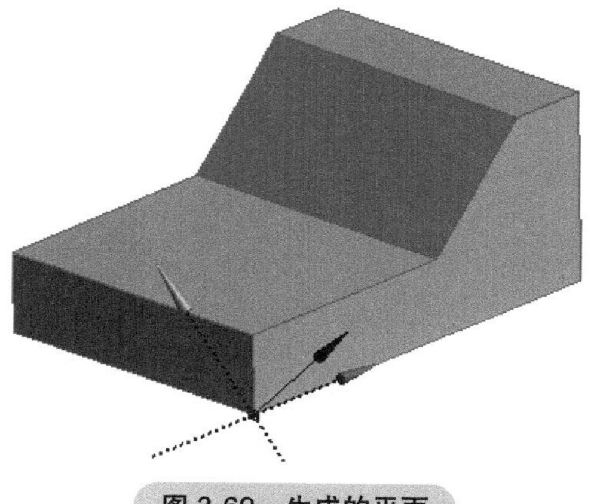

图 3-69 生成的平面

Step 6：镜像几何

利用前面创建的平面作为镜像面生成最终几何模型。

- 选择菜单 Create → Body Transformation → Mirror
- 属性窗口中设置 Mirror Plane 为前面新建的 Plane4（见图 3-70）
- 选择 Bodies 为前面创建的 3D 几何模型
- 单击工具栏按钮 Generate 生成最终几何模型

最终几何模型如图3-71所示。

Details of Mirror1	
Mirror	Mirror1
Preserve Bodies?	Yes
Mirror Plane	Plane4
Bodies	1

图 3-70 镜像属性设置

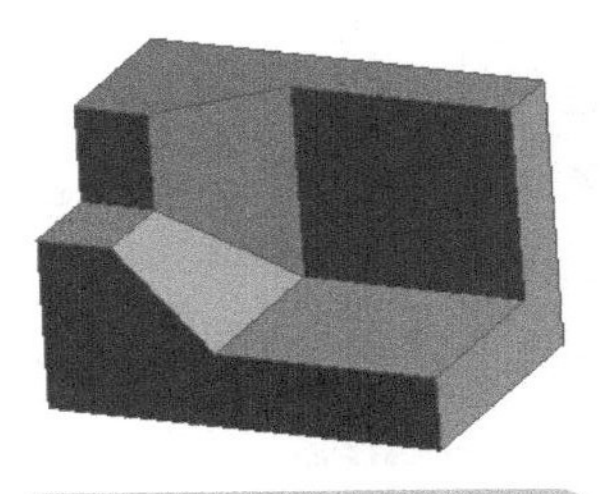

图 3-71 最终几何模型

3.9.3 第二种建模方式

第二种建模方式采用直接拉伸成形方式，此建模核心内容为基准面的创建。先依照第一种建模方式的Step1~Step4生成初始几何体。

Step 1： 生成基准面

创建新的基准面，之后在此基准面上创建草图。

- 单击工具栏按钮New Plane
- 设置Type为From Face，在图形窗口中选择如图3-72所示平面
- 选择Transform 1为Offset Z，设置Value1为20m
- 单击Generate按钮创建基准面

Details of Plane4	
Plane	Plane4
Type	From Face
Subtype	Outline Plane
Base Face	Selected
Use Arc Centers for Origin?	Yes
Transform 1 (RMB)	Offset Z
FD1, Value 1	20 m
Transform 2 (RMB)	None
Reverse Normal/Z-Axis?	No
Flip XY-Axes?	No
Export Coordinate System?	No

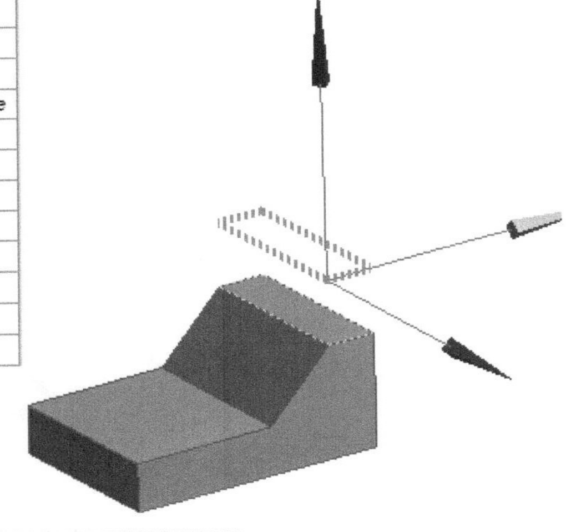

图 3-72 创建新的基准面

Step 2： 创建草图

在新创建的平面上创建草图。

- 选择模型树节点Plane 4，单击工具栏按钮 使基准面正对屏幕
- 切换至Sketching模式
- 绘制如图3-73所示草图

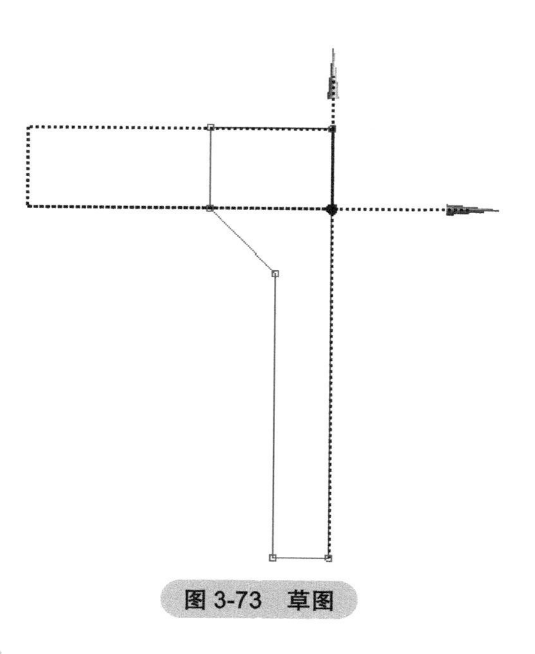

图 3-73　草图

Step 3： 指定尺寸

利用 Sketching 模式中的 Dimension 工具指定草图尺寸。

■ 选择 Dimension 中的 General 为草图指定尺寸

■ 按图 3-74 所示设置属性窗口中的尺寸值

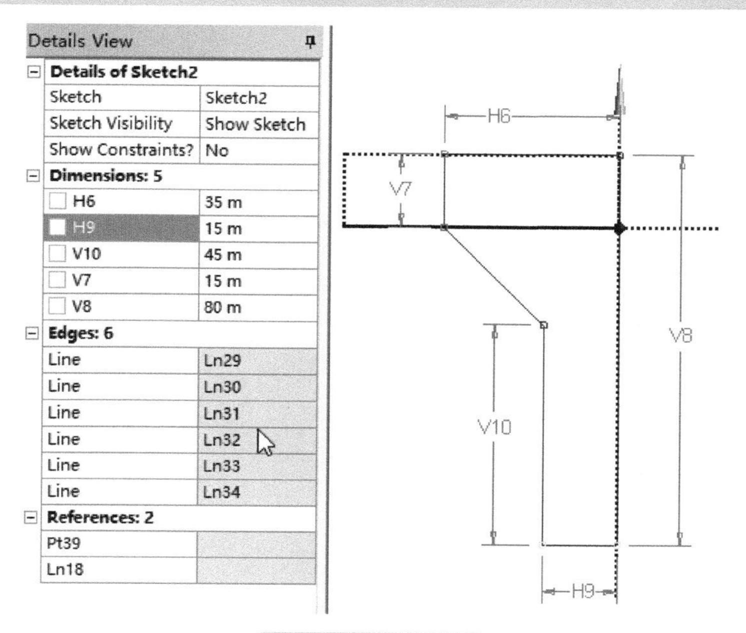

图 3-74　指定尺寸

Step 4： 拉伸草图

直接拉伸草图即可生成几何模型。

- 选择工具栏按钮 Extrude
- 属性窗口中选择 Geometry 为 Sketch 2（见图 3-75）
- 设置 Direction 为正确方向（配合图形窗口中的几何预览选择）
- 设置 Depth 为 55 m
- 单击工具栏按钮 Generate 生成几何模型

Details of Extrude2	
Extrude	Extrude2
Geometry	Sketch2
Operation	Add Material
Direction Vector	None (Normal)
Direction	Reversed
Extent Type	Fixed
FD1, Depth (>0)	55 m
As Thin/Surface?	No
Merge Topology?	Yes
Geometry Selection: 1	
Sketch	Sketch2

图 3-75　拉伸参数

最终形成的几何模型如图 3-71 所示。

3.10　实例 2：汽车外流场计算域

本实例演示利用 DM 创建如图 3-76 所示的汽车模型的外流场计算域。本实例汽车几何模型来自于 grabcad 网站。

图 3-76　汽车几何模型

Step 1： 启动 DM

本实例在 Workbench 中利用 DM 模块进行外流场计算域的创建。

■ 启动 Workbench，添加模块 Geometry

■ 单击鼠标右键选择 Geometry，选择 New DesignModeler Geometry... 启动 DM（见图 3-77）

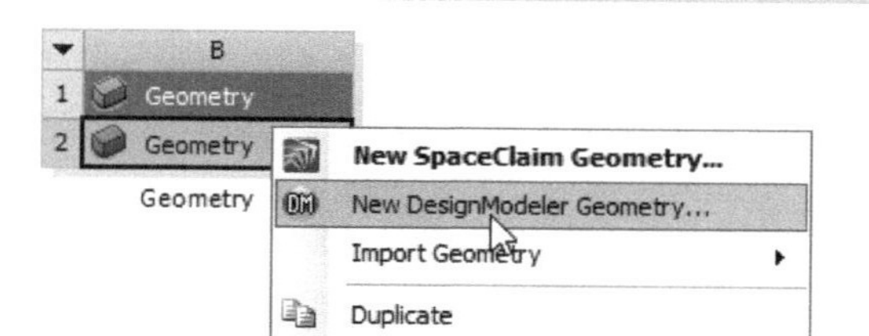

图 3-77 启动 DM

Step 2: 导入外部几何模型

本实例的几何文件通过外部 CAD 软件创建。

■ 在 DM 中选择菜单 File → Import External Geometry File...，在弹出的文件选择对话框中选择几何文件 EX3-2\araba.STEP

■ 单击工具栏按钮 Generate 导入几何模型

导入后的几何模型如图 3-78 所示。

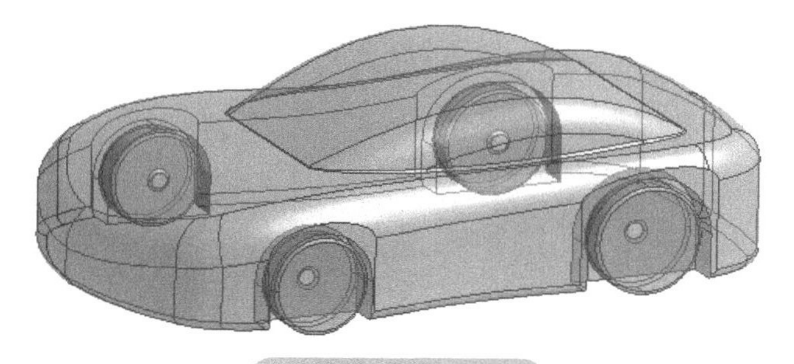

图 3-78 几何模型

提示：本书中涉及的实例文件均保存在网盘中，读者可以按照前言中提供的下载方式自行下载使用。

Step 3: 创建外部流体域

创建外部流体域的方式很多，可以采用 Enclosure，也可以创建外部几何模型后利用布尔运算创建。本实例采用 Enclosure 创建。

■ 选择菜单 Tools → Enclosure

■ 选择 Shape 为 Box

■ 设置 Number of Planes 为 1

■ 选择 Symmetry Plane1 为 YZ Plane

■ 按图 3-79 所示设置计算域尺寸

■ 单击工具栏按钮 Generate 生成外部计算域

Details of Enclosure1	
Enclosure	Enclosure1
Shape	Box
Number of Planes	1
Symmetry Plane 1	YZPlane
Model Type	Full Model
Cushion	Non-Uniform
FD1, Cushion +X value (>0)	0.1 m
FD2, Cushion +Y value (>0)	0.5 m
FD3, Cushion +Z value (>0)	0.1 m
FD4, Cushion -X value (>0)	0.1 m
FD5, Cushion -Y value (>0)	0.2 m
FD6, Cushion -Z value (>0)	0.05 m
Target Bodies	All Bodies
Merge Parts?	No
Export Enclosure	Yes

图 3-79 Enclosure 参数

注意：这里设置对称面的目的是为了利用模型的对称性，而且对称面一定是 XY 平面。若三个系统基准面无法满足要求，也可以创建自己的 plane。

创建完毕后的外流场计算域如图 3-80 所示。注意最终计算域模型中汽车实体被去除。

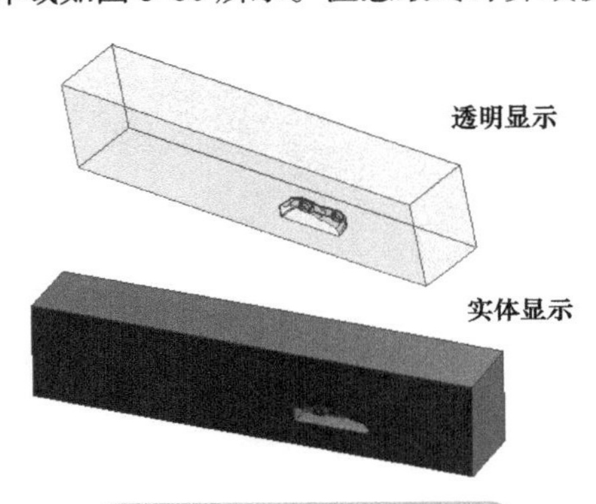

图 3-80 最终计算域模型

3.11 实例 3：汽车排气歧管内流场计算域

本实例创建汽车排气歧管的内流场几何模型。汽车的排气歧管结构较为复杂，如图 3-81 所示，利用 DM 能够快速地将歧管内部的流体域抽取出来。

图 3-81 排气歧管示例

Step 1: 导入几何模型

本实例的几何模型为外部创建的 CAD 模型，采用导入外部文件的方式加载。

■ 启动 Workbench，添加 Geometry 模块，选择以 DM 方式打开

■ 在 DM 中选择菜单 File → Import External Geometry File…，在弹出的文件选择对话框中选择打开几何文件 EX3-3\exhaust_man.x_t

■ 单击工具栏按钮 Generate 导入几何模型

导入的几何模型如图 3-82 所示。

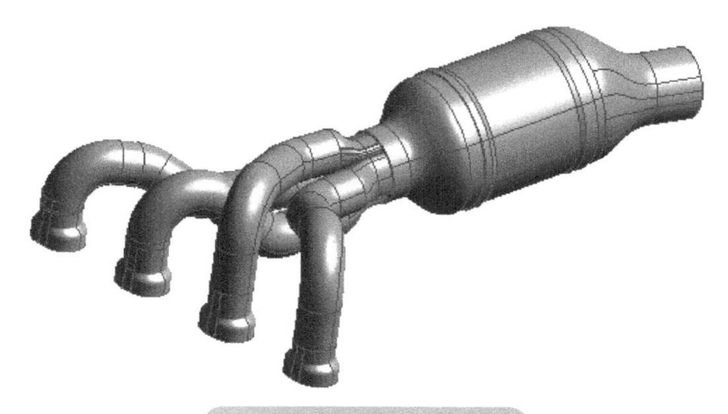

图 3-82　导入的几何模型

Step 2: 创建封闭面

本实例利用 Fill 命令抽取流体域，在抽取流体域之前，先要创建面封闭几何模型。

■ 选择菜单 Concept → Surface From Edges

■ 在图形窗口中选择所有用于封闭通道的边，如图 3-83 所示

■ 当所有的边选择完毕后，单击属性设置窗口中 Edges 右侧按钮 Apply

■ 单击工具栏按钮 Generate 生成面

Details View

Details of Surf2	
Line-Body Tool	Surf2
Edges	Apply / Cancel
Thickness (>=0)	0 m

图 3-83　选择封闭边

生成完毕后图形窗口中的几何模型如图 3-84 所示。确保所有的进出口通道皆被封闭，此时树形菜单中多出了五个面。

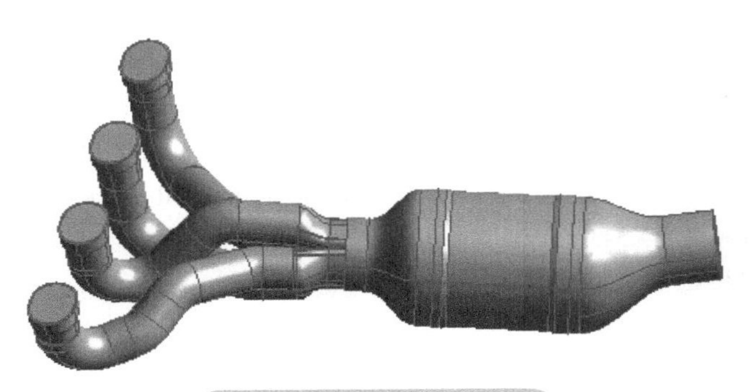

图 3-84　封闭进出口通道

Step 3： 抽取流体域

利用 Fill 命令快速抽取流体域。

- 选择菜单 Tools → Fill
- 属性窗口中设置 Extraction Type 为 By Caps，其他参数保持默认设置（见图 3-85）
- 单击工具栏按钮 Generate 生成计算域

Details of Fill2	
Fill	Fill2
Extraction Type	By Caps
Target Bodies	All Bodies
Preserve Capping Bodies	No
Preserve Solids	Yes

图 3-85　Fill 参数

模型树节点中添加了新的节点 Solid，最终的计算域模型如图 3-86 所示。

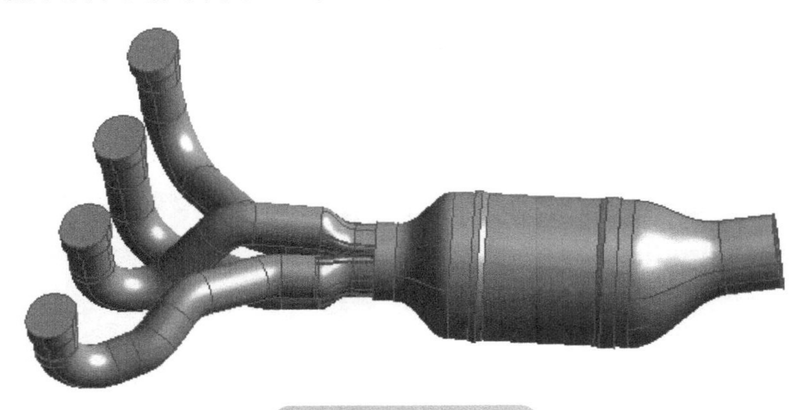

图 3-86　计算域模型

3.12　本章小结

本章主要介绍了在 ANSYS DesignModeler 中创建流体计算模型的常用功能模块，并通过案例描述了利用 DM 中的 Fill 功能及 Enclosure 功能抽取内流计算域及外流计算域的一般流程。

第 4 章 网格基础

目前常规的流体计算软件都使用到计算网格，其主要思想在于将空间连续的计算区域分割成足够小的计算区域，然后在每一计算区域上应用流体控制方程，求解计算所有区域的流体计算方程，最终获得整个计算区域上的物理量分布。

从数学原理上讲，计算网格越密，则计算精度越高，然而在实际工程应用中却不尽然。首先计算网格增多将导致计算时间成本大大增加，其次在实际的工程计算中，计算精度与网格数量的关系并非是线性增长。因此，在实际的工程应用中，应当尽量选择满足计算精度的网格，而不是一味地追求精细网格。

4.1 流体网格基础概念

4.1.1 网格术语

计算网格是一个比较抽象的概念，为方便交流，需要对网格的基本术语有必要的了解。下面是流体网格操作中经常会碰到的术语。

网格：Grid、Cell、Mesh，这三个单词都指的是网格。网格通常指的是计算域离散后形成的封闭体积。

节点：Node、Vertices，其中固体计算中常用 Nodes，而流体计算软件中则经常使用 Vertices。节点指的是离散计算域的分割线的交点。

控制体：control volume。流体计算中专用的术语，与固体计算的单元相同。

4.1.2 网格形状

在 2D 模型中，常见的网格类型包括三角形网格与四边形网格，如图 4-1 所示。

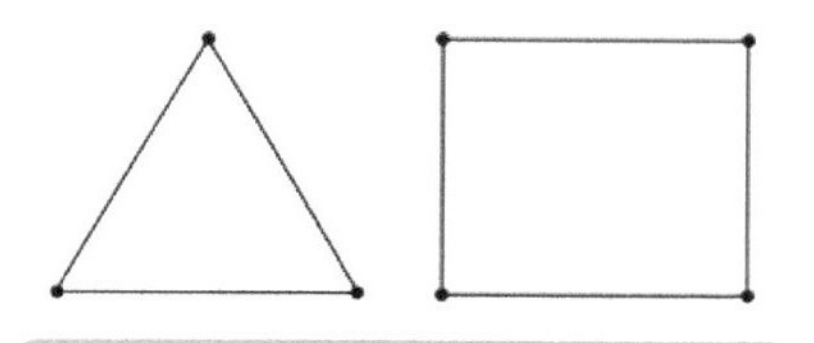

图 4-1 三角形网格与四边形网格

在 3D 模型中，常见的网格类型包括四面体网格、六面体网格、棱柱网格、金字塔网格、多面体网格（见图 4-2）。

注意： Fluent 中可以将四面体或金字塔网格转换为多面体网格，也可以用 Fluent Meshing 直接生成多面体网格。目前能够生成多面体网格的工具主要有 STAR-CCM+、CFD-GEOM 等。转换为多面体网格后能够大幅减少网格的数量。

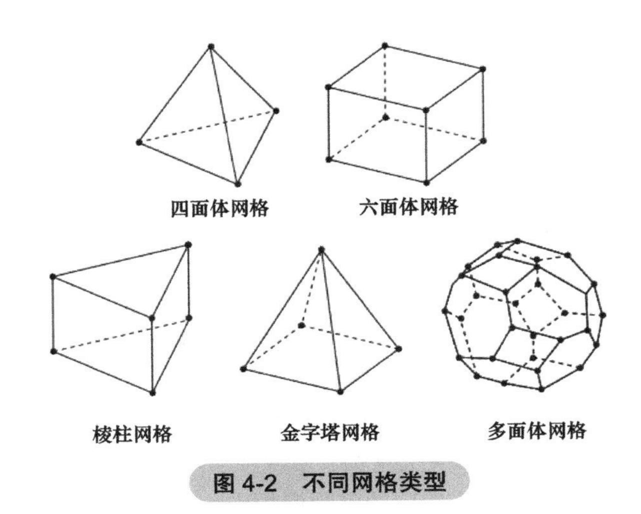

图 4-2 不同网格类型

4.1.3 结构网格与非结构网格

通常可以按网格数据结构将网格分为结构网格与非结构网格。

结构网格只包含四边形或者六面体，非结构网格是三角形和四面体。虽说这种说法不是很专业，但是的确可以粗略地区分结构网格与非结构网格。

结构网格在拓扑结构上相当于矩形域内的均匀网格，其节点定义在每一层的网格线上，且每一层上节点数都是相等的，这样使复杂外形的贴体网格生成比较困难。非结构网格没有规则的拓扑结构，也没有层的概念，网格节点的分布是随意的，因此具有灵活性。不过非结构网格计算时需要较大的内存。

计算精度主要在于网格的质量（正交性、长宽比等），并不决定于拓扑（是结构化还是非结构化）。因此在实际工作中，应当关注的是网格质量，过分追求结构网格是不必要的。

4.2 网格的度量

4.2.1 网格数量

2D 网格由网格节点、网格边及网格面构成。

3D 网格由网格节点、网格边、网格面及单元体构成。

通常所说的网格数量指的是网格节点数量以及网格面（2D 网格中）或网格体（3D 网格中）。网格数量对计算的影响主要体现在以下几个方面：

1）网格数量越多，计算需要的计算资源（内存、CPU 时间、硬盘等）越大。由于每次计算都需要读入网格数据，计算机需要开辟足够大的内存以存储这些数据，因此内存数量需求与网格数量成正比。同时计算时需要对每一计算单元进行求解，故 CPU 计算时间也与网格数量成正比。由于数值计算求解器需要将计算结果写入到硬盘中，网格数量越大，则需要写入的数据量也越大。

2）并非网格数量越多，计算越精确。对于物理量变化剧烈区域采用局部网格加密可以提高该区域计算精度，但是对一些非敏感区域提高网格密度并不能显著提高计算精度，却会显著增加计算强度，因此在网格划分过程中，需要有目的地增加局部网格密度，而不是对整体进行加密。同时需要进行网格独立性验证。

3）影响计算收敛性的因素是网格质量，而不是网格数量。对于一些瞬态计算，时间步长与网格尺寸有关系。小的网格尺寸意味着需要更加细密的时间步长。

4.2.2　网格质量

对于网格来讲，网格数量是一个重要的评价指标，其直接影响到计算资源的需求。然而还有一个更重要的度量指标，那就是网格质量。

网格质量会影响到计算精度以及计算收敛性，而且不同类型的网格，其质量评价方式有很大区别。常用的网格质量评价指标包括：

1）长宽比：常用于四边形或六面体网格质量评价。

2）歪斜率：常用于三角形、四面体等非结构网格质量评价。

3）翘曲度：各种网格类型均适用。

4）正交性：常用于四边形或六面体类型网格质量评价。

5）最大角度：可用于各类网格。

不同的网格生成软件采用的网格质量度量指标也有较大差异。

4.3　ANSYS Mesh 软件

ANSYS Mesh 是 ANSYS Workbench 中的网格生成模块，其主要负责为 ANSYS 系列产品提供计算网格。

4.3.1　ANSYS Mesh 启动

Mesh 作为 Workbench 的一个模块，只能在 Workbench 中启动。

有两种启动 Mesh 的方式。

1. 独立模块

Mesh 可以以独立模块方式启动，如图 4-3 所示。

从工具列表中添加 Mesh 模块到工程面板，双击 Mesh 单元格即可进入 Mesh 模块。

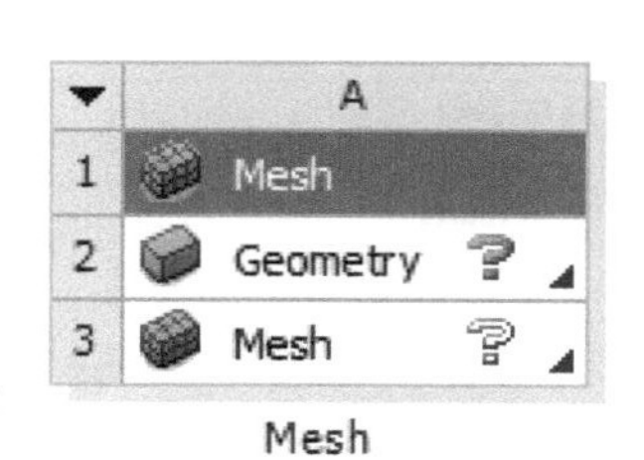

图 4-3　Mesh 模块

2. 附加模块

在一些需要利用到 Mesh 的应用模块中，会自动附加 Mesh 模块。以 Fluent 为例，添加 Fluent 模块到工程面板，如图 4-4 所示，双击 C3 单元格可进入 Mesh 模块。

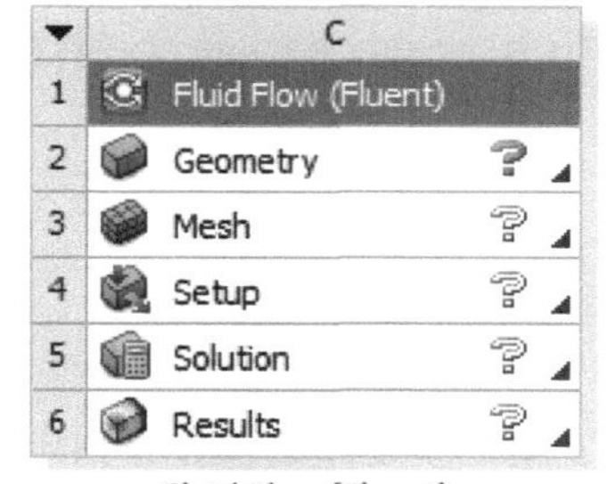

图 4-4　Fluent 模块

4.3.2 软件界面

ANSYS Mesh 工作界面如图 4-5 所示。整个界面分为 6 个部分：

1）工作菜单。一些常用的功能入口，如数据输入输出、视图转换、单位设置等。

2）工具栏。工具栏中包含了一些网格划分过程中辅助功能按钮。

3）模型树。模型树是 Mesh 的核心结构，所有关于网格操作的功能均可以通过模型树进入。

4）属性窗口。包含各种参数设置界面。

5）图形窗口。主要用于模型显示及几何选择。

6）输出窗口。用于显示一些系统信息。

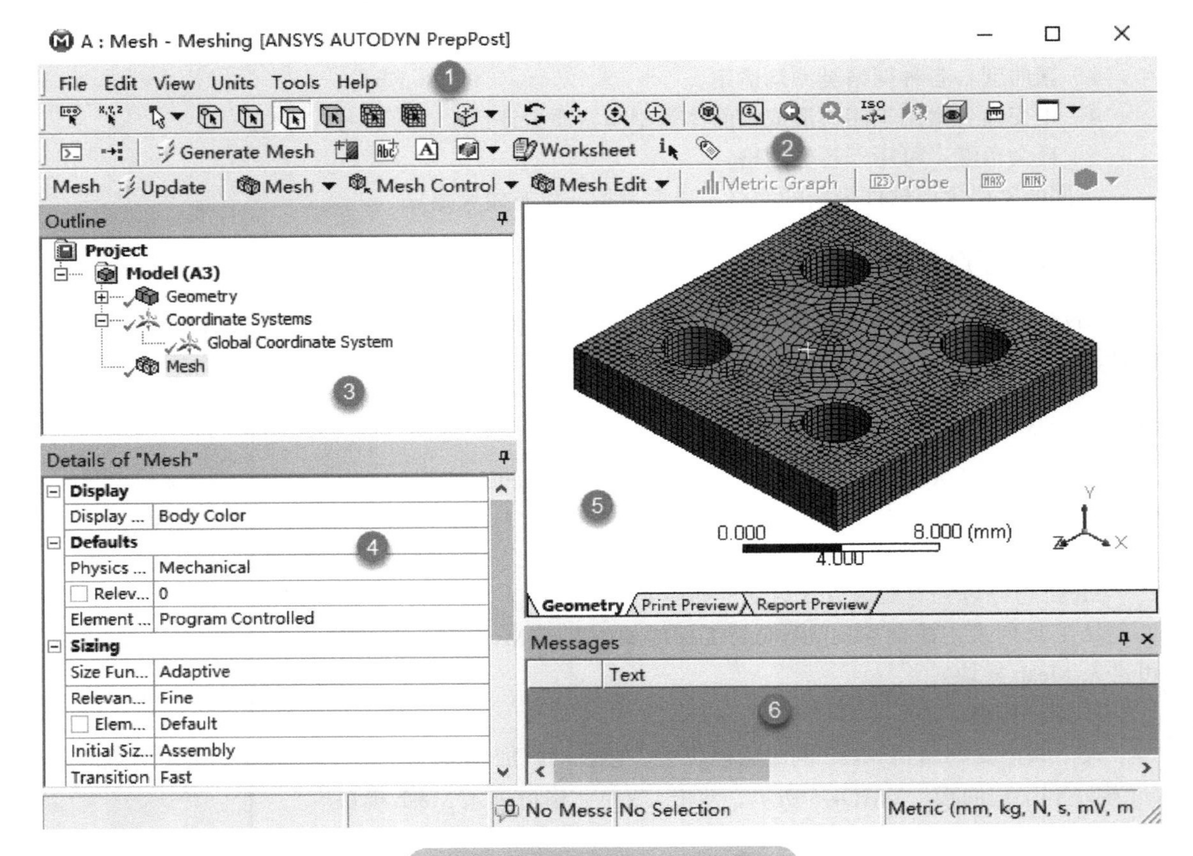

图 4-5 ANSYS Mesh 工作界面

4.3.3 网格流程

利用 Mesh 划分网格的基本流程如下。

1. 指定目标求解器

当启动 Mesh 导入几何模型后，第一步要做的操作是指定目标求解器（见图 4-6）。Mesh 支持多种求解器，然而不同的求解器对网格的需求存在差异，因此在生成网格之前指定目标求解器是非常有必要的。

Display	
Display Style	Body Color
Defaults	
Physics Preference	Mechanical
Relevance	Mechanical Nonlinear Mechanical Electromagnetics CFD Explicit Hydrodynamics
Element Order	
Sizing	
Quality	
Inflation	
Advanced	
Statistics	

图 4-6 目标求解器

选择模型树节点 Mesh，在属性窗口中设置参数 Physics Preference 即可指定目标求解器。ANSYS Mesh 支持 6 种目标求解器：Mechanical、Nonlinear Mechanical、Electromagnetics、CFD、Explicit、Hydrodynamics。

2. 指定网格尺寸

ANSYS Mesh 中的网格尺寸包括全局尺寸与局部尺寸。

单击模型树节点 Mesh，此时属性窗口中的 Size 选项中即可设置全局尺寸（见图 4-7）。

除全局尺寸外，Mesh 还可指定局部尺寸，包括体尺寸、面尺寸、线尺寸等。通过鼠标右键选择模型树节点 Mesh，选择菜单 Insert → Sizing 可插入局部尺寸（见图 4-8）。

Display	
Defaults	
Sizing	
Size Function	Adaptive
Relevance Center	Coarse
Element Size	Default
Initial Size Seed	Assembly
Transition	Fast
Span Angle Cen...	Coarse
Automatic Mes...	On
Defeature Size	Default
Minimum Edge ...	2.160 mm
Quality	
Inflation	
Advanced	
Statistics	

图 4-7 全局网格尺寸

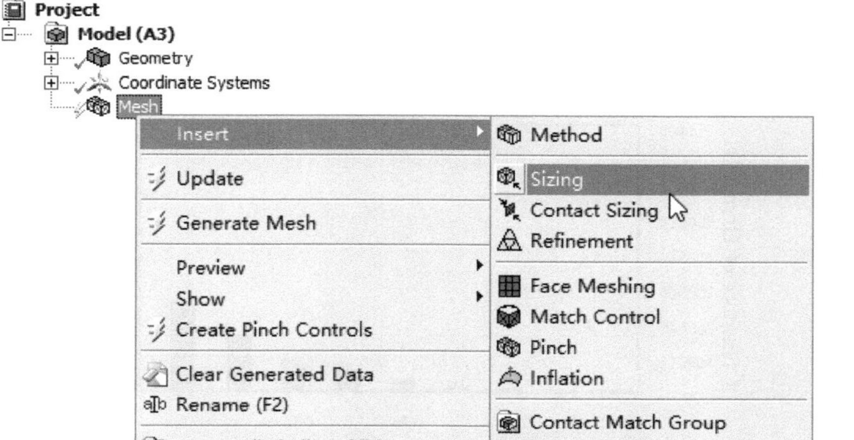

图 4-8 指定局部尺寸

3. 边界命名

边界命名的目的是为了在处理器中更方便地设置边界条件。

在图形窗口中选中几何（2D 模型中是线，3D 模型中是面）之后，可右键单击窗口区域，选择菜单 Create Named Selection... 并指定边界名称。

4. 生成网格

当上述工作准备完毕后，即可生成网格。鼠标右键选择模型树节点 Mesh，选择菜单 Generate Mesh 生成网格。

5. 检查网格

网格生成完毕后，可检查网格质量。选择模型树节点 Mesh，设置属性窗口中选项 Mesh Metric 中的内容为 Element Quality 即可查看网格质量（见图 4-9）。

Quality	
Check Mesh Quality	Yes, Errors
Error Limits	Standard Mechanical
Target Quality	Default (0.050000)
Smoothing	Medium
Mesh Metric	Element Quality
Min	0.48062
Max	0.99533
Average	0.92428
Standard Deviation	8.168e-002

图 4-9　查看网格质量

说明： Element Quality 只是网格质量诸多指标中的一种，也可以选择其他的度量方式，关于 Mesh 中网格质量的度量方式，参阅 4.4 节。

此时 Mesh 会在消息窗口中列出网格质量直方图，在其中描述各类网格质量及其网格数量，如图 4-10 所示。

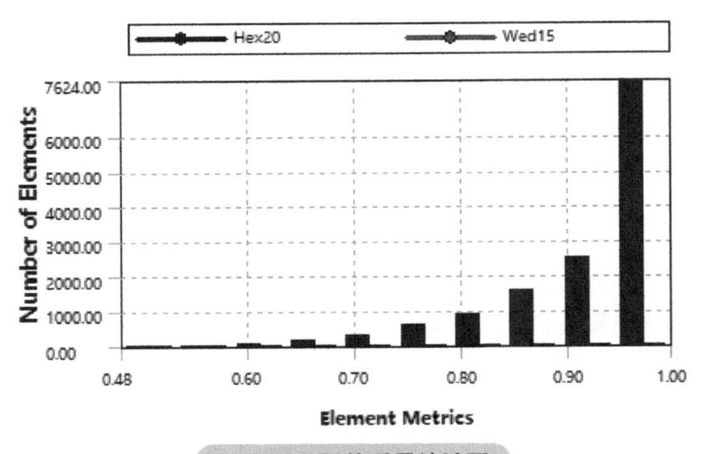

图 4-10　网格质量统计图

说明： 对于质量特别差的网格，需要进行局部控制，并重新生成网格。

4.4 网格质量评价

对于不同类型的网格，其质量的评价指标不同。下面简单介绍 ANSYS Mesh 中关于网格质量的评价体系。对于其生成的网格质量有多种度量指标。

由于存在多种网格类型（三角形、四边形、四面体、五面体、三棱柱、六面体等），因此想要提出一套标准来衡量这么多不同形状的网格质量，并不是一件容易的事情。ANSYS Mesh 针对不同类型的网格，采用不同的质量度量标准。

ANSYS Mesh 的网格度量位于树形菜单 Mesh 节点属性中，如图 4-11 所示。

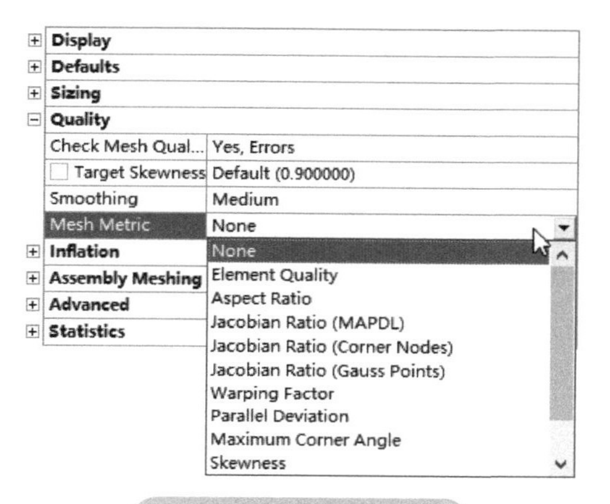

图 4-11 网格度量标准

当选择某一种网格质量标准后，ANSYS Mesh 即可以直方图形式显示所生成的网格质量（见图 4-12）。

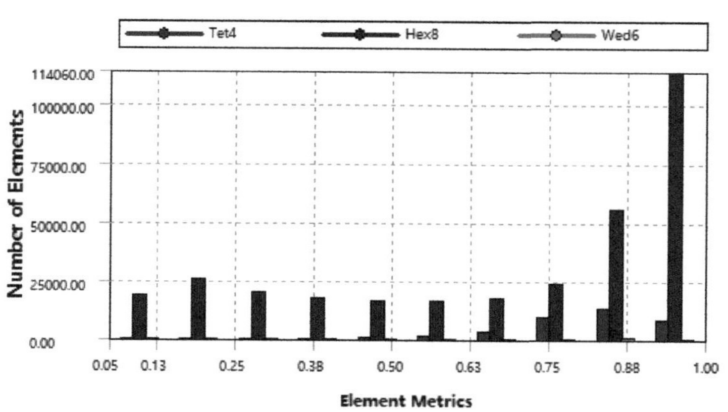

图 4-12 网格质量度量

接下来介绍 ANSYS Mesh 提供的各种网格度量标准。

4.4.1 Element Quality

从字面上理解，Element Quality 就是指网格质量。ANSYS Mesh 提供了这样一个指标用于度量各种类型的网格质量，该指标范围为 0~1，越接近 1 表示网格越完美。

该指标的计算方法分为 2D 和 3D。

2D 网格：

$$\text{Quality} = C \times \frac{\text{area}}{\sum(\text{EdgeLength})^2}$$

3D 网格：

$$\text{Quality} = C \times \frac{\text{volume}}{\sqrt{\left(\sum \text{EdgeLength}^2\right)^3}}$$

不同的网格类型，所采用的 C 值不同，见表 4-1。

表 4-1　不同网格类型对应的 C 值

网格类型	C 值
三角形网格	6.928
四边形网格	4.0
四面体网格	124.707
六面体	41.5692
三棱柱	62.3538
金字塔	96

4.4.2　Aspect Ratio

Aspect Ratio 常用于评价三角形或四边形网格质量。对于三角形和四边形网格的 Aspect Ratio，计算方法略有不同。

1. 三角形网格

三角形的长宽比计算是通过构造矩形来实现的。

构造方式为：

- 选取任意网格节点，以此节点与相对应网格边的中点相连形成第一条线
- 连接另外两条网格边的中点，构造第二条线
- 以这两条线为中心构造矩形

如图 4-13 所示，每一个三角形网格可以构造三个矩形。

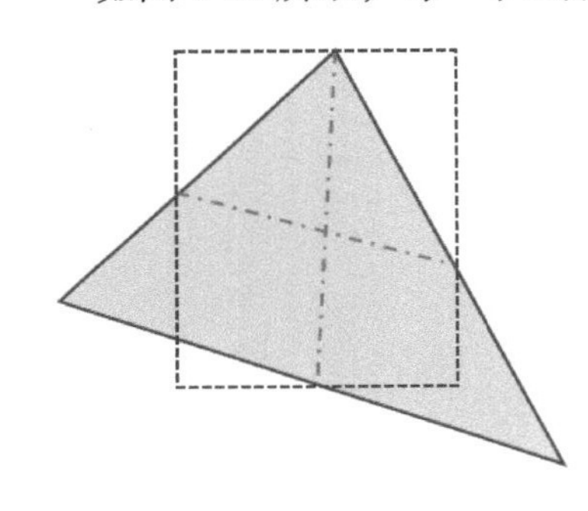
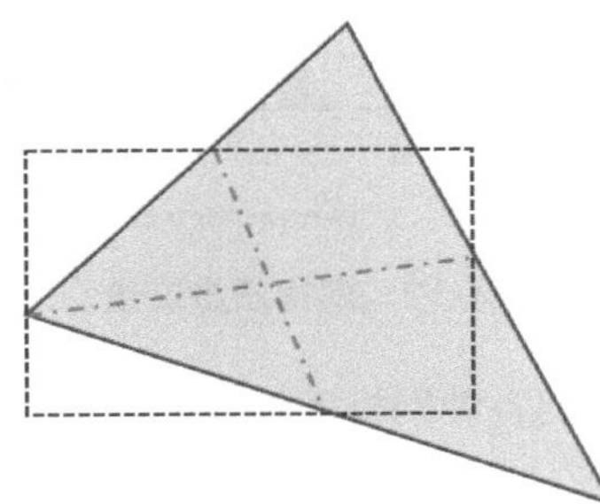
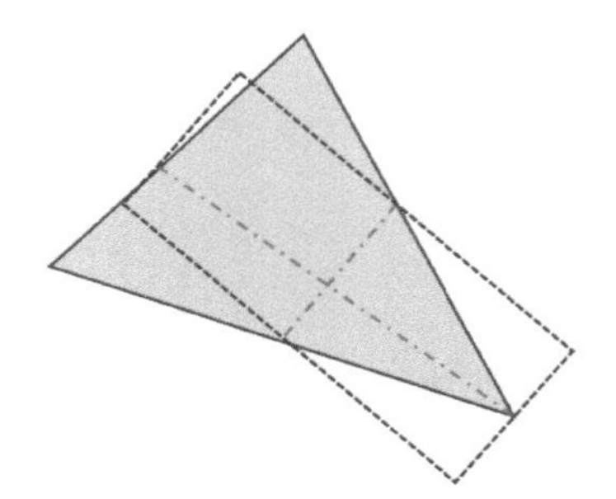

图 4-13　矩形构造方法

长宽比为

$$\text{aspectratio}=\frac{长边}{\sqrt{3}\times 短边}$$

因此正三角形的长宽比为 1，其为三角形网格中质量最好的网格。其他形状的三角形网格长宽比均大于 1，越大表示网格质量越差。

2. 四边形网格

四边形网格也是通过构造矩形来计算长宽比。其构造方式为：

- 取四边形网格的四条边中点，连接起来构造两条相交的线
- 以这两条线为中心构造矩形，通过这四个中点（见图 4-14）

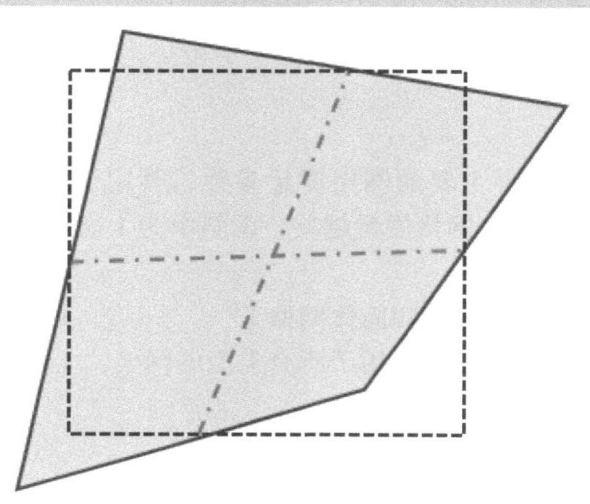

图 4-14　构造矩形

长宽比为

$$\text{aspectratio}=\frac{长边}{短边}$$

4.4.3　Parallel Deviation

平行度常用于检测四边形网格。

基本过程很简单：

1）以网格边构造单位向量，如图 4-15 所示。

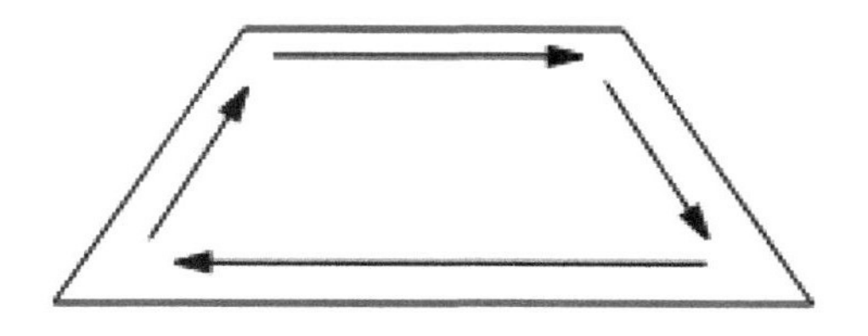

图 4-15　构造单位向量

2）计算相对边向量的点积，利用计算值的反余弦得到角度。

矩形的平行度为 0°，该值越大表示网格质量越差。图 4-16 所示为一些几何形状的平行度对比。

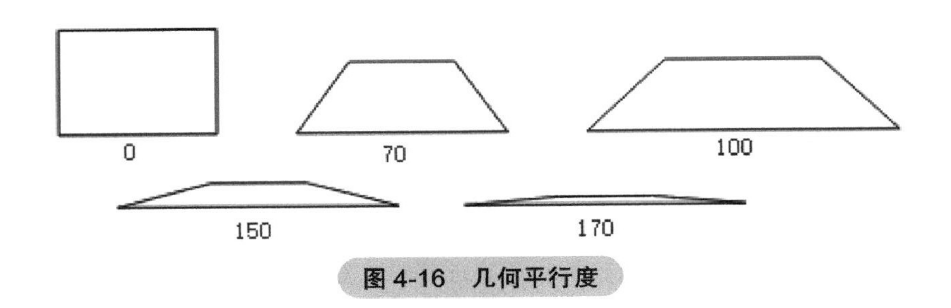

图 4-16 几何平行度

4.4.4 Maximum Corner Angle

常用于三角形和四边形网格。统计网格中的最大角度，该值越大表示网格质量越差。

4.4.5 Skewness

歪斜率（Skewness）是一种主要的网格度量参数，其用于评价网格趋近于理想网格的程度。该参数值为0~1，值越大表示网格质量越差，歪斜率为1表示为理想网格。

有两种方法用来计算歪斜率：

1）基于正体积（仅用于三角形及四面体网格）。

2）基于归一化的正角度。此方法可用于所有类型的网格。

1. Equilateral-volume-based Skewness

基于正体积的歪斜率计算方法：

$$\text{歪斜率}=\frac{\text{理想网格尺寸}-\text{网格尺寸}}{\text{理想网格尺寸}}$$

这里的理想网格指的是与待评价的网格具有相同周长的正网格。

2. Normalized Equiangular Skewness

归一化等角歪斜率被定义为：

$$\text{歪斜率}=\max\left[\frac{\theta_{\max}-\theta_e}{180-\theta_e},\frac{\theta_e-\theta_{\min}}{\theta_e}\right]$$

式中 $\theta_{\max}$——网格单元中最大角度；

θ_e ——理想网格的角度；

$\theta_{\min}$——网格单元中最小角度。

4.4.6 Orthogonal Quality

Orthogonal Quality 用以评价网格正交质量，取值范围0~1，其中值为1表示质量最高，为0表示质量最差。

4.5 实例1：T型管

本节以一个最简单的实例来描述Mesh模块的使用流程，后续还会有其他的案例来更加详细描述此模块的强大功能。

Step 1: 启动 Mesh

Mesh 模块只能在 Workbench 中启动。

■ 启动 Workbench

■ 从 Component Systems 下拖拽 Mesh 到工程窗口中（见图 4-17）

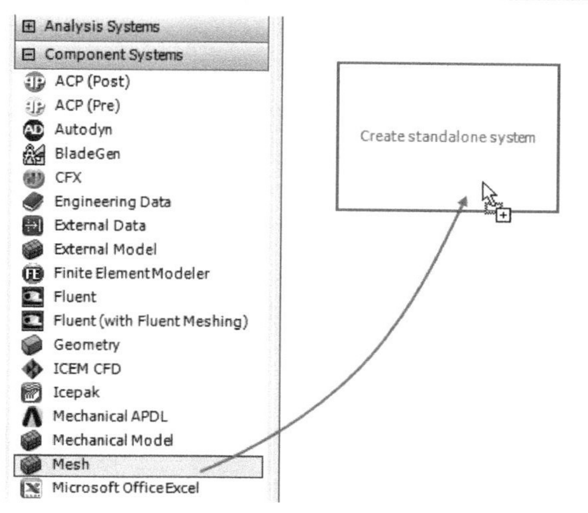

图 4-17　添加 Mesh 模块

Step 2: 导入几何模型

Mesh 模块并不具有几何模型创建功能，其通常与 Geometry 模块一起使用，通过 Geometry 模块创建或导入外部几何模型。

本实例的几何模型采用外部 CAD 软件创建，在这里通过导入的方式加载（见图 4-18）。

■ 右键单击 Geometry 单元格，选择右键菜单 Import Geometry → Browse...，在弹出的文件选择对话框中选择几何文件 EX4-1\pipe-tee.stp

图 4-18　导入几何模型

Step 3： 进入 Mesh

鼠标双击 Mesh 单元格，进入 Mesh 模块后软件自动加载几何模型，如图 4-19 所示。

图 4-19　几何模型

Step 4： 设置默认网格

Mesh 模块很多时候只需要设置其默认网格尺寸即可产生相当不错的网格。

■ 单击模型树节点 Mesh，属性窗口中即为默认网格参数（见图 4-20）

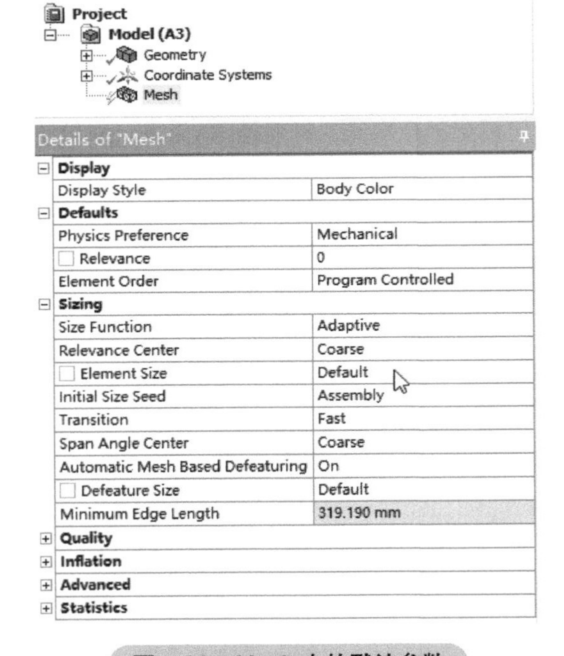

图 4-20　Mesh 中的默认参数

■ 设置 Physics Preference 为 CFD（见图 4-21）。
■ 设置 Solver Preference 为 Fluent
■ 设置 Size Function 为 Curvature
■ 其他参数保持默认设置

Display	
Display Style	Body Color
Defaults	
Physics Preference	CFD
Solver Preference	Fluent
Relevance	0
Export Format	Standard
Element Order	Linear
Sizing	
Size Function	Curvature
Relevance Center	Coarse
Transition	Slow
Span Angle Center	Fine
Curvature Normal Angle	Default (18.0 °)
Min Size	Default (0.426530 mm)
Max Face Size	Default (42.6530 mm)
Max Tet Size	Default (85.3070 mm)
Growth Rate	Default (1.20)
Automatic Mesh Based Defeaturing	On
Defeature Size	Default (0.213270 mm)
Minimum Edge Length	319.190 mm
Quality	
Inflation	
Assembly Meshing	
Advanced	
Statistics	

图 4-21　设置网格参数

之后鼠标右键选择模型树节点 Mesh，选择弹出菜单 Generate Mesh 生成网格（见图 4-22）。

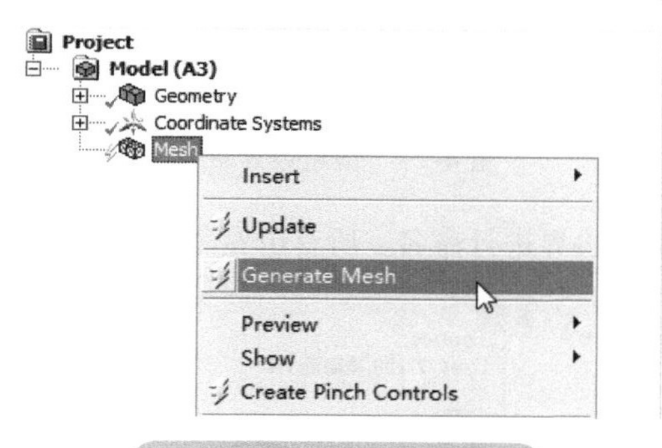

图 4-22　Generate Mesh

生成的网格如图 4-23 所示。这里未设置任何网格尺寸，网格生成过程中所采用的网格尺寸是软件通过几何特征自动估算的。此时生成的网格其实已经可以满足试算网格的要求了。不过如果想要获得精度更高的计算结果，还是需要对网格参数进行更多的控制。

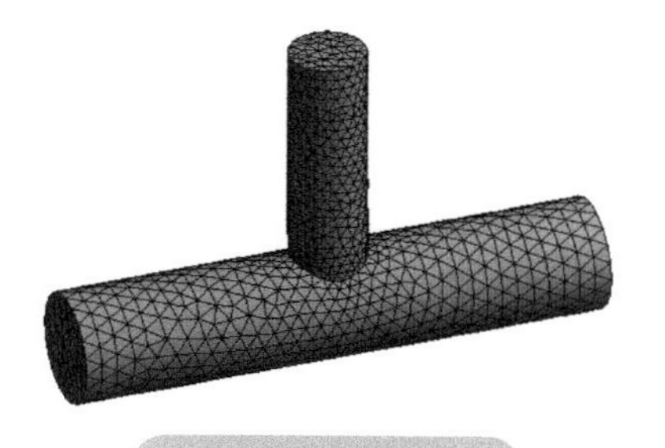

图 4-23　生成网格

Step 5: 创建边界命名

在 ANSYS 系列的 CFD 软件（如 Fluent、CFX）中，导入的网格必须先对边界进行标识，否则边界无法被区分开，在设置边界条件时非常麻烦。而在 Mesh 中对边界进行标识是通过创建 Named Selection 来实现的。

- 选择想要进行边界命名的面，单击鼠标右键，选择菜单 Create Named Selection
- 在弹出的对话框中给边界命名，如图 4-24 所示，将边界命名为 inlet_z
- 单击 OK 按钮关闭对话框

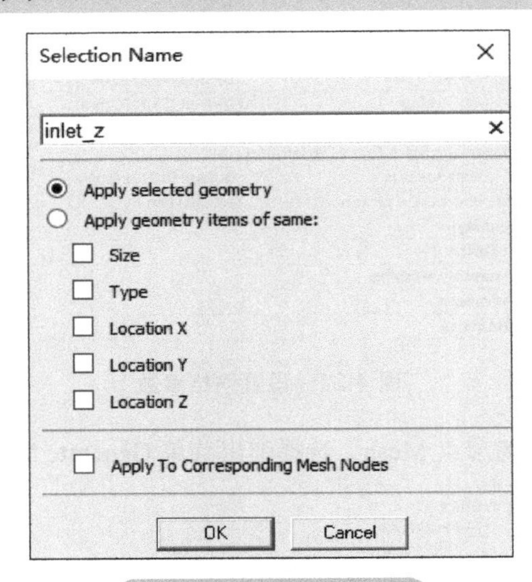

图 4-24　创建边界命名

重复以上步骤，为其他的边界进行命名。所有边界命名完毕后如图 4-25 所示。

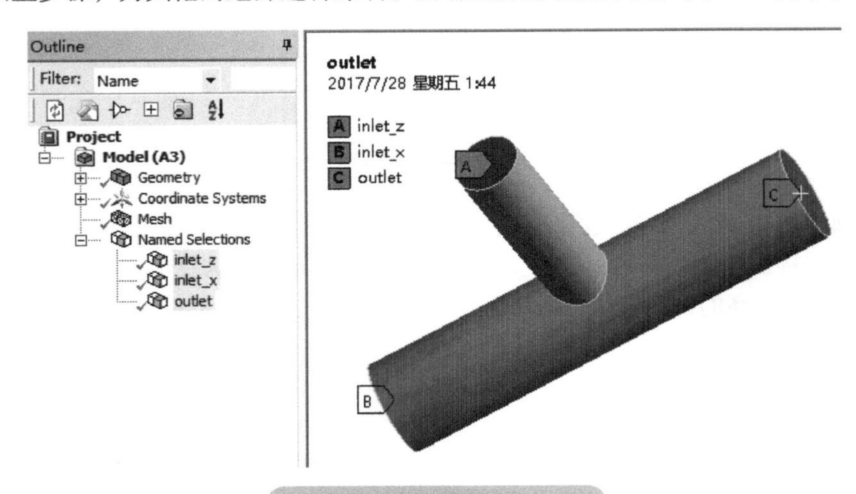

图 4-25　命名完毕后的边界

Step 6: 创建边界层网络

Mesh 模块中的边界层网络是通过 Inflation 来实现的。

■ 选择模型树节点 Mesh

■ 设置属性窗口中 Inflation 下的 Use Automatic Inflation 为 Program Controlled（见图 4-26）

Outline

Filter: Name

Project
Model (A3)
Geometry
Coordinate Systems
Mesh
Named Selections

Details of "Mesh"

Details of "Mesh"	
Display	
Defaults	
Sizing	
Quality	
Inflation	
Use Automatic Inflation	Program Controlled
Inflation Option	Smooth Transition
Transition Ratio	0.272
Maximum Layers	5
Growth Rate	1.2
Inflation Algorithm	Pre
View Advanced Options	No
Assembly Meshing	
Advanced	
Statistics	

图 4-26　设置 Inflation

重新生成网格后如图 4-27 所示。可以看到，网格上加入了边界层网络。

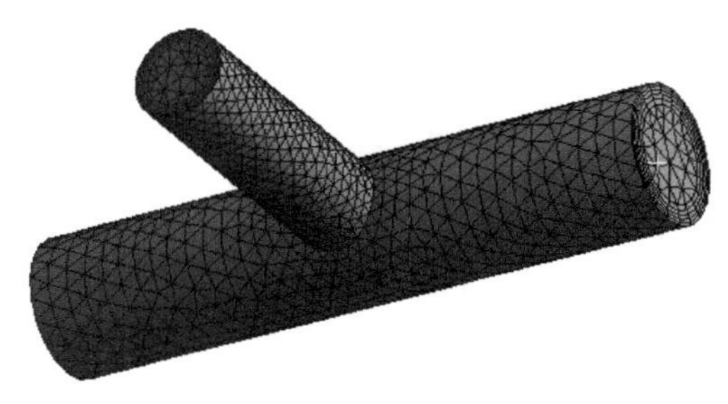

图 4-27　重新生成后的网格

Step 7: Mesh 质量查看

网格统计主要输出网格质量信息及图表。

■ 单击模型树节点 Mesh

■ 属性窗口中点开节点 Quality（见图 4-28）

■ 设置 Mesh Metric 为 Element Quality

此时显示网格质量最小值为 0.08892，最大值为 0.9958，平均值为 0.52247，网格质量越大越好。

⊞ **Display**	
⊞ **Defaults**	
⊞ **Sizing**	
⊟ **Quality**	
Check Mesh Quality	Yes, Errors
☐ Target Skewness	Default (0.900000)
Smoothing	Medium
Mesh Metric	Element Quality
☐ Min	8.8921e-002
☐ Max	0.9958
☐ Average	0.52247
☐ Standard Deviation	0.25155
⊞ **Inflation**	
⊞ **Assembly Meshing**	
⊞ **Advanced**	
⊟ **Statistics**	

图 4-28　网格质量查看

此时左下方会有网格统计数据直方图（见图 4-29），其提供了不同类型网格各自网格质量所对应的网格数量。

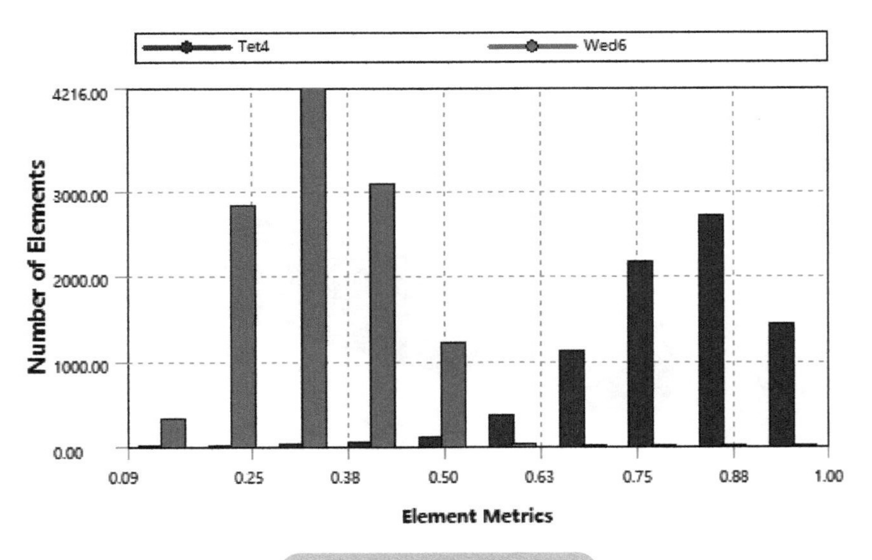

图 4-29　网格质量直方图

Step 8： 小结

本实例是最简单的 Mesh 教程，没有涉及任何的网格参数，但是本实例的方法却能够适用于所有的网格生成方式。

4.6 实例 2：反应器

Mesh 模块中提供了 6 种不同的网格划分方法：

- ■ Automatic（Tet Patch Conforming）
- ■ Tet Patch Independent
- ■ Multizone
- ■ Assembly Meshing（CutCell）
- ■ Decomposition for Sweep Meshes
- ■ Automatic（Tet & Sweep）

本实例对比前 4 种方法所产生的网格，以描述每种方法各自的适用场合。后两种方法由于涉及几何体的拆分，暂且不讲。

Step 1: 创建工程

创建工程文件，并导入几何模型。

■ 启动 Workbench，拖拽 Mesh 到右侧工程窗口中

■ 右键选择单元格 Geometry，选择菜单 ImportGeometry → Browse…，在弹出的文件对话框中选择打开几何文件 EX4-2\component.stp

■ 保存工程文件

■ 双击 Mesh 单元格进入 Mesh 模块

Step 2: 设置单位

进入 Mesh 之后设置显示单位，方便后续尺寸设置。

■ 在 Mesh 模块中选择菜单 Units → Metric（m，kg，N，s，V，A）（见图 4-30）

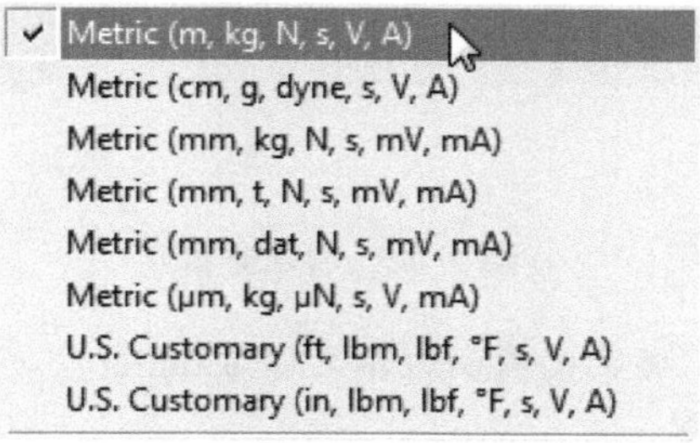

✓ Metric (m, kg, N, s, V, A)
Metric (cm, g, dyne, s, V, A)
Metric (mm, kg, N, s, mV, mA)
Metric (mm, t, N, s, mV, mA)
Metric (mm, dat, N, s, mV, mA)
Metric (μm, kg, μN, s, V, mA)
U.S. Customary (ft, lbm, lbf, °F, s, V, A)
U.S. Customary (in, lbm, lbf, °F, s, V, A)

图 4-30 设置尺寸单位

注意： 这里设置单位只是方便网格参数设置，并不会改变几何模型的尺寸。

Step 3: 创建边界命名

本实例几何模型如图 4-31 所示。计算域包含 1 个入口和 1 个出口，其他边界为壁面边界。这里设置 +Y 方向的圆面为 inlet，−Y 方向的圆面为 outlet。

图 4-31 几何模型

■ 选择 +Y 方向的圆面，单击鼠标右键，选择菜单 CreateNamedSelection，在弹出的 Selection Name 对话框中设置边界名称为 inlet（见图 4-32）

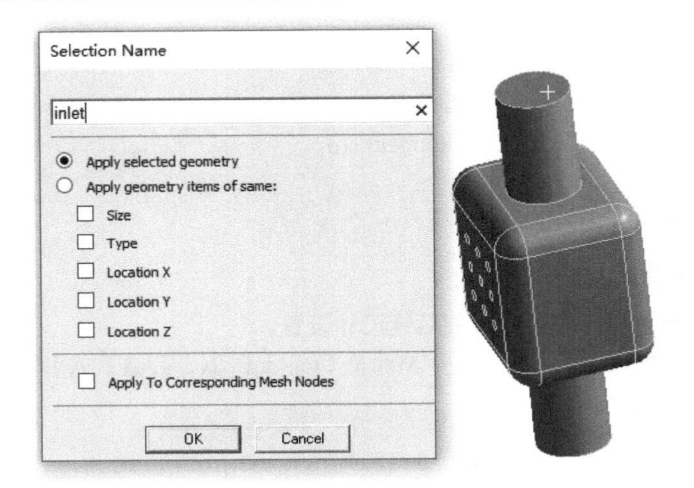

图 4-32 创建命名

■ 采用相同方式设置 -Y 方向的圆面边界名称为 outlet

■ 其他边界保持默认设置

Step4：设置全局网格参数

全局网格参数中，设置目标求解器以及网格尺寸控制方法。

■ 选中模型树节点 Mesh

■ 设置 Physics Preference 为 CFD

■ 设置 Solver Preference 为 Fluent

■ 设置 Size Function 为 Curvature

■ 设置 Relevance Center 为 Medium

■ 其他参数保持默认设置（见图 4-33）

Display	
Display Style	Body Color
Defaults	
Physics Preference	CFD
Solver Preference	Fluent
Relevance	0
Export Format	Standard
Element Order	Linear
Sizing	
Size Function	Curvature
Relevance Center	Medium
Transition	Slow
Span Angle Center	Fine
Curvature Normal Angle	Default (18.0 °)
Min Size	Default (3.172e-005 m)
Max Face Size	Default (3.172e-003 m)

图 4-33 设置全局参数

Step 5: 创建 Inflation

利用 Inflation 参数设置边界层网格。

- 选中树形菜单 Mesh 节点
- 展开属性设置窗框中的 Inflation 节点
- 设置 Use Automatic Inflation 为 Program Controlled
- 设置 Inflation Option 为 Total Thickness
- 设置 Number of Layers 为 4
- 设置 Growth Rate 为 1.2
- 设置 Maximum Thickness 为 0.003

Inflation 参数设置结果如图 4-34 所示。

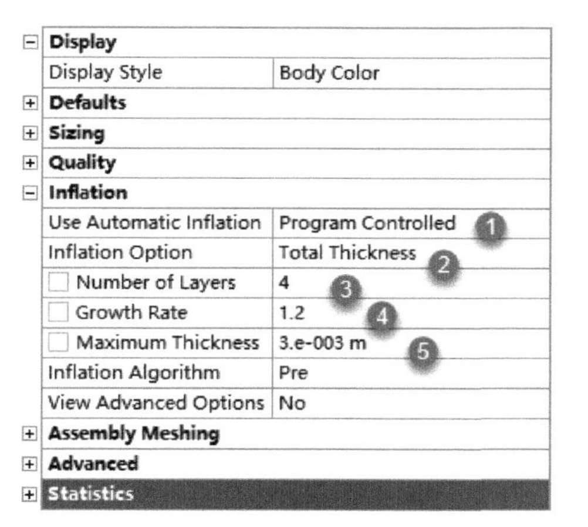

Display	
Display Style	Body Color
Defaults	
Sizing	
Quality	
Inflation	
Use Automatic Inflation	Program Controlled
Inflation Option	Total Thickness
Number of Layers	4
Growth Rate	1.2
Maximum Thickness	3.e-003 m
Inflation Algorithm	Pre
View Advanced Options	No
Assembly Meshing	
Advanced	
Statistics	

图 4-34 设置 Inflation 参数

注意：全局 Inflation 只会在未进行命名的边界上生成 Inflation 网格。

Step 6： 生成网格

此时未设置任何网格生成方法，Mesh 会采用默认方式生成网格，该方式为 Automatic（Tet Patch Conforming）。

■ 鼠标右键选择模型树节点 Mesh，选择弹出菜单 Generate Mesh

生成的网格如图 4-35 所示。可以看到 inlet 与 outlet 边界上有边界层网格，同时生成的网格完全贴合几何体。

这里可以查看切面上的网格分布，如图 4-36 所示。可以看到除了 inlet 及 outlet 面外，其他的面均生成了边界层网格。

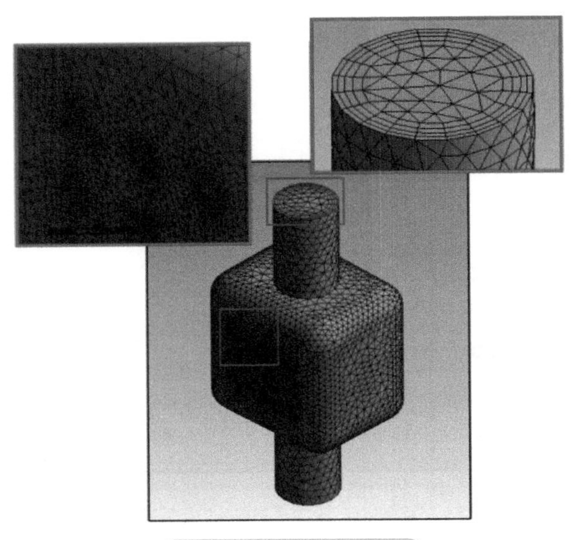

图 4-35 生成的网格

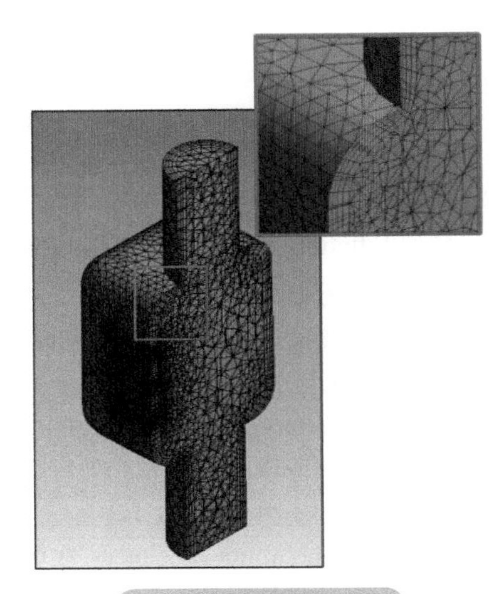

图 4-36 生成的网格

Step7： Tet Patch Independent

若不手动指定网格生成方法，则系统默认采用 Automatic 方法生成网格。下面更换 Tet Patch Independent 方法生成网格。

■ 选择模型树节点 Automatic Method（见图 4-37）

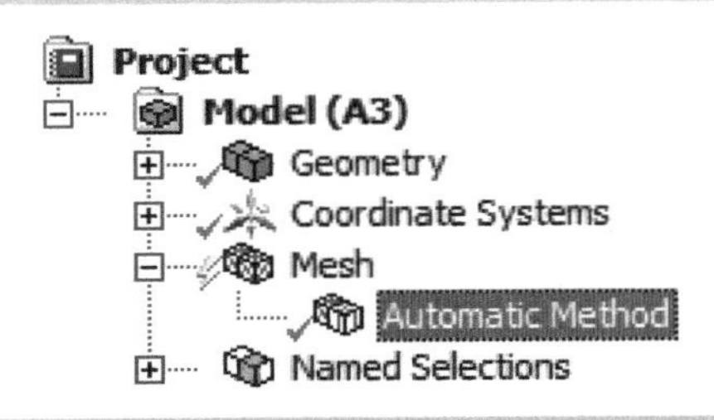

图 4-37 选择模型树节点 Automatic Method

■ 设置属性窗口中 Method 为 Tetrahedrons
■ 设置 Algorithm 为 Patch Independent
■ 其他参数保持默认设置（见图 4-38）

Scope	
Scoping Method	Geometry Selection
Geometry	1 Body
Definition	
Suppressed	No
Method	Tetrahedrons ①
Algorithm	Patch Independent ②
Element Order	Use Global Setting
Advanced	
Defined By	Max Element Size
Max Element Size	Default(6.3441e-003 m)
Feature Angle	30.0 °
Mesh Based Defeaturing	Off
Refinement	Proximity and Curvature
Min Size Limit	Default

图 4-38 切换网格方法

■ 右键选择模型树节点 Mesh，选择弹出菜单 Generate Mesh 生成网格

生成的网格如图 4-39 所示。

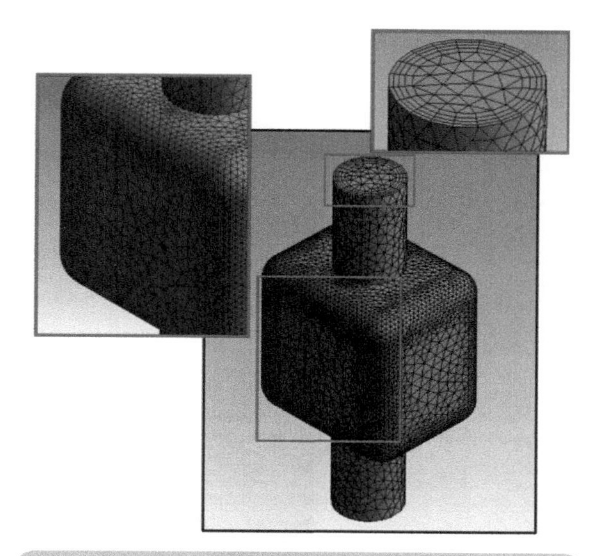

图 4-39 Tet Patch Independent 方法生成的网格

可以看到，Tet Patch Independent 方法并不能完全捕捉几何特征，实例中几何体上的 9 个小圆面被忽略了。

Step 8： MultiZone

采用 MultiZone 能生成六面体网格。

■ 选中模型树节点 Patch Independent
■ 设置属性窗口中 Method 为 MultiZone
■ 设置 Free Mesh Type 为 Tetra/Pyramid
■ 其他参数保持默认设置（见图 4-40）

Scope	
Scoping Method	Geometry Selection
Geometry	1 Body
Definition	
Suppressed	No
Method	MultiZone ①
Mapped Mesh Type	Hexa
Surface Mesh Method	Program Controlled
Free Mesh Type	Tetra/Pyramid ②
Element Order	Use Global Setting
Src/Trg Selection	Automatic
Source Scoping Method	Program Controlled
Source	Program Controlled
Sweep Size Behavior	Sweep Element Size
Sweep Element Size	Default
Advanced	
Preserve Boundaries	Protected
Mesh Based Defeaturing	Off
Minimum Edge Length	9.4248e-003 m
Write ICEM CFD Files	No

图 4-40　设置 MultiZone 方法

■ 右键选择模型树节点 Mesh，选择弹出菜单 Generate Mesh 生成网格

采用 MultiZone 方法生成的网格如图 4-41 所示。

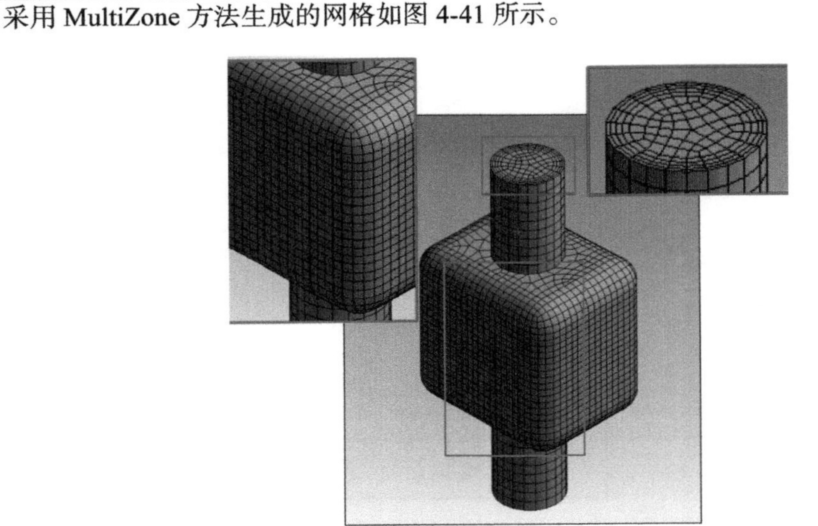

图 4-41　MultiZone 方法生成的网格

MultiZone 网格特点：生成全四边形面网格，大部分体网格为六面体网格，可以允许少量的金字塔及四面体网格。MultiZone 与 Tet Patch Independent 类似，也无法完全捕捉几何特征。

Step 9：CutCell

CutCell 方法生成笛卡儿网格。与前述方法不同，CutCell 需要在全局网格参数中进行设定。

■ 选择模型树节点 Mesh
■ 展开参数窗口中 Assembly Meshing 节点
■ 设置 Method 为 CutCell，其他参数保持默认设置（见图 4-42）

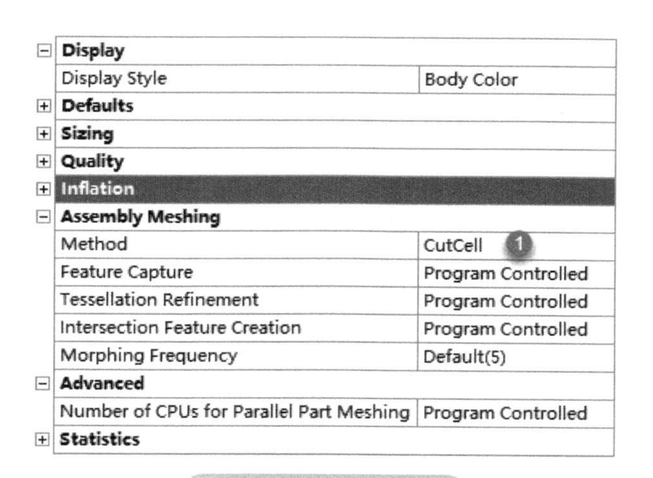

图 4-42　设置 CutCell

■ 选择模型树节点 Model → Geometry → 1

■ 属性窗口中设置 Material 节点中 Fluid/Solid 为 Fluid，其他参数保持默认（见图 4-43）

■ 右键选择模型树节点 Mesh，选择弹出菜单 Generate Mesh 生成网格

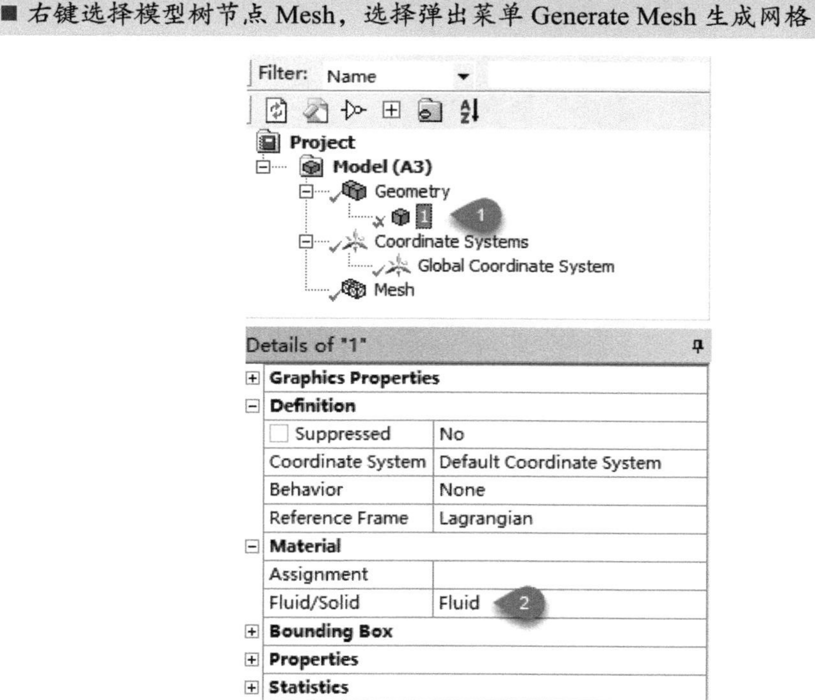

图 4-43　设置材料属性

注意： CutCell 方法必须指定几何材料。

生成的网格如图 4-44 所示。可以看出 CutCell 网格也无法捕捉模型细节。

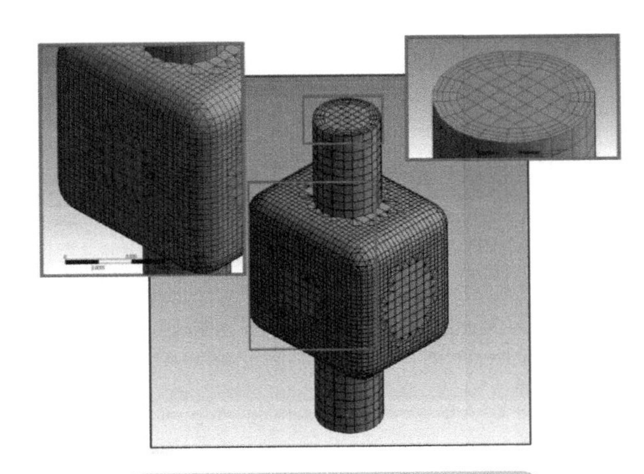

图 4-44　CutCell 方法生成的网格

若要捕捉模型中间体上的 9 个小圆面，可以尝试为这 9 个圆创建命名，如图 4-45 所示。

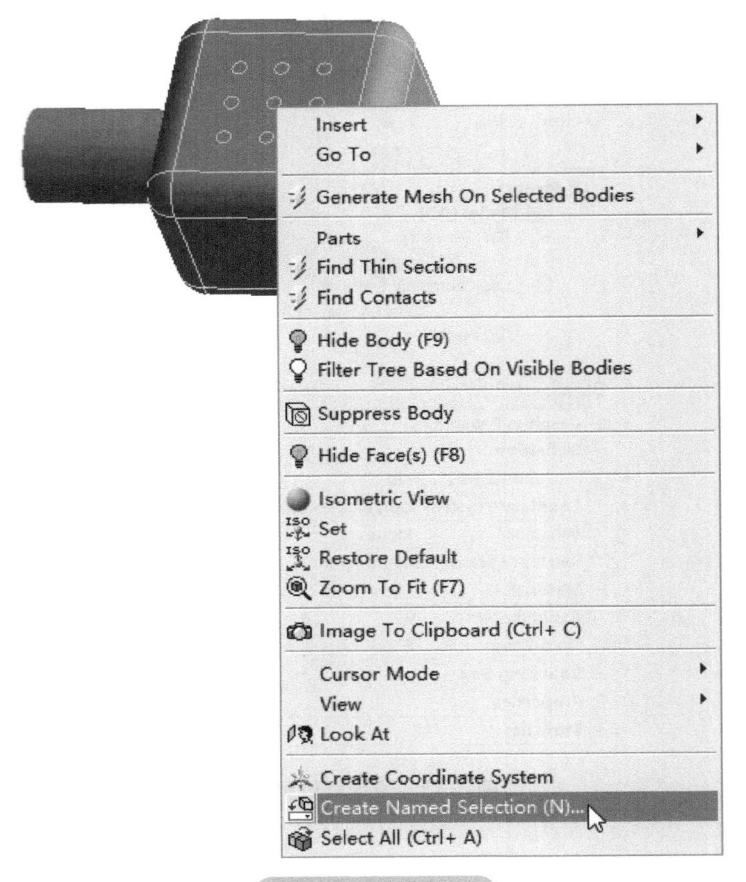

图 4-45　创建命名

创建命名后生成的计算网格如图 4-46 所示。可以看出经过命名之后，生成的网格能够捕捉到 9 个小圆面。

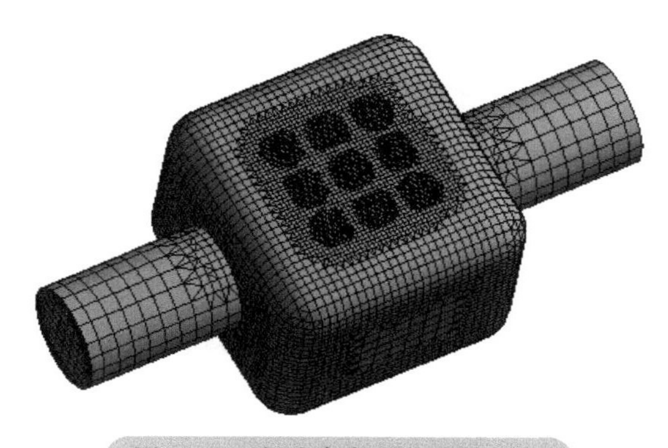

图 4-46　创建命名后生成的网格

提示： 在网格无法完全捕捉细小特征时，若这些特征非常重要，则可以对这些特征进行命名。只要是经过命名的几何特征，网格都会完全贴合几何。

4.7　实例 3：划分扫掠网格

扫掠型网格在流体计算及固体结构计算中应用极其广泛。在 Mesh 模块中，利用扫掠方式可以生成六面体、三棱柱型网格。不同于前面提到的 MultiZone 方法，扫掠方法的使用需要满足一定的条件。本实例即演示对几何体进行操作，以使其满足扫掠（Sweep）条件。

4.7.1　几何模型

沿用前面的几何模型（见图 4-31），此模型并不满足 Sweep 条件。

首先尝试直接利用 Sweep 方法划分此几何模型。

■ 在 Mesh 模块中右键选择模型树节点 Mesh，之后选择菜单 Insert → Method（见图 4-47）

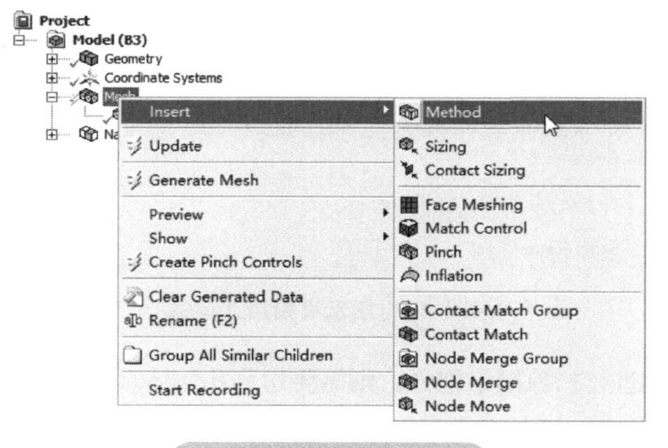

图 4-47　插入网格方法

■ 选中模型树节点 Mesh → Automatic Method

■ 属性窗口中设置 Geometry 为要划分网格的几何体，设置 Method 为 Sweep（见图 4-48）

Scope	
Scoping Method	Geometry Selection
Geometry	1 Body
Definition	
Suppressed	No
Method	Sweep
Element Order	Use Global Setting
Src/Trg Selection	Automatic
Source	Program Controlled
Target	Program Controlled
Free Face Mesh Type	Quad/Tri
Type	Number of Divisions
Sweep Num Divs	Default
Element Option	Solid
Advanced	
Sweep Bias Type	No Bias

图 4-48　设置扫掠方法

■ 右键单击模型树节点 Mesh，选择菜单项 Generate Mesh

此时并不能产生网格，消息窗口中出现错误信息，提示为几何体无法采用扫掠方式进行网格划分。

此时也可以右键选择模型树节点 Mesh，单击弹出菜单 Show → Sweepable Bodies（见图 4-49），若几何体中存在可以进行扫掠划分的部件，软件会以绿色进行显示。本实例初始几何体无任何显示，表示无法采用扫掠方式划分网格。

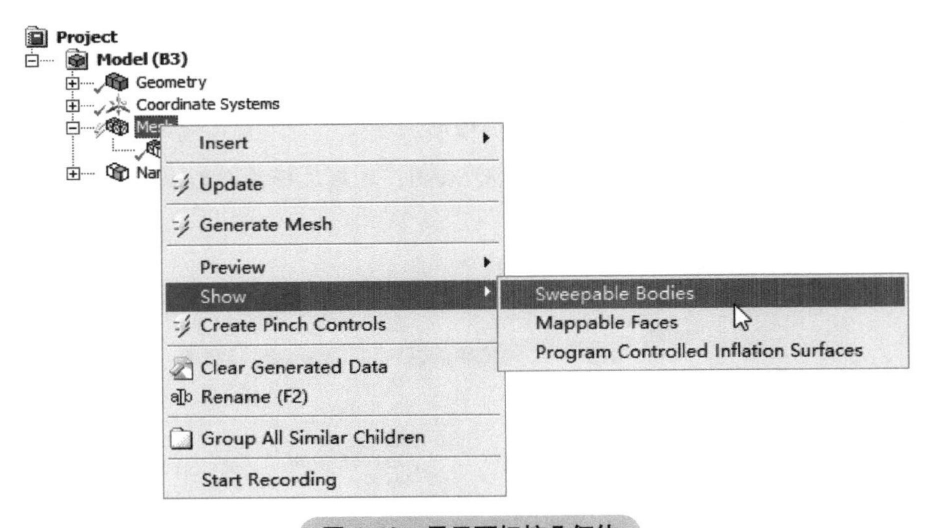

图 4-49　显示可扫掠几何体

若要对上述几何体进行扫掠网格划分，则需要切分几何体。

4.7.2　切分几何

几何切分需要回到 DM 模块中进行。

■ 关闭 Mesh 模块，返回至 Workbench 工程面板，进入 DM 模块（见图 4-50）

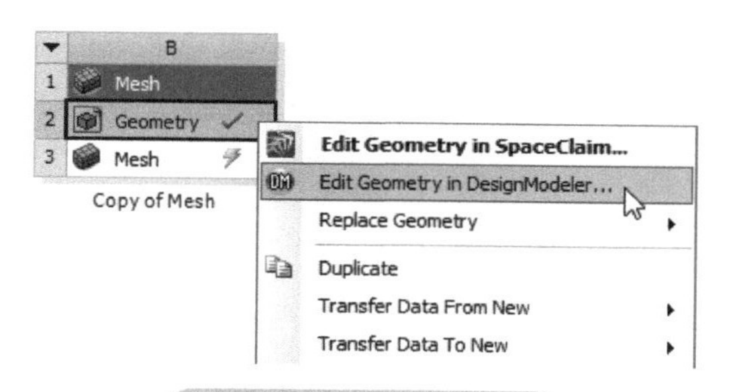

图 4-50　进入 DM 模块

■ 进入 DM 模块后，单击工具栏按钮 Generate 导入几何模型
■ 选择菜单 Create → Slice，属性窗口中设置 Slice Type 为 Slice by Surface
■ 选择如图 4-51 所示的面作为 Target Face
■ 单击工具栏按钮 Generate 切割几何体

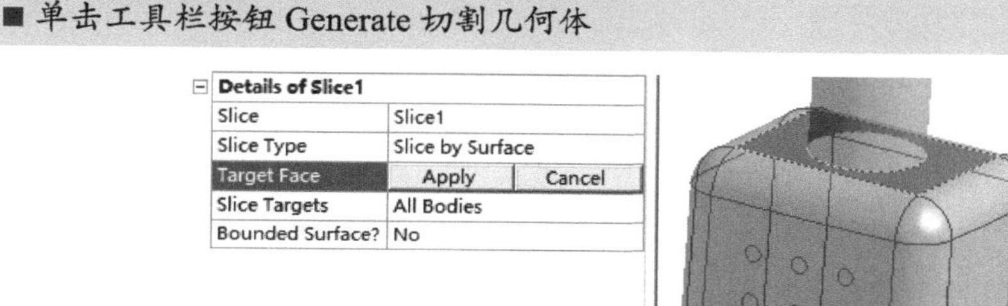

Details of Slice1		
Slice	Slice1	
Slice Type	Slice by Surface	
Target Face	Apply	Cancel
Slice Targets	All Bodies	
Bounded Surface?	No	

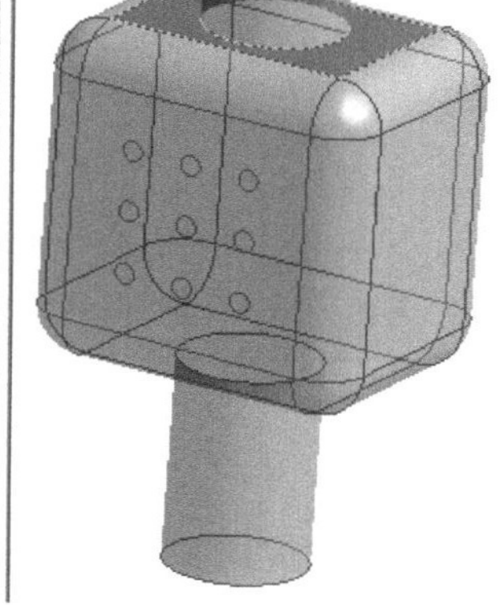

图 4-51　选择切割面

■ 采用相同的步骤，选择另一个面进行切割，如图 4-52 所示。

Details of Slice2		
Slice	Slice2	
Slice Type	Slice by Surface	
Target Face	Apply	Cancel
Slice Targets	All Bodies	
Bounded Surface?	No	

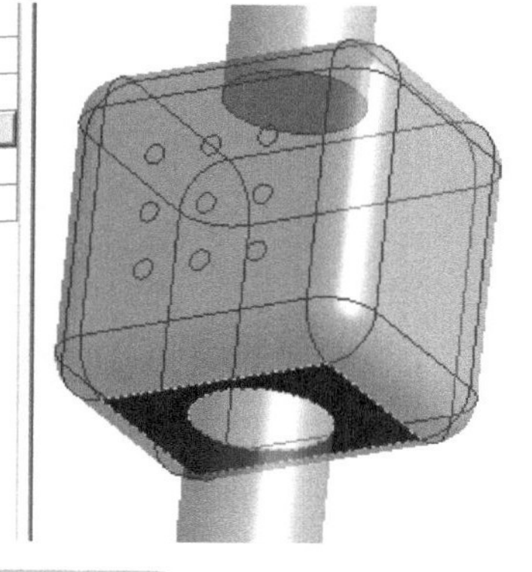

图 4-52　选择目标面

最终形成 3 个几何体，如图 4-53 所示。

选择模型树中的 3 个几何体，单击鼠标右键，选择菜单 Form New Part（见图 4-54）。

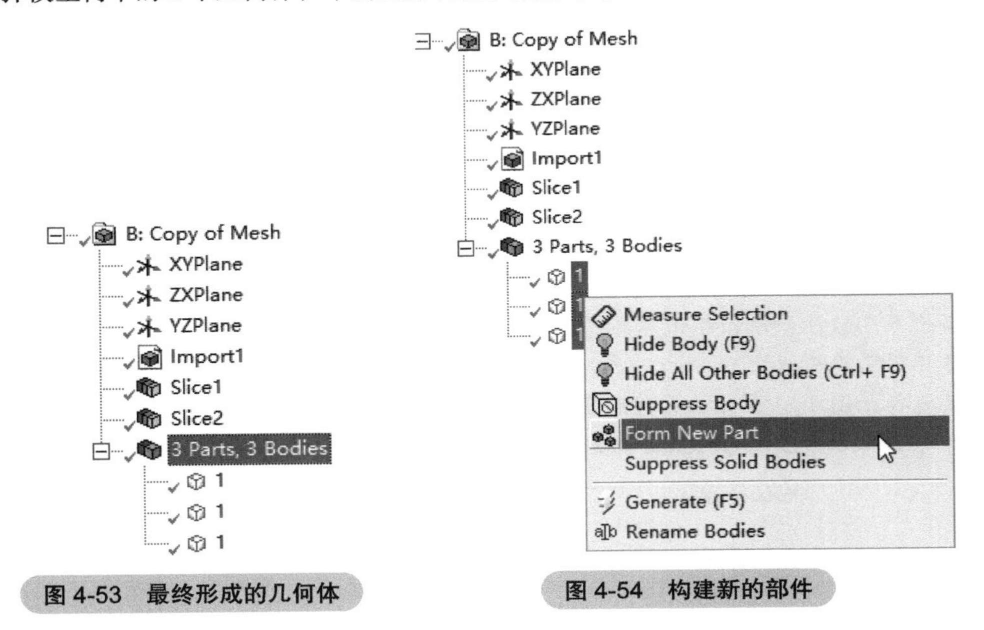

图 4-53 最终形成的几何体

图 4-54 构建新的部件

注意：选择 Form New Part 之后，公共面上生成的网格节点能够完全对应，否则不会生成节点对应的网格。此时可以关闭 DM，返回 Workbench，重新进入 Mesh 模块。

4.7.3 划分网格

以下操作在 Mesh 模块中完成。

■ 进入 Mesh 后，右键选择模型树节点 Mesh，单击弹出菜单 Show → Sweepable Bodies

如图 4-55 所示，此时两个被分割出来的圆柱体颜色为绿色，表示可以划分为扫掠网格，中间部分由于几何过于复杂，无法划分为扫掠网格。

图 4-55 显示可扫掠几何

- 插入 Sweep Method 方法
- 属性窗口中 Geometry 为上下两个圆柱体
- 设置 Src/Trg Selection 为 Manual Source
- 设置 Source 为上下两个圆面
- 其他参数保持默认（见图 4-56），右键选择模型树节点 Mesh，选择 Generate Mesh 生成网格

Scope	
Scoping Method	Geometry Selection
Geometry	2 Bodies ①
Definition	
Suppressed	No
Method	Sweep
Element Order	Use Global Setting
Src/Trg Selection	Manual Source ②
Source	2 Faces ③
Target	Program Controlled
Free Face Mesh Type	Quad/Tri
Type	Number of Divisions
Sweep Num Divs	Default
Element Option	Solid
Constrain Boundary	No
Advanced	
Sweep Bias Type	No Bias

图 4-56　设置扫掠参数

生成的网格如图 4-57 所示。可以看出两个圆柱体均为扫掠网格，中间部分采用的是自动划分。

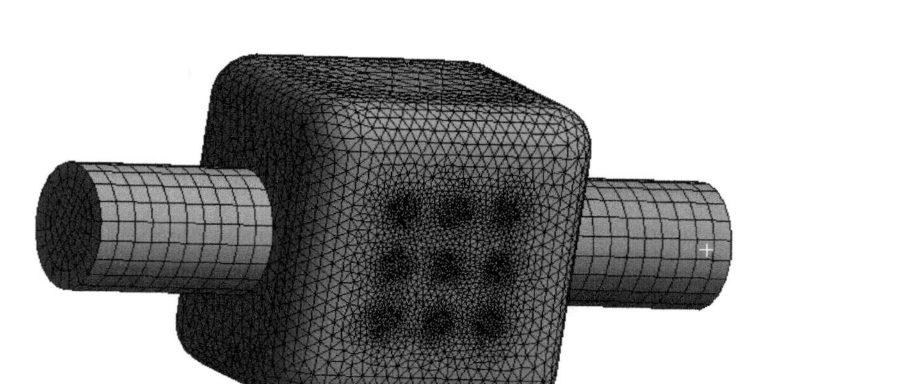

图 4-57　生成的网格

4.7.4　添加边界层

全局设置的 Inflation 并不会对 Sweep 网格生效。若此时需要生成 Inflation 网格，需要采用手动插入方法。

- 右键选择模型树节点 Mesh，选择弹出菜单 Insert → Inflation（见图 4-58）

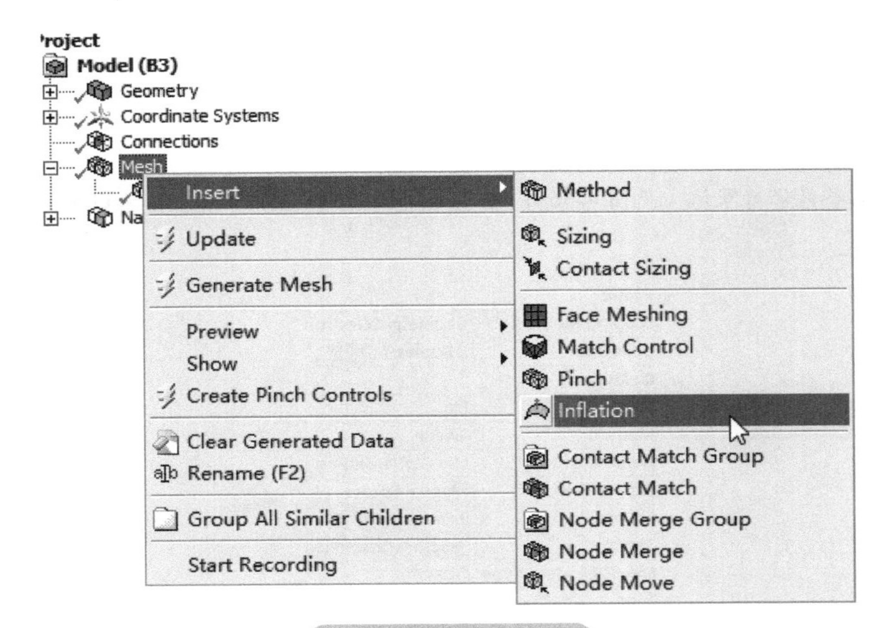

图 4-58　插入 Inflation

■ 属性窗口中设置 Geometry 为上下两个圆面

■ 设置 Boundary 为上下两个圆边

■ 设置 Inflation Option 为 Total Thickness，设置 Maximum Thickness 为 3e-3，其他参数默认设置（见图 4-59）

Scope	
Scoping Method	Geometry Selection
Geometry	2 Faces ①
Definition	
Suppressed	No
Boundary Scoping Method	Geometry Selection
Boundary	2 Edges ②
Inflation Option	Total Thickness ③
Number of Layers	4
Growth Rate	1.2
Maximum Thickness	3.e-003 mm
Inflation Algorithm	Pre

图 4-59　设置膨胀层参数

■ 右键选择模型树节点 Mesh，选择弹出菜单 Insert → Inflation

■ 设置 Geometry 为中间几何体

■ 设置 Boundary 为去除两个圆面的所有面

■ 设置 Inflation Option 为 Total Thickness，设置 Maximum Thickness 为 3e-3，其他参数默认设置（见图 4-60）

■ 右键选择模型树节点 Mesh，选择 Generate Mesh 生成网格

Scope	
Scoping Method	Geometry Selection
Geometry	1 Body
Definition	
Suppressed	No
Boundary Scoping Method	Geometry Selection
Boundary	35 Faces
Inflation Option	Total Thickness
Number of Layers	4
Growth Rate	1.2
Maximum Thickness	3.e-003 mm
Inflation Algorithm	Pre

图 4-60 插入 Inflation

最终形成的网格如图 4-61 所示。可以看出在圆柱体与中间几何体相交位置的边界层网格质量极差，而且消息窗口中出现警告信息。对于这种存在垂直面结构，采用 Sweep 方法的边界层生成非常麻烦，此时比较好的方式是采用 MultiZone 方法划分网格。

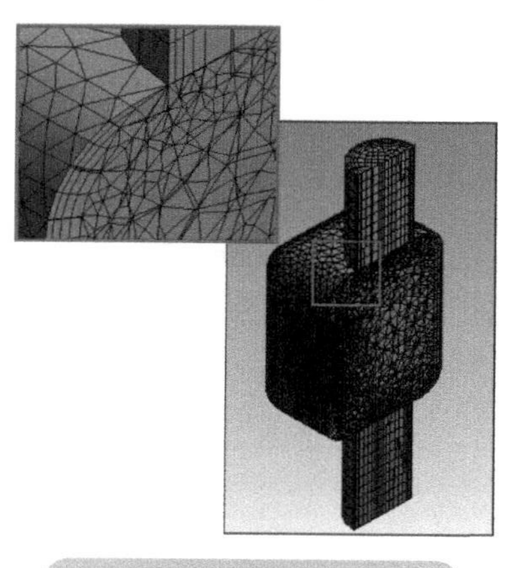

图 4-61 最终形成的网格

4.8 实例 4：局部控制

在 ANSYS Mesh 中，全局网格参数能够控制整个计算域几何的网格分布，然而很多时候需要控制局部网格参数，尤其是在几何体中尺寸相差比较大的情况。此时需要应用到局部参数指定。ANSYS Mesh 中的局部参数包括边参数、面参数以及体参数，它们的优先级依次降低。

本实例演示局部网格参数的设定。

4.8.1 参数优先级

在 ANSYS Mesh 中，可以为几何边、面、体指定网格尺寸，再加上全局网格尺寸，因此具有四级控制。但是这四级控制具有优先级。优先级最高的是边参数，其次是面，再次是体，最低为全局尺寸。

当为几何体中的某一条边指定了网格尺寸，而同时又未包含该边的几何面指定的尺寸时，若两者尺寸不一致，则边上的网格优先按边网格尺寸进行分布。高优先级的网格尺寸会覆盖低优先级的尺寸，当什么参数都不设置时，软件会按默认的全局网格尺寸进行划分。

4.8.2 实例描述

本实例的几何模型及划分完成的网格如图 4-62 所示。

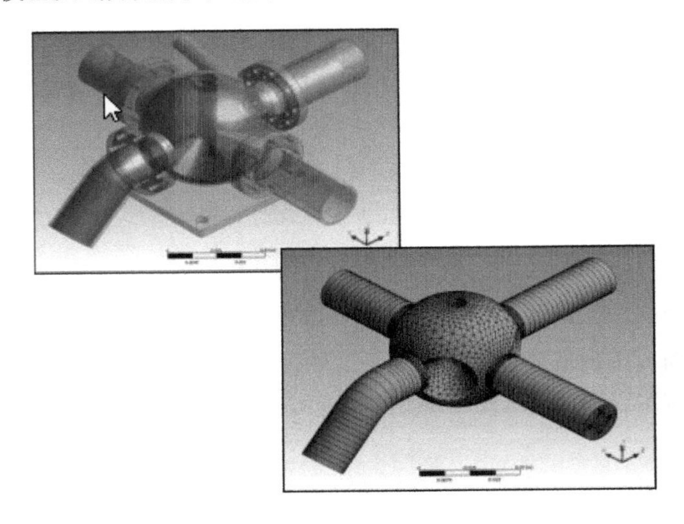

图 4-62 实例几何模型及网格

在本实例中，采用的网格方法包括 MultiZone、Sweep、Patch comforming Tetrahedrons 等，采用的局部参数包括边尺寸与面尺寸。

4.8.3 网格划分

Step 1: 启动 Mesh

本实例几何模型采用外部导入。

■ 启动 Workbench

■ 工具面板中拖拽 Mesh 到工程面板中

■ 鼠标右键单击 Geometry 单元格（见图 4-63），选择菜单 Import Geometry → Browse...，在弹出的文件选择对话框中打开文件 EX4-4\Geom.agdb

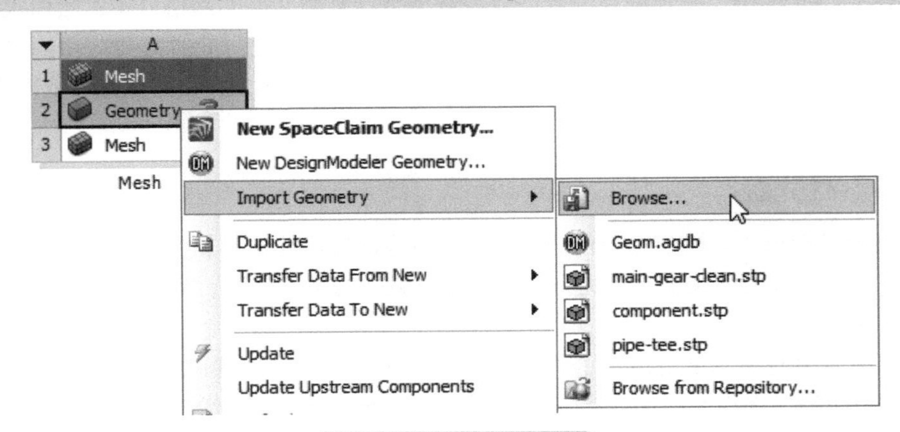

图 4-63 导入几何模型

■ 双击 Mesh 单元格进入 Mesh 模块

Mesh 模块启动后自动加载几何模型，如图 4-64 所示。

图 4-64 几何模型

Step 2: 全局设置

设置显示单位及网格全局参数（见图 4-65）。

■ 选择菜单 Units → Metric（mm，kg，N，s，mV，mA）
■ 单击树形菜单 Mesh
■ 属性窗口中设置 Physics Preference 为 CFD
■ 设置 Solver Preference 为 Fluent

⊟ **Display**	
Display Style	Body Color
⊟ **Defaults**	
Physics Preference	CFD
Solver Preference	Fluent
☐ Relevance	0
Export Format	Standard
Element Order	Linear
⊞ **Sizing**	
⊞ **Quality**	
⊞ **Inflation**	
⊞ **Assembly Meshing**	
⊞ **Advanced**	
⊞ **Statistics**	

图 4-65 全局参数

Step 3： 删除几何

这里的几何体包含了固体和流体，因此需要删除固体几何。

■ 右键选择模型树节点 Geometry → Part 2，选择菜单 Suppress Body（见图 4-66）

删除固体后的几何模型如图 4-67 所示。

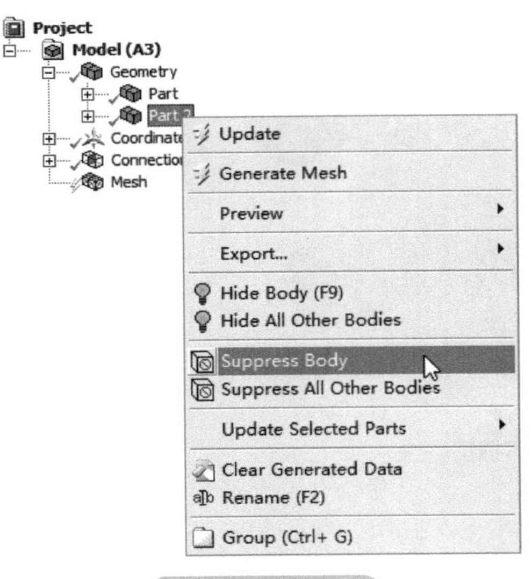

图 4-66　抑制体

图 4-67　计算域几何模型

Step 4： 显示 Sweepable 实体

对于本实例几何模型，有一些部分是可以划分为 sweep 网格的。

■ 右键选择模型树节点 Mesh，选择菜单 Show → Sweepable Bodies（见图 4-68）

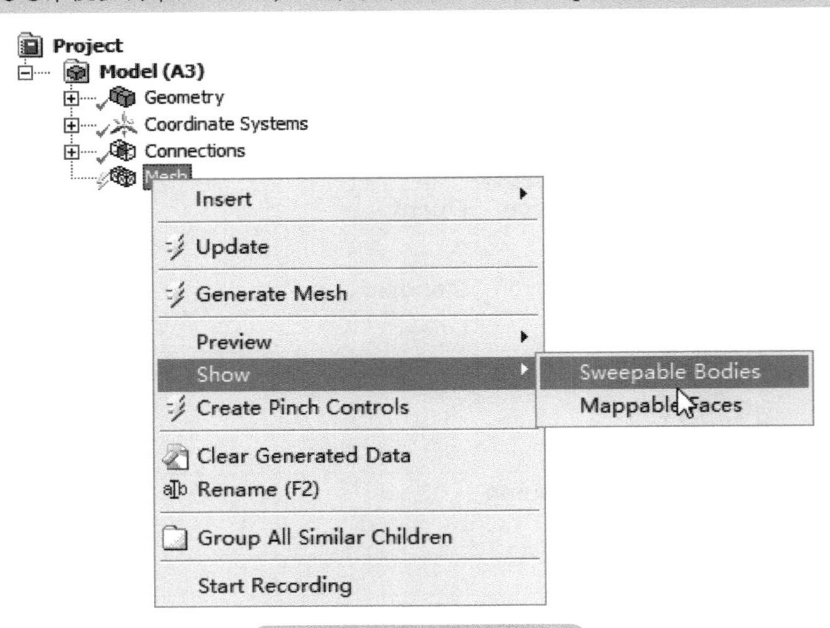

图 4-68　显示可扫掠的实体

如图 4-69 所示，深色几何体表示可以划分为 sweep 网格。

剩下的两部分无法划分 sweep 网格（见图 4-70）。但是另一个管道可以划分为 MultiZone。

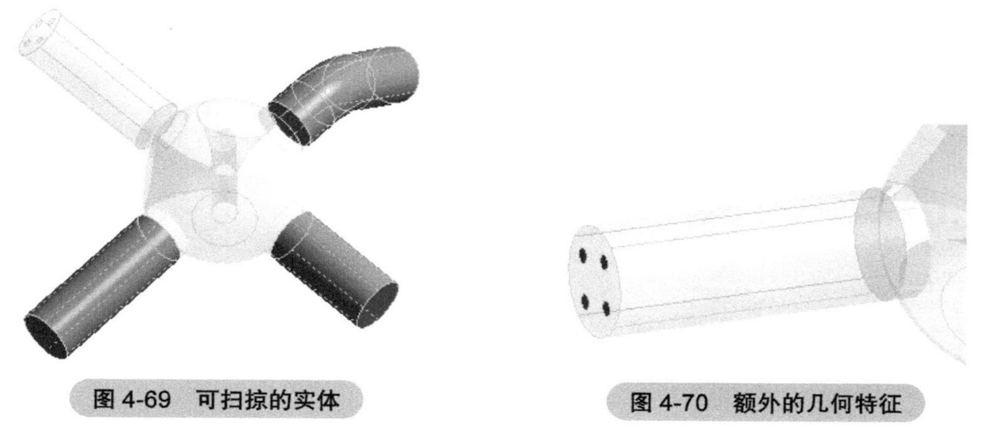

图 4-69　可扫掠的实体　　图 4-70　额外的几何特征

Step 5: 创建边界命名

选中几何面，单击鼠标右键，选择 Create Named Selection 定义进出口边界，如图 4-71 所示。

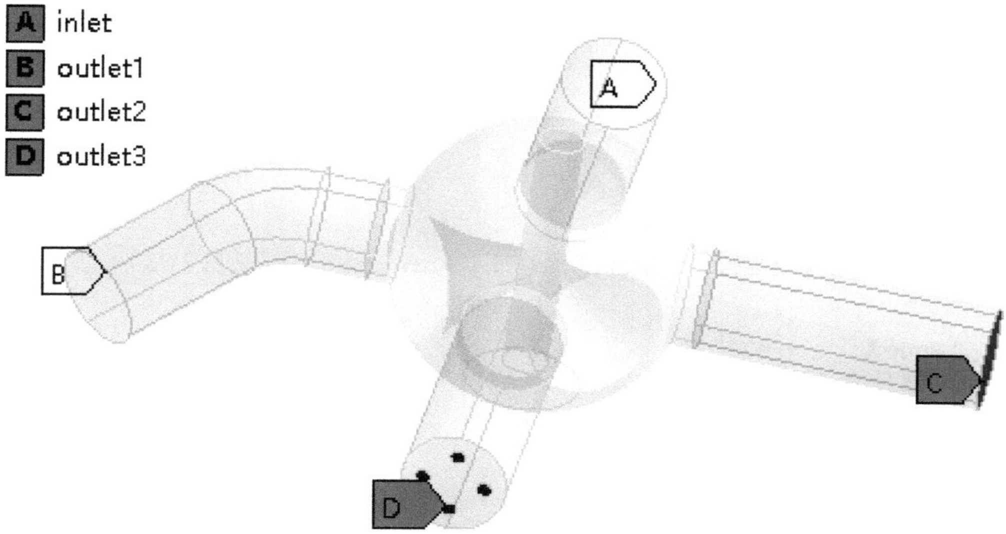

A inlet
B outlet1
C outlet2
D outlet3

图 4-71　几何边界命名

Step 6: 设置 MultiZone 方法

MultiZone 方法主要用来处理 outlet3 所处的体。

- 右键选择模型树节点 Mesh
- 选择菜单 Insert → Method
- 设置 Geometry 为如图 4-72 所示的几何体
- 设置 Method 为 MultiZone

■ 设置 Surface Mesh Method 为 Uniform

■ 其他参数保持默认设置

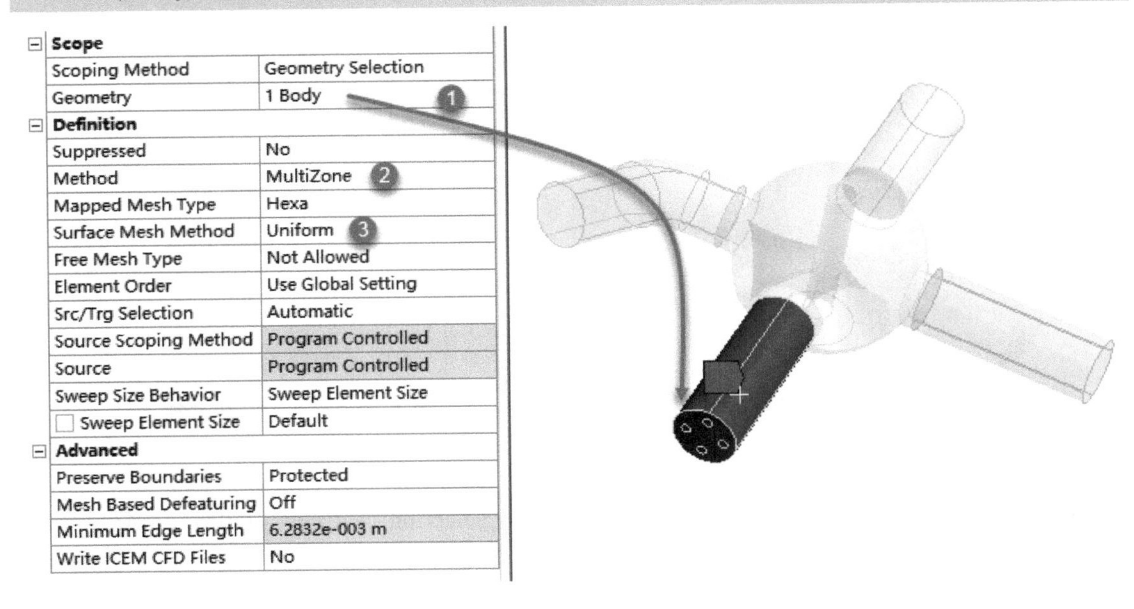

图 4-72 设置 MultiZone 方法

Step 7：设置局部尺寸

为一些边界面和边指定尺寸。

1. 设置 outlet 3

■ 鼠标右键选择模型树节点 Mesh，选择菜单 Insert → Sizing（见图 4-73）

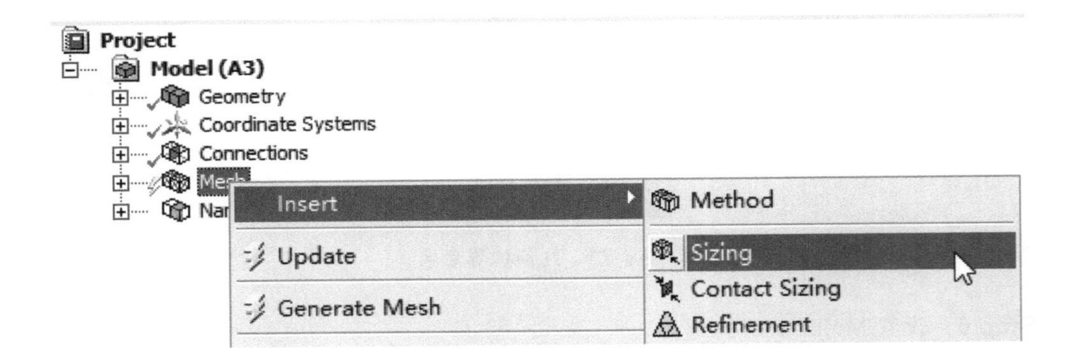

图 4-73 插入尺寸

■ 设置 Scoping Method 为 Named Selection（见图 4-74）

■ 选择 Named Selection 为 outlet3

■ 设置 Element Size 为 0.5mm

Scope	
Scoping Method	Named Selection ①
Named Selection	outlet3 ②
Definition	
Suppressed	No
Type	Element Size
Element Size	0.5 mm ③
Advanced	
Defeature Size	Default (4.2336e-002 mm)
Size Function	Uniform
Behavior	Soft
Growth Rate	Default (1.20)

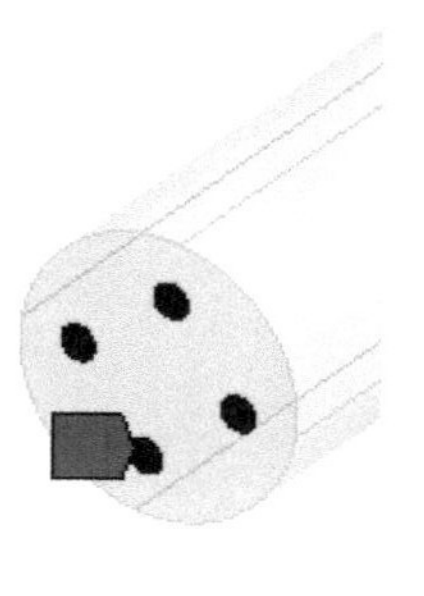

图 4-74 设置尺寸

2. 设置进出口尺寸

■ 鼠标右键选择模型树节点 Mesh，选择菜单 Insert → Sizing
■ 切换到边选择模式
■ 选择 Geometry 为图 4-75 所示的四个圆边
■ 设置 Element Size 为 0.8mm

Scope		
Scoping Method	Geometry Selection	
Geometry	Apply	Cancel
Definition		
Suppressed	No	
Type	Element Size	
Element Size	0.8 mm	
Advanced		
Size Function	Uniform	
Behavior	Soft	
Growth Rate	Default (1.20)	
Bias Type	No Bias	

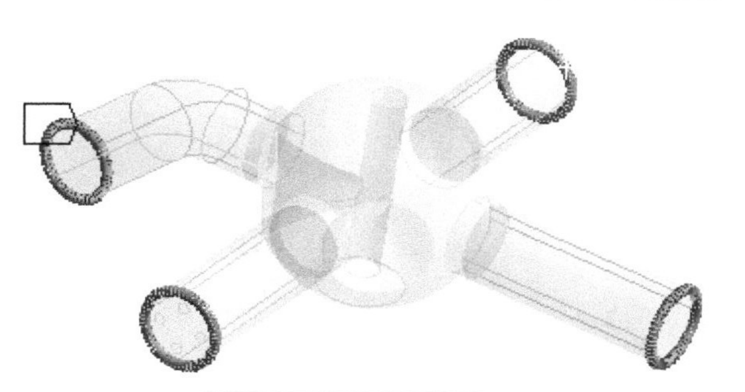

图 4-75 设置边尺寸

3. 设置 MultiZone 尺寸

■ 鼠标右键选择模型树节点 Mesh，选择菜单 Insert → Sizing
■ 选择如图 4-76 所示的边，设置 Element Size 为 2mm

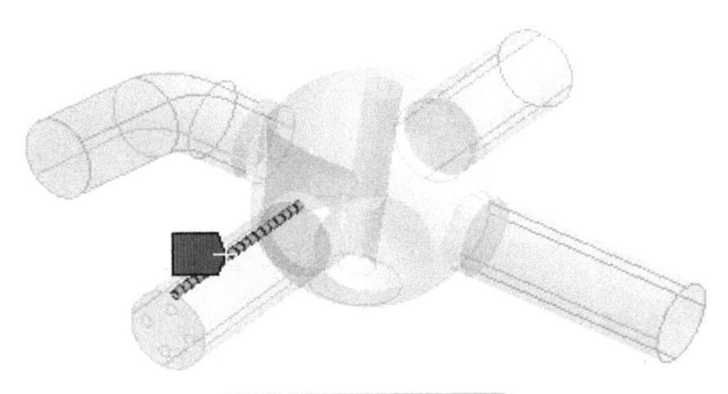

图 4-76　设置尺寸

Step 8：设置网格方法

1. 扫掠网格

■ 选中如图 4-77 所示的三个 Body

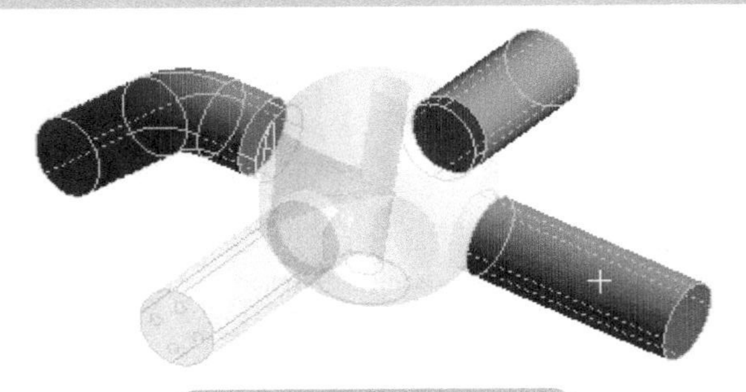

图 4-77　旋转三个扫掠体

■ 鼠标右键选择模型树节点 Mesh，选择菜单 Insert → Method
■ 属性窗口中设置 Method 为 Sweep
■ 设置 Src/Trg Selection 为 Manual Source，选择图 4-78 所示的三个绿色面

图 4-78　选中三个圆面

■ 设置 Type 为 Element Size（见图 4-79）
■ 设置 Sweep Element Size 为 2mm

Scope	
Scoping Method	Geometry Selection
Geometry	3 Bodies ①
Definition	
Suppressed	No
Method	Sweep ②
Element Order	Use Global Setting
Src/Trg Selection	Manual Source ③
Source	Apply ④ Cancel
Target	Program Controlled
Free Face Mesh Type	Quad/Tri
Type	Element Size ⑤
Sweep Element Size	2. mm ⑥
Element Option	Solid
Constrain Boundary	No
Advanced	
Sweep Bias Type	No Bias

图 4-79　设置扫掠参数

2. 四面体网格

中间部件采用四面体网格划分。

■ 选中中间几何体，如图 4-80 所示

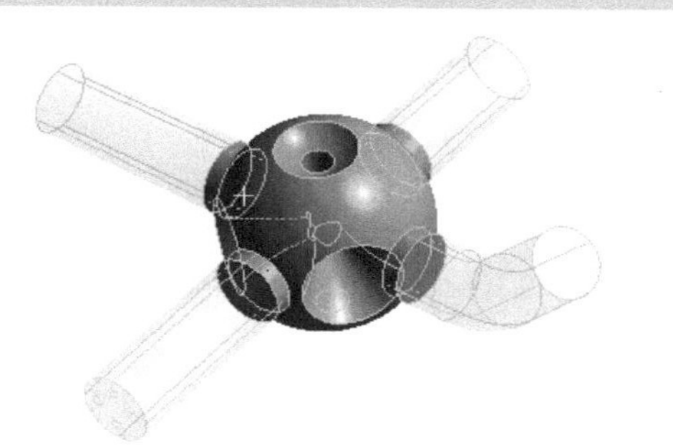

图 4-80　选择中间体

■ 鼠标右键选择模型树节点 Mesh，选择菜单 Insert → Method
■ 设置 Method 为 Tetrahedrons（见图 4-81）
■ 设置 Algorithm 为 Patch Conforming

Scope	
Scoping Method	Geometry Selection
Geometry	1 Body
Definition	
Suppressed	No
Method	Tetrahedrons ①
Algorithm	Patch Conforming ②
Element Order	Use Global Setting

图 4-81　设置方法

Step 9：设置 Inflation

设置边界层网格参数。注意 sweep 方法的边界层设置与其他方法不同。

1. 设置 MultiZone

■ 鼠标右键选择模型树节点 Mesh → MultiZone，选择菜单 Insert → Inflation（见图 4-82）

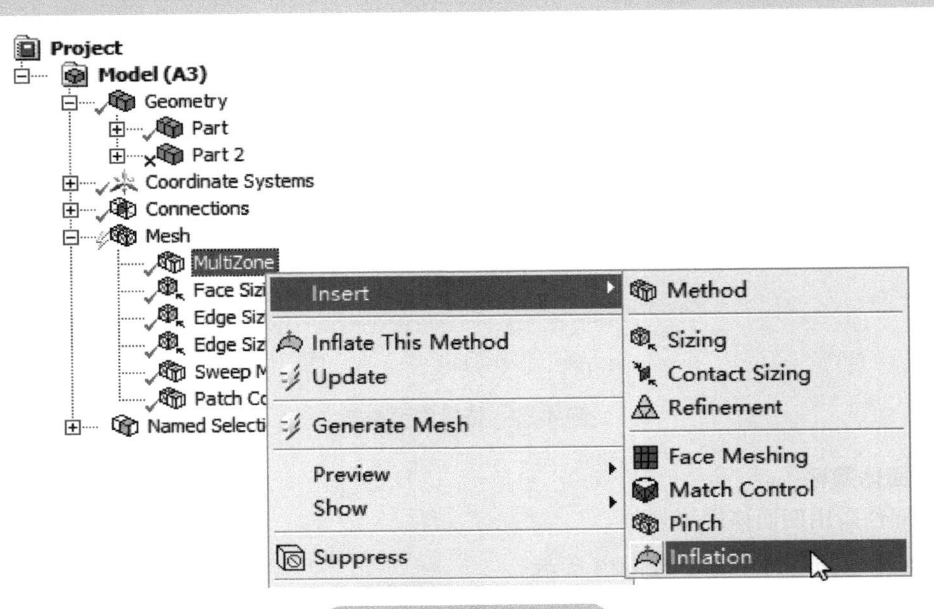

图 4-82　插入 Inflation

■ 设置 Geometry 为如图 4-83 所示的 Body

■ 设置 Boundary 为如图 4-83 所示的 4 个红色面

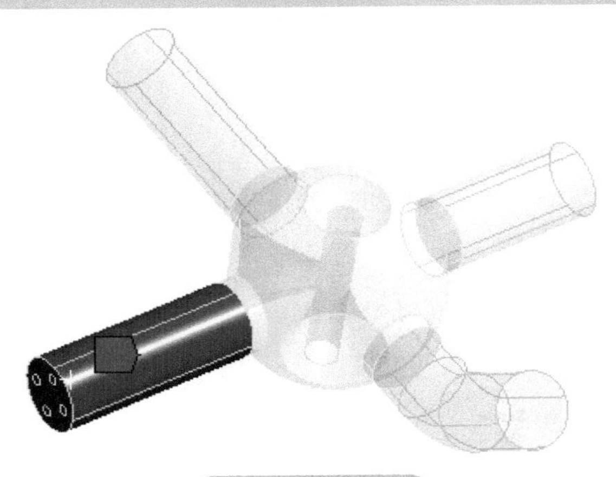

图 4-83　选择面

■ 设置 Inflation Option 为 Total Thickness（见图 4-84）

■ 设置 Number of Layers 为 3

■ 设置 Maximum Thickness 为 1.25mm

Scope	
Scoping Method	Geometry Selection
Geometry	1 Body
Definition	
Suppressed	No
Boundary Scoping Method	Geometry Selection
Boundary	4 Faces
Inflation Option	Total Thickness
Number of Layers	3
Growth Rate	1.2
Maximum Thickness	1.25 mm
Inflation Algorithm	Pre

图 4-84　设置膨胀层参数

2. 设置 Sweep

■ 鼠标右键选择模型树节点 Mesh → Sweep Method，选择菜单 Inflate This Method（见图 4-85）

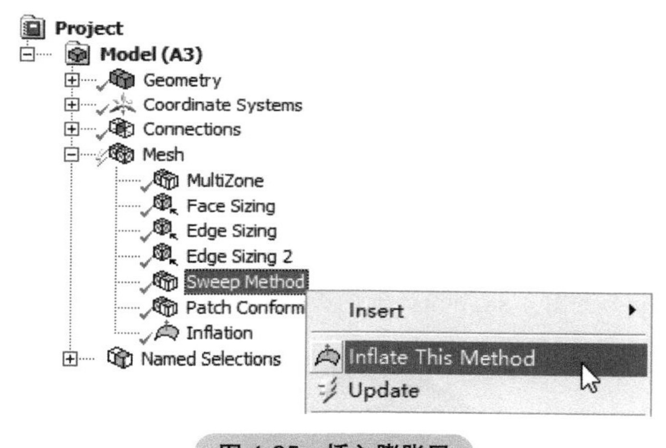

图 4-85　插入膨胀层

■ 软件自动选择了 Face，单击 Apply 按钮即可

■ 选择 Boundary 为组成三个圆边的 12 条 edges（见图 4-86），如图 4-87 中所示的红色边

Scope	
Scoping Method	Geometry Selection
Geometry	3 Faces
Definition	
Suppressed	No
Boundary Scoping Method	Geometry Selection
Boundary	12 Edges
Inflation Option	Total Thickness
Number of Layers	3
Growth Rate	1.2
Maximum Thickness	1.25 mm
Inflation Algorithm	Pre

图 4-86　设置参数

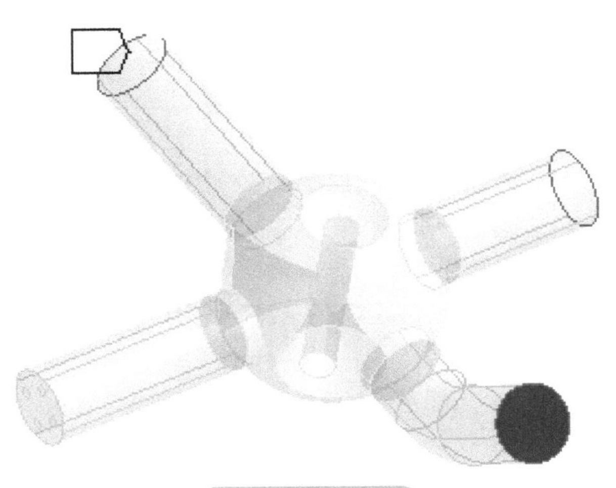

图 4-87　选择边

■ 设置 Inflation Option 为 Total Thickness
■ 设置 Number of Layers 为 3
■ 设置 Maximum Thickness 为 1.25mm

3. 设置四面体区域

■ 右键选择模型树节点 Patch Conforming Method，选择菜单 Insert → Inflate This Method
■ 软件自动选择 Geometry 为中间的 Body
■ 设置 Boundary 为如图 4-88 所示的红色面

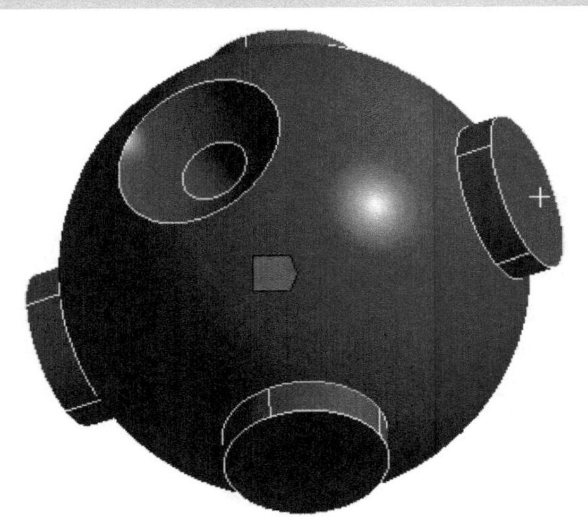

图 4-88　选择面

■ 设置 Inflation Option 为 Total Thickness（见图 4-89）
■ 设置 Number of Layers 为 3
■ 设置 Maximum Thickness 为 1.25mm

Scope	
Scoping Method	Geometry Selection
Geometry	1 Body
Definition	
Suppressed	No
Boundary Scoping Method	Geometry Selection
Boundary	25 Faces
Inflation Option	Total Thickness
Number of Layers	3
Growth Rate	1.2
Maximum Thickness	1.25 mm
Inflation Algorithm	Pre

图 4-89　设置膨胀层参数

Step 10：生成网格

如果几何模型非常复杂的话，也可以人工控制网格生成顺序，这样更有利于网格的成功生成。

■ 右键选择模型树节点 Mesh，选择菜单 Start Recording（见图 4-90）

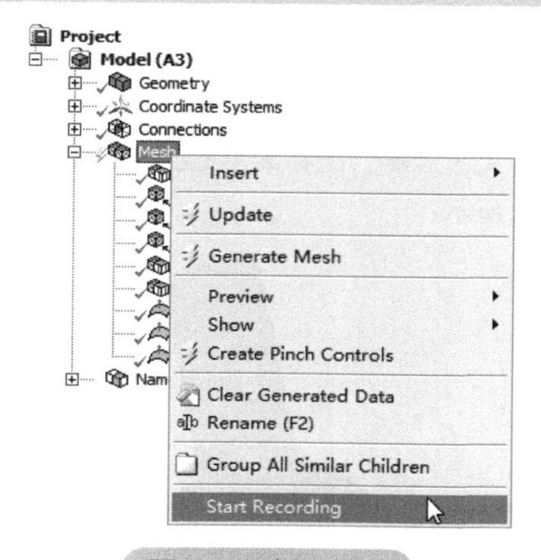

图 4-90　插入录制

■ 图形窗口中选择 Body，单击鼠标右键，选择菜单 Generate Mesh On Selected Bodies（见图 4-91）

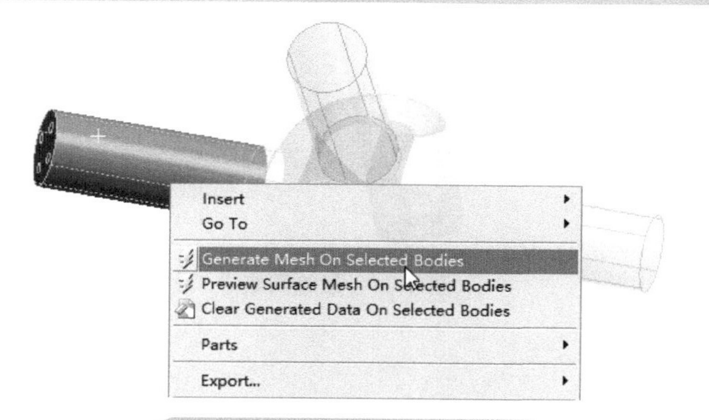

图 4-91　为选择的体生成网格

网格生成完毕后图形窗口如图 4-92 所示。

■ 选择三个 Sweep 部件，单击鼠标右键，选择菜单 Generate Mesh On Selected Bodies

网格生成完毕如图 4-93 所示。

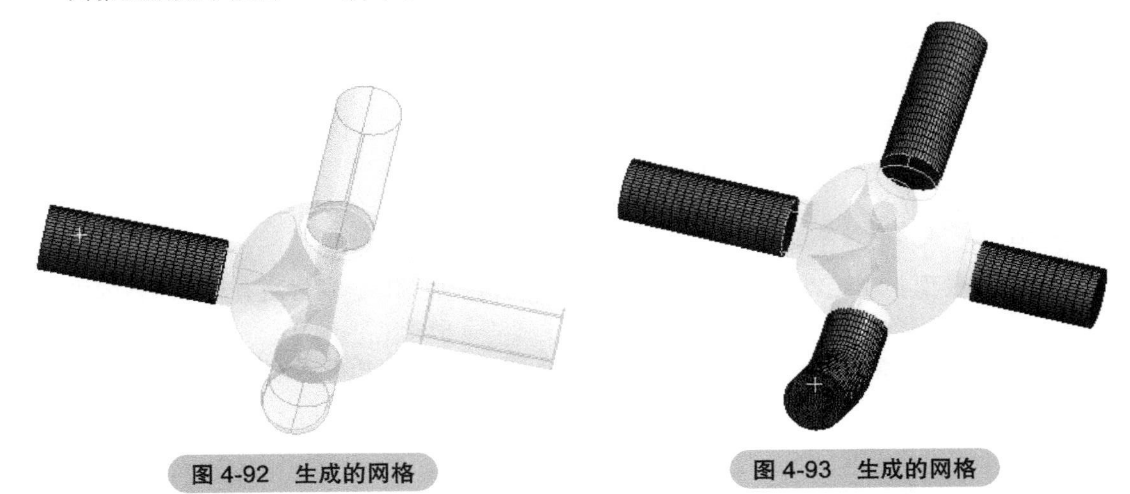

图 4-92　生成的网格

图 4-93　生成的网格

■ 选择中间 Body，单击鼠标右键，选择菜单 Generate Mesh On Selected Bodies

生成的最终网格如图 4-94 所示。

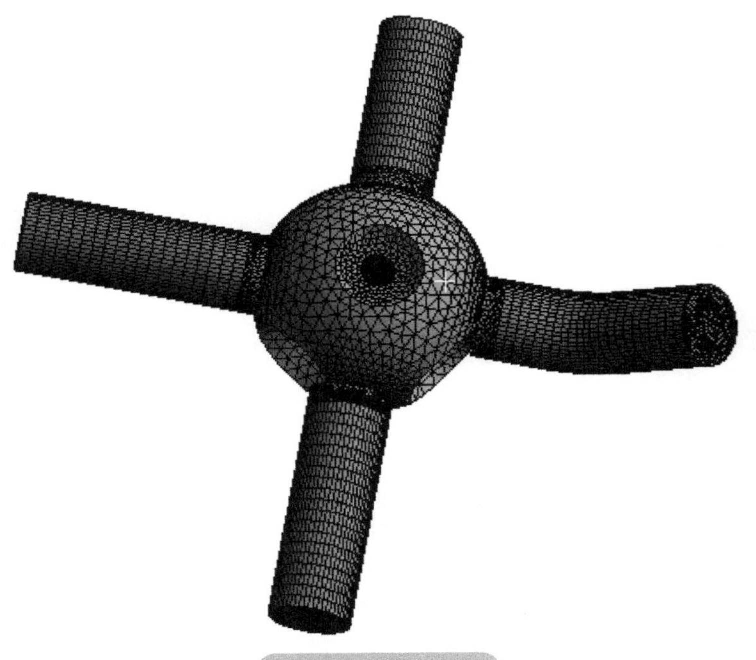

图 4-94　最终网格

Step 11：查看网格

可以查看剖面上网格以及网格质量。

■ 查看剖面网格（见图 4-95）

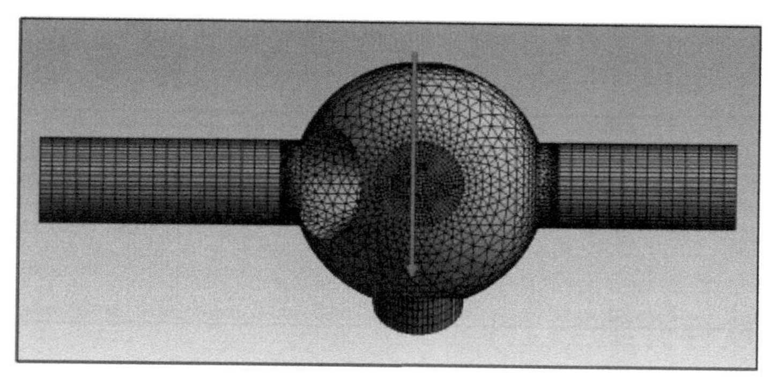

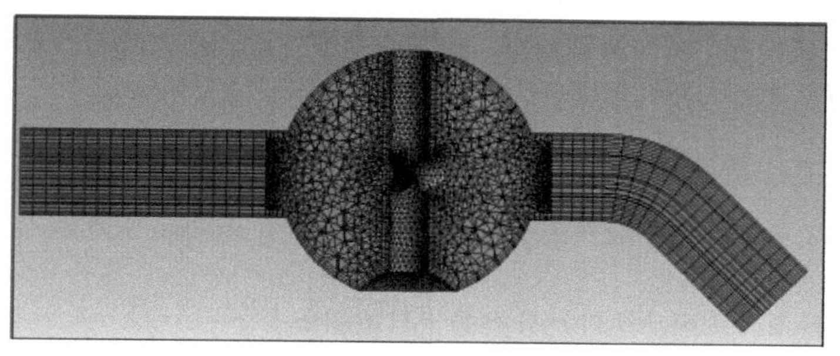

图 4-95 查看剖面网格

■ 显示网格质量（见图 4-96）

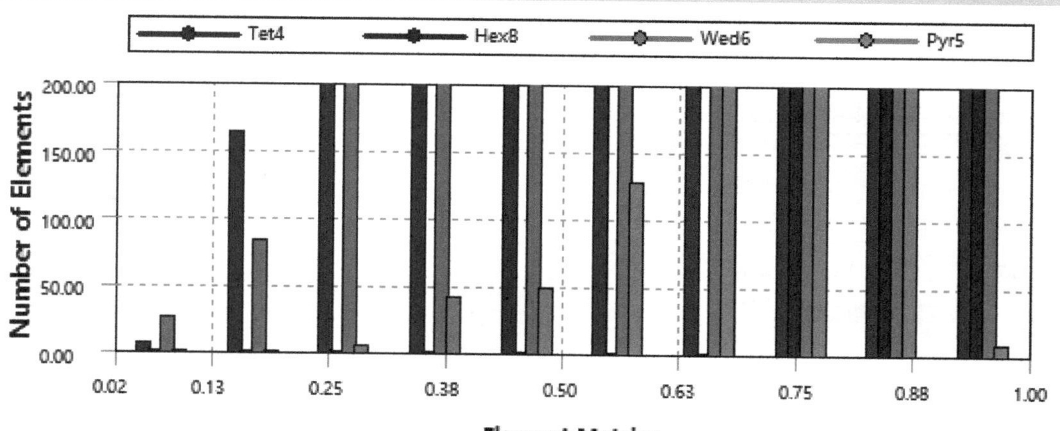

图 4-96 网格质量

4.9 本章小结

本章利用 ANSYS Mesh 模块描述了流体计算网格的划分过程。包括网格形式、网格质量评价标准及算法以及利用 ANSYS Mesh 划分流体计算网格的一般过程及优化方式。

第 5 章 Fluent 求解器基础

5.1 Fluent 软件介绍

Fluent 是目前国际上比较流行的商用 CFD 软件包，凡是和流体、热传递和化学反应等有关的工业均可使用。其具有丰富的物理模型、先进的数值方法和强大的前后处理功能，在航空航天、汽车设计、石油天然气和涡轮机设计等方面都有着广泛的应用。

5.1.1 Fluent 工作界面

17.0 版本之后，Fluent 的界面发生了一些改变，增加了 Ribbon 工具条（见图 5-1）。界面中包含的元素包括：

1）Ribbon 工具条。按照功能进行分类的工具按钮集合。

2）模型树。按 CFD 工作流程进行排序。

3）参数面板。模型树节点对应的参数设置面板。

4）视图工具栏。控制图形窗口中的图形显示。

5）图形窗口。显示模型及后处理图形、数据。

6）TUI 窗口。输出信息及输入 TUI 命令。

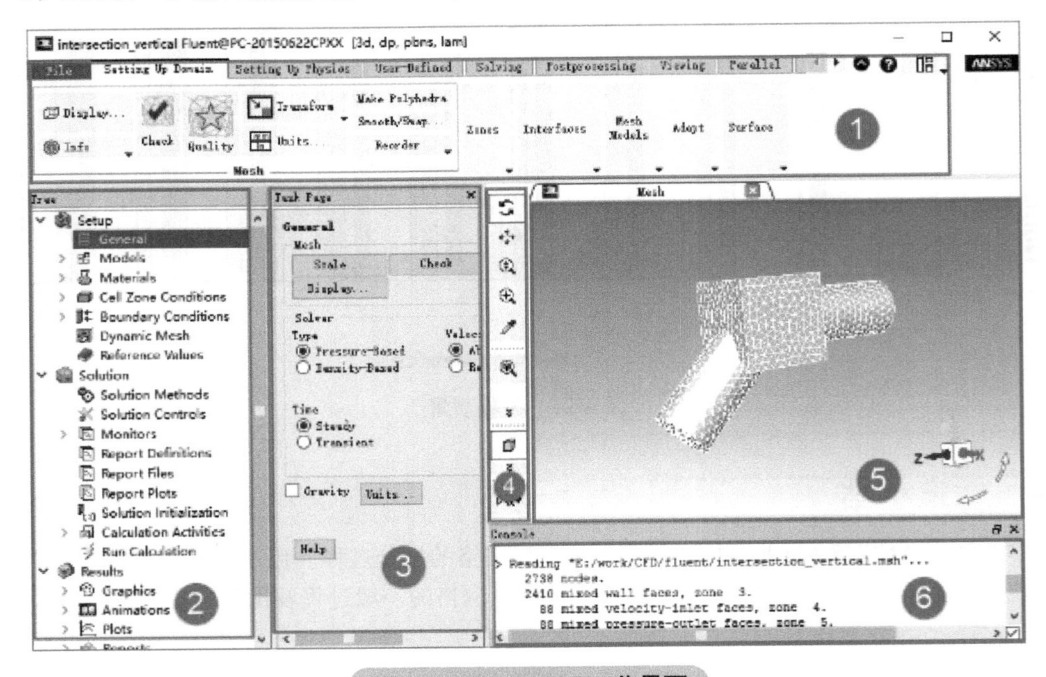

图 5-1 Fluent17.0 工作界面

5.1.2　Fluent 模型树节点

Fluent 的模型树节点是按照 CFD 求解工程问题的一般步骤进行排列的。随着开启的物理模型不同，其节点可能会存在增减。Fluent 17.0 以上版本的模型树节点如图 5-1 所示。其节点包括：

1. Setup：前处理节点

General：通用节点，包括网格缩放、质量检查、显示、稳态或瞬态设置、求解器类型设置等，如图 5-2 所示。

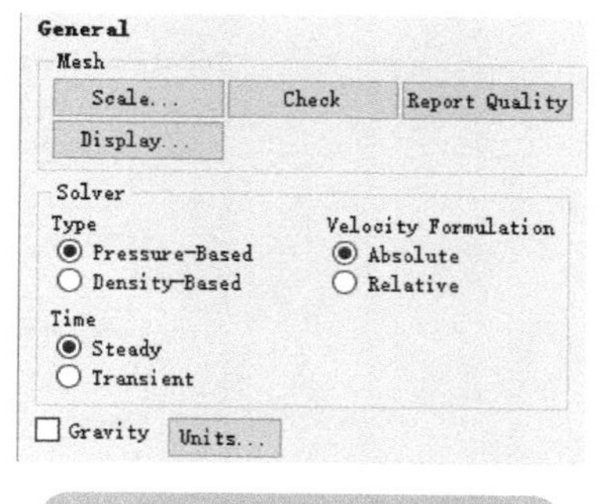

图 5-2　General 参数面板

Models：设置物理模型，包括各类物理模型的选择及设置，如图 5-3 所示。

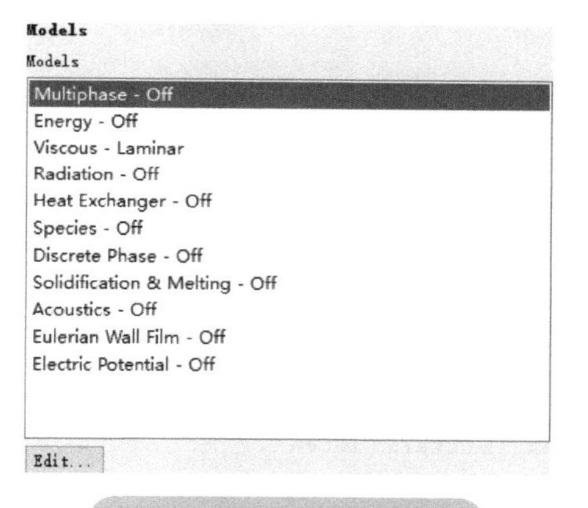

图 5-3　Models 参数面板

Materials：材料设置。设置面板如图 5-4 所示。

Cell Zone Conditions：设置区域属性，如指定区域介质、区域运动等参数。

Boundary Conditions：设置边界条件。

Dynamic Mesh：指定动网格参数。

Reference Values：设置参考值，主要用于后处理计算系数。（可选）

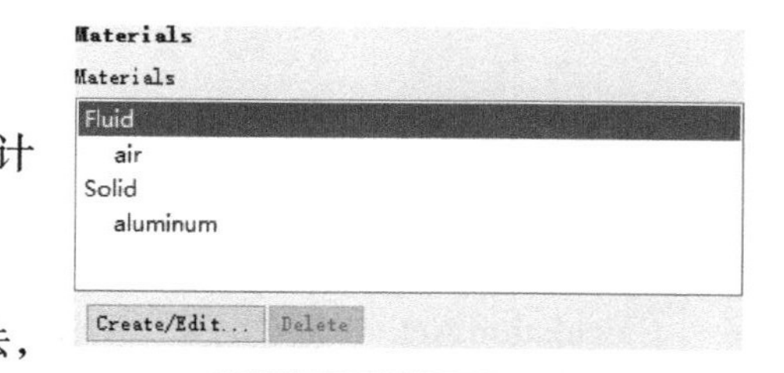

图 5-4　材料设置面板

2. Solution：求解设置

Solution Methods：求解方法，设置各种离散方法，设置面板如图 5-5 所示。

Solution Controls：求解控制参数设置，设置提高计算收敛性及稳定性的参数，主要设置亚松弛因子（Under-Relaxation Factors），如图 5-6 所示。

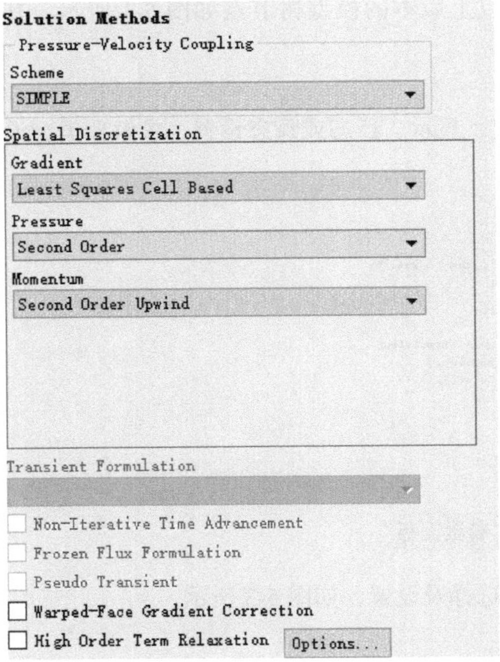

图 5-5　Solutions Methods 设置面板

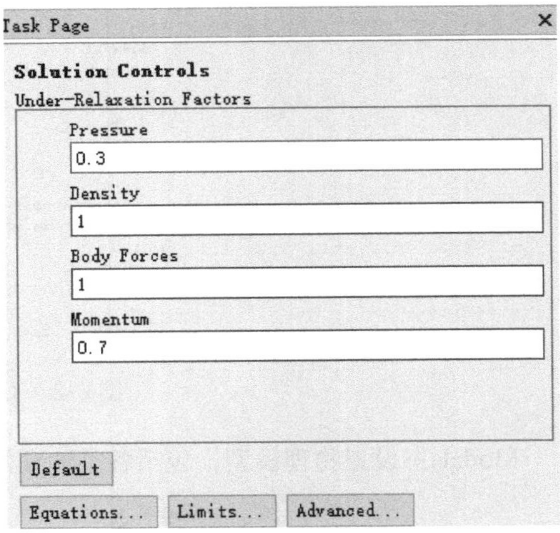

图 5-6　求解控制参数设置

Monitor：设置监视器，包括残差监视器、面监视器、体监视器和收敛监视器的定义及设置等。（可选）

Report Definitions、Report Files、Report Plots：报告定义及输出。（可选）

Solution Initialization：计算初始化，如图 5-7 所示。

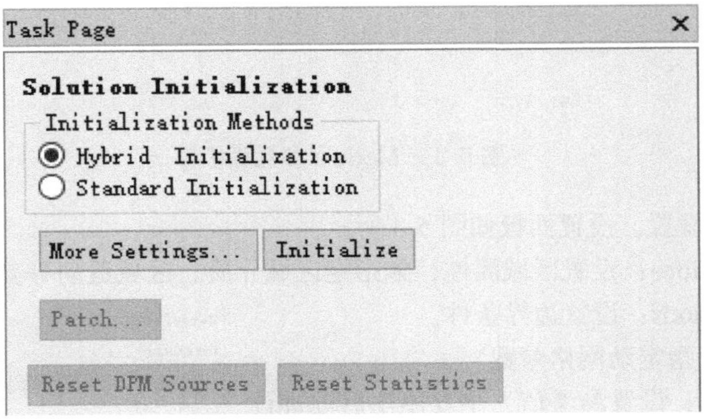

图 5-7　初始化定义

Calculation Activities：定义自动保存、计算中执行操作及动画。（可选）

Run Calculation：执行计算，指定迭代步数（稳态定义）、时间步长（瞬态定义）、时间步数（瞬态定义）、内迭代次数（瞬态定义）等，如图 5-8 所示。

3. Result：后处理

Graphics：图形显示，包括网格、计算云图、矢量图、流线、粒子追踪图等，还包括动画的回放及输出设置，如图 5-9 所示。

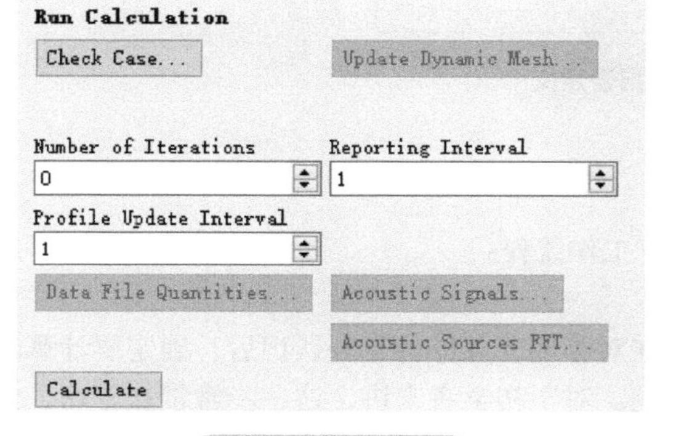

图 5-8　计算面板

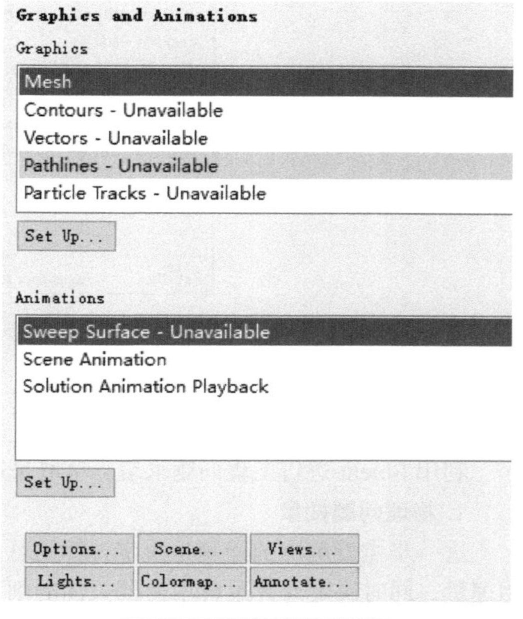

图 5-9　Graphics 面板

Animations：与 Graphics 相同。

Plots：数据图绘制，如各类曲线图、直方图等，如图 5-10 所示。

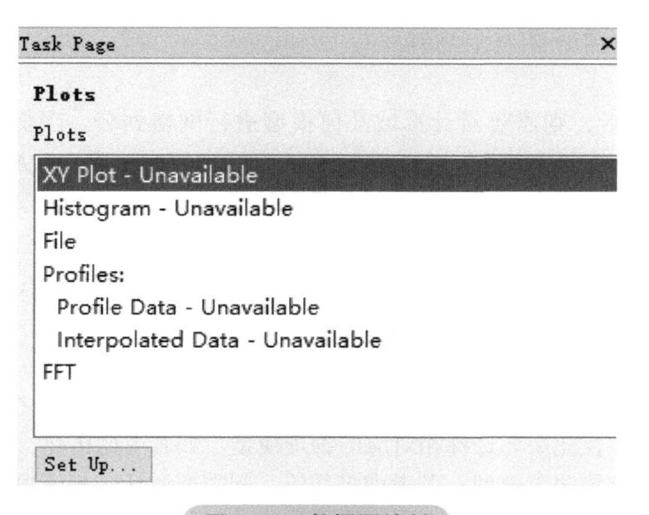

图 5-10　数据图绘制

Report：各类报告输出，如图 5-11 所示。

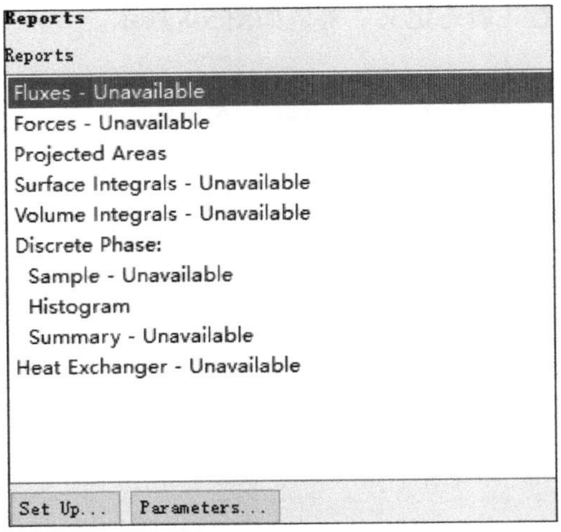

Reports

Reports

Fluxes - Unavailable
Forces - Unavailable
Projected Areas
Surface Integrals - Unavailable
Volume Integrals - Unavailable
Discrete Phase:
Sample - Unavailable
Histogram
Summary - Unavailable
Heat Exchanger - Unavailable

Set Up... Parameters...

图 5-11 各类报告定义

5.1.3 Fluent 解决工程问题流程

利用 Fluent 进行工程问题求解，一般采用以下工作流程：

1. 物理问题抽象

这一步主要解决的问题是决定计算的目的。在对物理现象进行充分认识后，确定要计算的物理量，同时决定计算过程中需要关注的细节问题。对于初学者来讲，这一步常常被忽略，但这一步工作至关重要。

2. 计算域确定

在决定了计算内容之后，紧接着要做的工作是确定计算空间。这部分工作主要体现在几何建模上。在几何建模的过程中，若模型中存在一些细小特征，则需要评估这些细小特征在计算时是否需要考虑，是否需要移除这些特征。

3. 划分计算网格

当确定计算域之后，则需要对计算域几何模型进行网格划分。当前有很多的网格生成程序均支持输出为 Fluent 网格类型，如 ICEM CFD、TGrid、PointWise、ANSA、Hypermesh 等。Fluent 对网格生成器并不感兴趣，其感兴趣的是网格质量，因此在生成网格之后，需要检查网格的质量。

另一个与网格相关的问题是边界层网格划分。在划分边界层网格时，需要根据外部流动条件估算第一层网格与壁面间距，同时需要确定边界厚度或边界层层数。

4. 选择物理模型

对于不同的物理现象，Fluent 提供了非常多的物理模型进行模拟。在第一步工作中确定了需要模拟的物理现象，在此需要选择相对应的物理模型。如若考虑传热，则需要选择能量模型；若考虑湍流，则需要选择湍流模型；若考虑多相流，则需要激活多相流模型等。

5. 确定边界条件

确定计算域实际上是确定了边界位置。在这一步工作中，需要确定边界位置上物理量的分布，通常需要考虑边界类型、物理量的指定。Fluent 中存在多种边界类型，不同的边界类型组合对于收敛性有着重要影响。无论采用何种边界组合，都要求边界信息是物理真实的，一般要求试验获取。

6. 设置求解参数

在上面的工作均进行完毕后，则需要设定求解参数，包括一些监控物理量设定、收敛标准设定、求解精度控制等。若为瞬态计算，则可能还涉及自动保存、动画设定等。针对不同的物理问题，需要设定的求解参数也存在差异。

7. 初始化并迭代计算

在进行迭代计算之前，往往需要进行初始化。Fluent 提供了两种初始化方式：常规的全域初始化及 hybrid 初始化。对于稳态计算，选择合适的初始值有助于加快收敛，初始值的设定不会影响到最终的计算结果。而对于瞬态计算，则需要根据实际情况设定初始值，因为初始值会影响到后续时间点上的计算结果。

8. 计算后处理

计算完毕后，通常需要进行数据后处理，将计算结果以图形图表的方式展现出来，从而方便进行问题分析。Fluent 本身包含后处理功能，但也可以将 Fluent 结果导入到更专业的后处理软件中，从而获取更加美观的图形。后处理的内容一般包括：表面或截面上物理量云图显示、线上曲线图显示、计算结果输出、动画生成等。

9. 模型的校核与修正

在后处理过程中，往往需要对计算结果进行评估，一般情况下是与试验值进行比较。评估的内容包括：网格独立性、收敛性、计算模型、计算结果有效性与误差等。在评估的过程中通常需要不断地调整模型，最终使模型计算结果贴近于试验值，以方便后续的研究工作。

5.1.4 Fluent 的应用领域

对于 Fluent 解决的工程问题可以根据其物理特征简单分为以下六大类。

1. 纯流动问题

包括低速流动、跨音速流动及超音速流动问题。其中根据流体介质的可压缩性又可分为可压缩问题与不可压缩问题。流动问题中根据雷诺数大小还可以分为层流问题、湍流问题以及转捩问题等。

流动问题主要求解的物理量包括速度场、压力场、各种力（升力、阻力等）、各种力系数（如升力系数、阻力系数、压力系数、力矩系数等）、流动分离位置等。

2. 传热问题

主要包括三种传热方式：传导、对流以及辐射的模拟计算。

热传导计算中包含了固体域热传导计算。对流模拟中包含了自然对流与强制对流的计算。对于辐射计算，Fluent 提供了 DO 模型、DTRM 模型、S2S 模型、P1 模型等四种模型。对于相变计算，则包含了冷凝、蒸发、凝固、熔化等模型。

对于传热问题，主要计算内容包括：温度场分布、速度场分布、压力场分布、对流换热效率计算等。

3. 运动部件模拟

当计算区域中存在运动部件时，在建立计算模型时需要特别考虑。在 Fluent 中进行此类运动部件问题模拟时，可以选择的方法包括：SRF（单参考系模型）、MRF（多参考系模型）、

MPM（混合平面模型）、SMM（滑移网格模型）、Dynamic Mesh（动网格模型）。

其中，SRF、MRF 及 MPM 主要用于稳态计算，而 SMM、Dynamic Mesh 主要用于瞬态计算。运动部件模拟主要指的是建模方式。

在 Fluent 中解决动网格问题，可以使用 Smoothing、Layering 及 Remeshing 方法解决部件运动后的网格更新问题。Fluent 还提供了 6DOF 模型用于解决刚体的 6 自由度运动问题。

4. 多相流模拟

对于多相流问题，Fluent 提供了 VOF、Mixture、Eulerian-Eulerian、DPM 模型进行模拟。其中 VOF 主要用于相界面的追踪，Mixture 及 Eulerian-Eulerian 模型主要用于相间存在相互渗透现象的模拟（如液体中存在气泡、气体中存在液滴等现象），DPM 模型主要用于稀疏颗粒、液滴、气泡的轨迹追踪。

另外，Fluent 的插件模型中还提供了 PBM 模型用于模拟颗粒群问题。

5. 多组分流计算

多组分流计算主要包括纯组分扩散问题、慢速化学反应及燃烧现象的模拟。Fluent 利用组分传输（Species Transport）模型可以模拟某种介质在其他介质中的扩散现象，也可以用于对化学反应的模拟。

对于燃烧模拟，Fluent 提供了组分传输模型中的层流有限速率（Laminar Finite-Rate）、有限速率 / 涡耗散（Finite-Rate/Eddy Dissipation）、涡耗散（Eddy Dissipation）及涡耗散概念模型（Eddy-Dissipation Concept）。同时 Fluent 还提供了非预混燃烧（Non-Premixed Combustion）、预混燃烧（Premixed Combustion）、部分预混燃烧（Partially Premixed Combustion）以及组合 PDF 传输模型（Composition PDF Transport）对燃烧现象进行模拟。

6. 耦合问题

包括 Fluent 与其他软件进行耦合计算。

5.2 Fluent 边界条件

5.2.1 边界条件分类

Fluent 中存在众多的边界条件类型，以方便用户根据不同的物理模型进行选择。这些边界条件类型包括：

1）axis：轴边界，通常用于旋转几何的 2D 模型，无须设置边界参数。

2）outflow：自由出流边界。用于充分发展位置，受回流影响严重，无法应用于可压缩流动模型，也不能与压力边界一起使用。

3）mass-flow-inlet：质量流量入口边界，设置入口质量流量，通常用于可压缩流动。在不可压缩流动中，通常设置速度入口。

4）pressure-inlet：压力入口。设置入口位置总压，应用非常广泛。

5）velocity-inlet：速度入口。设置入口速度，通常用于不可压缩流动。设置负速度值可当作出口使用。

6）symmetry：对称边界。对于 2D Symmetry 模型，对称轴通常为 X 轴，模型必须建立在 X 轴上方。

7）wall：壁面边界。默认为无滑移光滑壁面，用户可以设置壁面滑移速度。

8）inlet-vent：通风口边界。与压力入口类似，不过需要设置压力损失系数。

9）intake-fan：进气扇边界。与压力入口类似，需要设置总压和压力阶跃。

10）exhaust-fan：排气扇边界。与压力出口类似，需要设置出口表压与压力阶跃。

11）outlet-vent：出风口设置。与压力出口类似，需设置出口表压与压力损失系数。

12）pressure-far-field：压力远场边界。通常用于航空航天外流计算，用于模拟无穷远来流，需要设置马赫数与表压。

13）fan：风扇边界。为内部双面集总边界（即边界两侧均为同一计算域）。需要定义风扇性能参数。

14）interior：内部面边界。通常为计算域内部网格面，无须进行任何设置。

15）porous-jump：多孔阶跃边界。通常需要设置多孔介质的厚度以及压力阶跃系数。

16）radiator：散热器。需要定义热损失系数及传热效率。

对于以上的边界条件可以简单地分为两类：单面边界及双面边界，见表 5-1。通常单面边界指的是几何模型的边界面，而双面边界则通常由内部面转化而来，常常是集总参数边界。

表 5-1 边界类型分类

类型	边界
单面边界	axis、outflow、mass-flow-inlet、pressure-inlet、pressure-outlet、symmetry、velocity-inlet、wall、inlet-vent、intake-fan、outlet-vent、exhaust-fan、pressure-far-field
双面边界	fan、interior、porous-jump、radiator、wall

5.2.2 边界条件设置

在 Fluent 中进行边界条件设置步骤如图 5-12 所示。单击模型树节点 Boundary Conditions，在右侧设置面板的 Zone 列表框中选择相应的边界条件，设置正确的边界类型 Type，单击按钮 Edit…，在弹出的边界参数设置对话框中设置相应的参数。

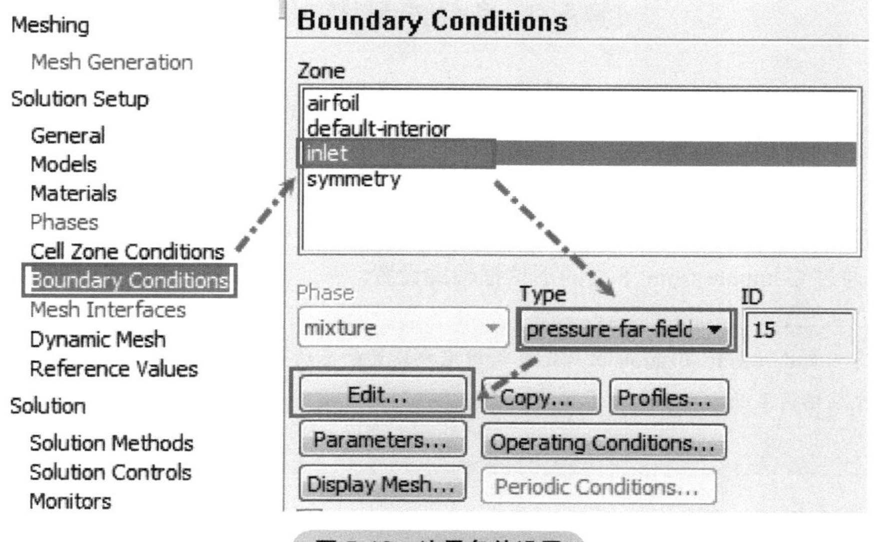

图 5-12 边界条件设置

5.3 初始条件

初始条件指的是初始时刻计算域所处的状态。通常需要人为指定。对于稳态问题，初始条件不会影响最终结果，但是会影响到计算收敛过程。当设定的初始条件与真实状态有较大差异时，可能会造成计算不收敛。对于瞬态问题，初始条件会直接影响计算结果。

5.3.1 Fluent 中进行初始化

在 Fluent 中进行求解计算之前，都需要对计算域进行初始化。Fluent 提供了多种初始化方法：Hybrid Initialization、Standard Initialization、FMG Initialization 以及 Patch。初始化的目的是为区域或边界指定初始值。

如图 5-13 所示，单击模型树节点 Initialization 即可打开初始化面板。

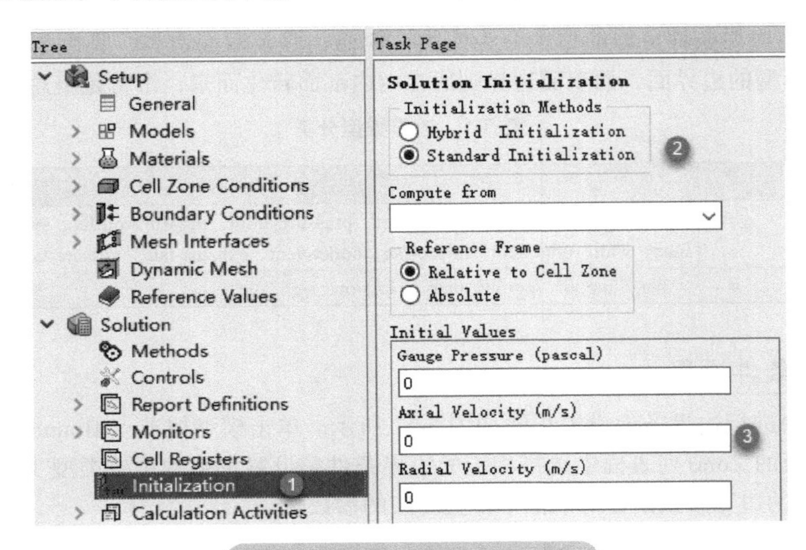

图 5-13 Fluent 中进行初始化

注意：根据所选的物理模型，需要设置的初始值项目不一样。

1. Standard Initialization

通过指定 Initial Values 列表中的各参数的值来实现整个计算域初始化。在进行参数设置过程中，可以通过 Compute from 下方的下拉框辅助设置。

注意：Standard Initialization 初始化是利用用户设置的参数值，至于是用 Compute from 下拉框中的哪一个辅助设置的，对于初始化是没有任何关系的。常用的 Compute from 选择为 all-zones 或入口边界。

2. Hybrid Initialization

Hybrid 初始化方法（见图 5-14）通过收集用户指定的边界信息，通过求解拉普拉斯方程求解得出计算域中压力场与速度场初始分布。对于其他的物理量（如温度、湍流、组分、体积分数等）则自动基于区域平均插值得到。

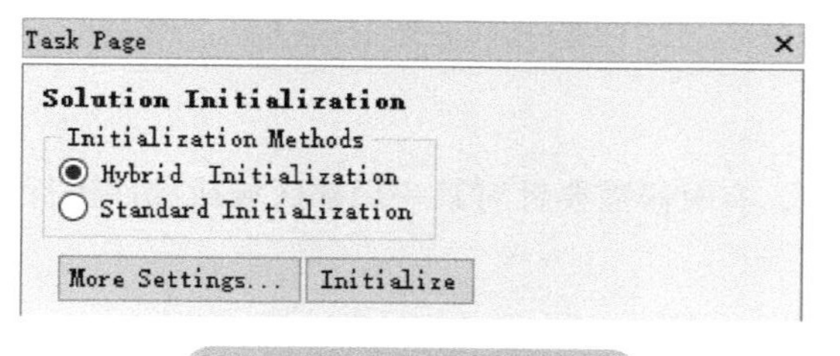

图 5-14 Hybrid 初始化

Hybrid 初始化不需要指定任何参数，软件通过读取用户设定的边界参数自动估算初始值，在使用过程中，只需要直接单击 Initialize 按钮即可。对于单相稳态问题，Fluent 默认采用 Hybrid 初始化，而对于多相流或者瞬态问题，Fluent 默认采用 Standard 初始化，但是也可以使用 Hybrid 初始化。Hybrid 参数对话框如图 5-15 所示。

当 Hybrid 初始化计算不收敛时，可以通过单击按钮 More Settings... 打开参数设置对话框，设置增大 Number of Iterations 参数值。

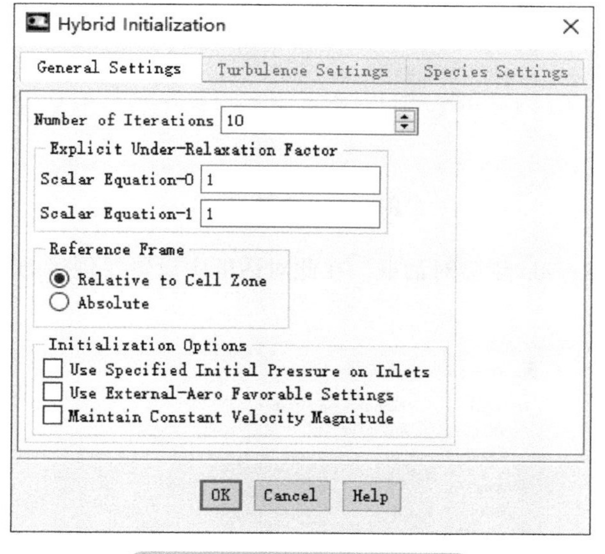

图 5-15 Hybrid 参数对话框

3. FMG 初始化

Full Multigrid Initialization（FMG 初始化）是 Fluent 提供的另外一种初始化方法，其常用于非常复杂的流动问题，如旋转机械中的复杂流动问题、扩张管或螺旋管中的流动等。这些复杂流动问题的计算过程中，若能在计算之前使用更好的初始值，则能够加速收敛过程。FMG 初始化可以以最小的计算成本获取最好的初始值近似。

Fluent 并未提供 GUI 方式进行 FMG 初始化，若在 Fluent 中启用 FMG 初始化，则需要采用 TUI 命令：

```
Solve→initialize→fmg-initialization
```

若需要设置 FMG 初始化参数，则可以使用 TUI 命令：

```
solve → initialize → set-fmg-initialization
```

5.3.2 Patch

在进行初始化过程中，有时候需要针对某一局部区域或部件进行特殊指定，此时则需要使用到 Patch。

注意： 在进行 Patch 之前，需要先完成全局初始化，否则 Patch 按钮不会被激活。

1. 区域标记

若是要 Patch 某一个区域，则需要在 Patch 直接进行区域标记。选择工具栏按钮 Mark/Adapt Cells，选择其中子功能 Region... 即可打开区域创建对话框，如图 5-16 所示。

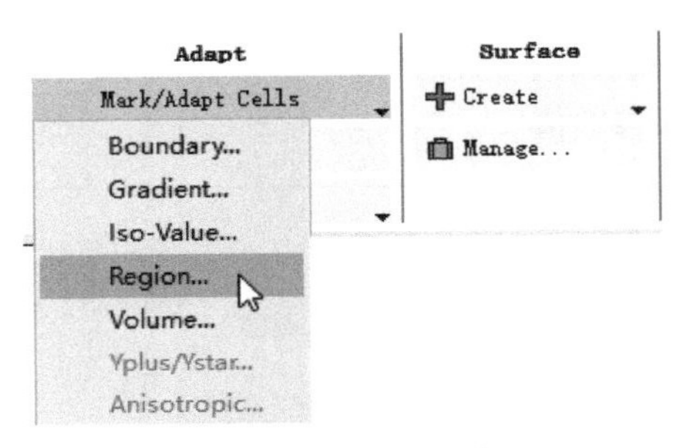

图 5-16　创建区域

如图 5-17 所示为 Region 创建对话框，在此对话框中设置要创建的区域参数，即可对区域进行标记。

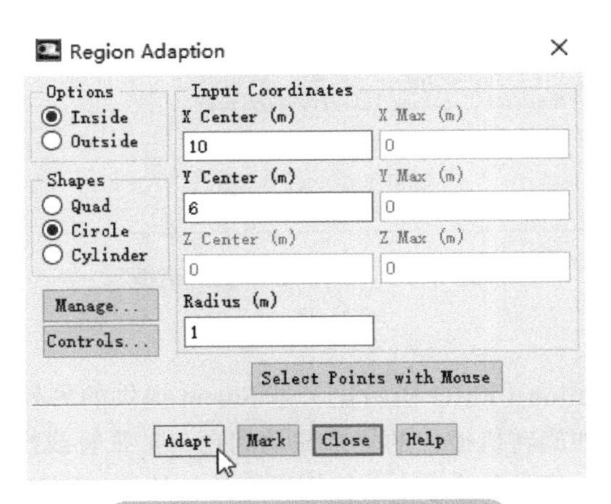

图 5-17　创建 Region 对话框

对话框中的一些参数说明：

Inside：选择创建参数所围成的区域内部的几何。

Outside：选择创建参数所围成的区域外部的几何。

Quad：利用两个角点坐标创建矩形。

Circle：利用圆心坐标及半径创建圆。

Cylinder：利用两个底面圆心坐标及半径创建圆柱。

区域参数设置完毕后，单击 Mark 按钮标记区域。如图 5-17 所示为标记一个圆心坐标为（10，6），半径为 1 m 的圆。

2. Patch 区域

当区域标记完毕后，即可利用 Patch 为所标记的区域进行局部初始化。

如图 5-18 所示，前面标记的区域出现在 Registers to Patch 列表中，可以选择此区域，并设置要 Patch 的值，图 5-18 中 Patch 该区域的压力为 500Pa，单击 Patch 按钮即可对该标记的区域进行初始化。

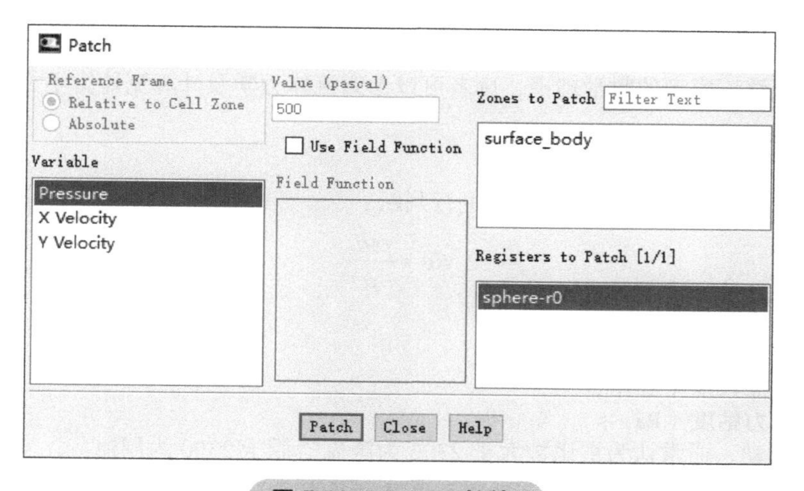

图 5-18　Patch 对话框

如图 5-19 所示为 Patch 后的压力分布。除了软件提供的标准变量外，用户自定义变量也可以用于 Patch。利用 UDF 宏 DEFINE_INIT 可代替 Patch 进行局部初始化。

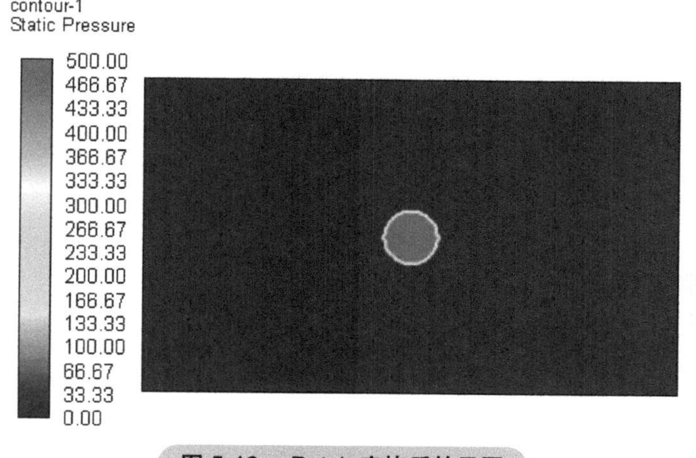

图 5-19　Patch 完毕后的云图

5.4 湍流模型

湍流是流体的一种流动状态。当流速很小时，流体分层流动，互不混合，称为层流，也称为稳流或片流。逐渐增加流速，流体的流线开始出现波浪状的摆动，摆动的频率及振幅随流速的增加而增加，此种流况称为过渡流。当流速增加到很大时，流线不再清晰可辨，流场中有许多小漩涡，层流被破坏，相邻流层间不但有滑动，还有混合，这时的流体做不规则运动，有垂直于流管轴线方向的分速度产生，这种运动称为湍流，又称为乱流、扰流或紊流。

由流体力学知识可知，NS 方程包含 1 个质量守恒方程与 3 个动量守恒方程，求解 4 个物理量，即三个速度分量（u，v，w）以及压力 p，理论上讲 NS 方程组是封闭的。然而由于直接数值模拟（Direct N-S，简称 DNS）需要巨大的计算资源，还难以在工业中得到广泛应用。因此人们利用雷诺平均（RANS）的方法对湍流脉动项进行时间平均处理。采用 RANS 方法虽然简化了对时间脉动的处理，降低了计算开销，然而却额外地引入了非线性项，导致 NS 方程的不封闭。因此，便诞生了各式各样的湍流模型。

对于湍流及湍流模型的数学理论，读者可以参阅流体力学及计算流体力学方面的书籍。

5.4.1 湍流和层流判断

湍流和层流状态通常利用雷诺数 Re 进行判断：

$$Re = \frac{\rho u L}{\mu} \tag{5-1}$$

式中 ρ——流体密度（kg/m^3）；
u——流速（m/s）；
L——特征长度（m）；
μ——动力粘度（Pa·s）。

对于内部流动，通常认为雷诺数大于 2300 为湍流，低于 2300 为层流。

对于外部流动，沿表面位置分布的雷诺数大于 500000 时通常可认为流动状态为湍流，沿障碍物的雷诺数大于 20000 时认为流动状态为湍流。

而对于自然对流情况，则不能利用雷诺数进行判断，通常利用瑞利数 Ra 与普朗特数 Pr 的比值进行判断。当满足下述要求时：

$$\frac{Ra}{Pr} > 10^9 \tag{5-2}$$

可认为流动状态为湍流流动。其中瑞利数与普朗特数由式（5-3）和式（5-4）定义：

$$Ra = \frac{\alpha \Delta T L^3 g}{\gamma k} \tag{5-3}$$

$$Pr = \frac{\mu C_p}{k} \tag{5-4}$$

式中 α——热膨胀系数；
ΔT——温差；
L——特征长度；
γ——运动粘度；
k——导热系数；
μ——动力粘度；
C_p——定压比热容。

5.4.2 湍流求解方法

针对湍流求解，最常见的方法包括雷诺平均 NS 模型、大涡模拟、直接数值模拟等。

1. 直接数值模拟（DNS）

从理论上讲，湍流流动能够由数值方法求解 NS 方程来模拟，能够求解得到尺寸频率，无须接触额外的模型。但是利用此方法进行求解花费太大（其计算开销随雷诺数成几何倍数增长），因此在工程上的应用受到限制。目前在 Fluent 中无法应用 DNS 方法。

2. 大涡模拟（LES）

由于湍流直接模拟计算开销过大，难以在工业上得到广泛应用，因此在直接模拟的基础上发展出了大涡模拟方法。该方法利用滤波方式，对于大尺度的涡采用直接求解，而对于小尺度的涡则采用 RANS 方法进行求解。该方法的计算消耗低于 DNS，但是对于大多数的实际应用来讲占用的资源还是比较大。随着计算机计算能力的逐渐增强，该方法已经越来越广泛的应用于工业流动计算中。在 Fluent 软件中可以使用大涡模拟方法。

3. 雷诺平均 NS 模型

雷诺平均 NS 模型（RANS）方法是工业流动计算中使用最为广泛的一种模型，其求解时间均值的 NS 方程。在 Fluent 软件中，k-ε 模型、k-ω 模型以及雷诺应力模型均为 RANS 模型。

4. 分离涡模型（DES）

分离涡模型是介于大涡模型与 RANS 模型之间的一种湍流模型。该模型通过比较湍流尺度与网格最大尺寸而自动决定使用大涡模型还是 RANS 模型进行湍流求解。

5.4.3 Fluent 中的湍流模型

要在 Fluent 中使用湍流模型，如图 5-20 所示，可以通过单击模型树节点 Models，在右侧设置面板 Models 列表框中鼠标双击列表项 Viscous，即可进入湍流模型设置面板。

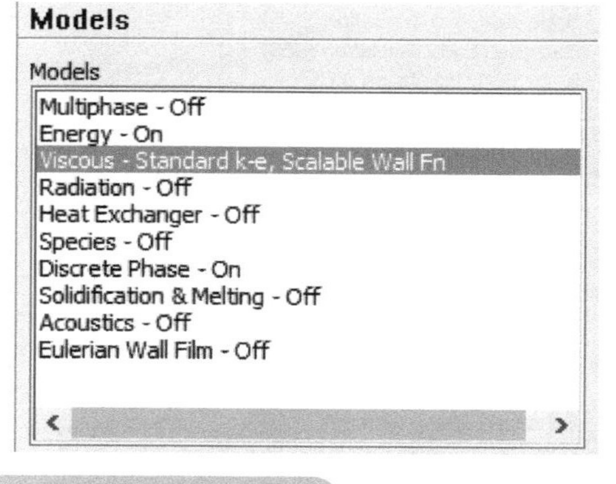

图 5-20 设置湍流模型

如图 5-21 所示为湍流模型设置面板，如图中①所示，Fluent 中包含以下湍流模型：

1. Inviscid

无粘模型。计算过程中忽略粘性作用，通常应用于粘性力相对于惯性力可忽略的流动。

2. Laminar

层流模型。默认情况下该模型被选中。计算域内流动状态为层流时采用该模型。

3. Spalart-Allmaras（1 eqn）

Spalart-Allmaras（SA）模型。常用于航空外流场计算。对于几何相对简单的外流场计算非常有效。该方程为单方程模型，比较节省计算资源。

4. k-epsilon（2 eqn）

k-epsilon 工业流动计算中应用最为广泛的湍流模型，包括三种形式：标准 k-ε 模型、RNG k-ε 模型以及 Realizable k-ε 模型。

5. k-omega（2 eqn）

k-omega（k-ω）模型也是双方程模型。在 Fluent 中，它包括两种类型：标准形式以及 SST k-ω 模型。在对于外流场模拟中，该模型的竞争对手是 SA 模型。

6. Transition k-kl-omega（3 eqn）

3 方程转捩模型，用于模拟层流向湍流的转捩过程。

7. Transition SST（4 eqn）

4 方程转捩模型，用于模拟湍流转捩过程。

8. Reynolds Stress（7 eqn）

雷诺应力模型。没有其他 RANS 模型的各向同性假设，因此适合于强旋流场合。

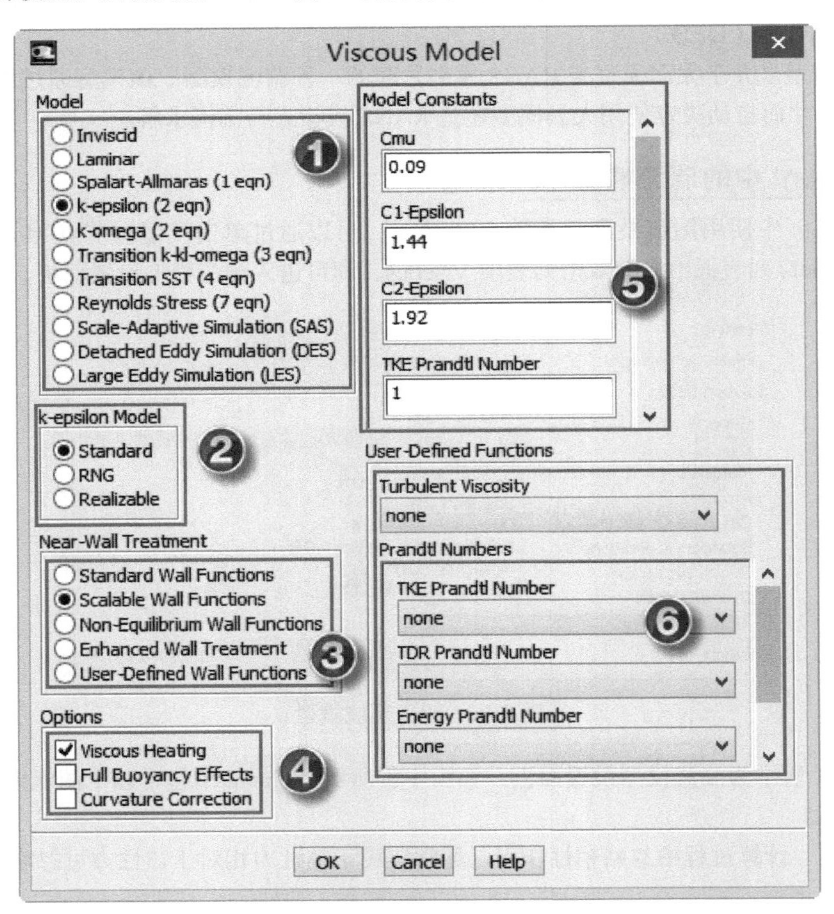

图 5-21 湍流模型设置面板

9. Scale-Adaptive Simulation（SAS）

SAS 湍流模型主要用于求解瞬态湍流流动问题。当使用 SAS 模型时，强烈建议在 Solution Methods 面板中设置 Momentum 选择使用 Bounded Central Differencing。

10. Detached Eddy Simulation（DES）

分离涡模型。当使用分离涡模型时，可选的 RANS 模型包括 Spalart-Allmaras、Realizable k-epsilon 以及 SST k-omega 模型。

11. Large Eddy Simulation（LES）

大涡模拟模型。在默认情况下，LES 模型只在三维模型情况下才可选。若要在 2D 模型中使用大涡模拟模型，则需要使用 TUI 命令进行激活。

对于在工业流动计算中得到广泛应用的 RANS 湍流模型，其使用场合总结见表 5-2。

表 5-2　RANS 湍流模型使用场合

模型	用法
Spalart-Allmaras	计算量小，对一定复杂程度的边界层问题有较好效果 计算结果没有被广泛测试，缺少子模型
Standard k-ε	应用多，计算量适中，有较多数据积累和相当精度 对于曲率较大、较强压力梯度、有旋问题等复杂流动模拟效果欠缺
RNG k-ε	能模拟射流撞击、分离流、二次流、旋流等中等复杂流动 受涡旋粘性各向同性假设限制
Realizable k-ε	和 RNG 基本一致，还可以更好地模拟圆孔射流问题 受涡旋粘性各向同性假设限制
Standard k-ω	对于壁面边界层、自由剪切流、低雷诺数流动性能较好。适合于逆压梯度存在情况下的边界层流动和分离、转捩
SST k-ω	基本与标准 k-ω 相同。由于对壁面距离依赖性强，因此不太适用于自由剪切流
Reynolds Stress	是最符合物理解的 RANS 模型。避免了各向同性的涡粘假设。占用较多的 CPU 时间和内存，较难收敛。对于复杂 3D 流动较适用（如弯曲管道、旋转、旋流燃烧、旋风分离器等）

对于 Fluent 中的湍流模型，对其计算开销进行比较，结果如图 5-22 所示。

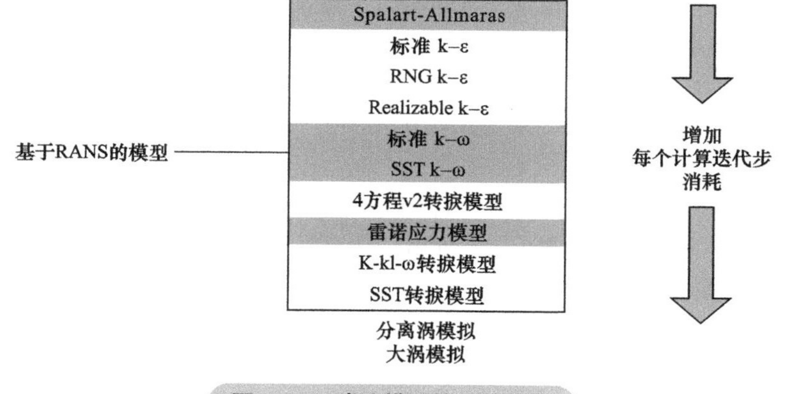

图 5-22　湍流模型的计算开销

5.4.4　y^+ 的基本概念

在临近壁面位置，法向速度具有非常大的梯度。在非常小的壁面法向距离内，速度从相对较大的值下降到与壁面速度相同。因此对于该区域内流场的计算，通常采用两种方式：一是利用壁面函数法；二是加密网格，利用壁面模型法。对于这两类方法的选取，可以通过 y^+ 来体现。

如图 5-23 所示为近壁面位置无量纲速度分布情况。

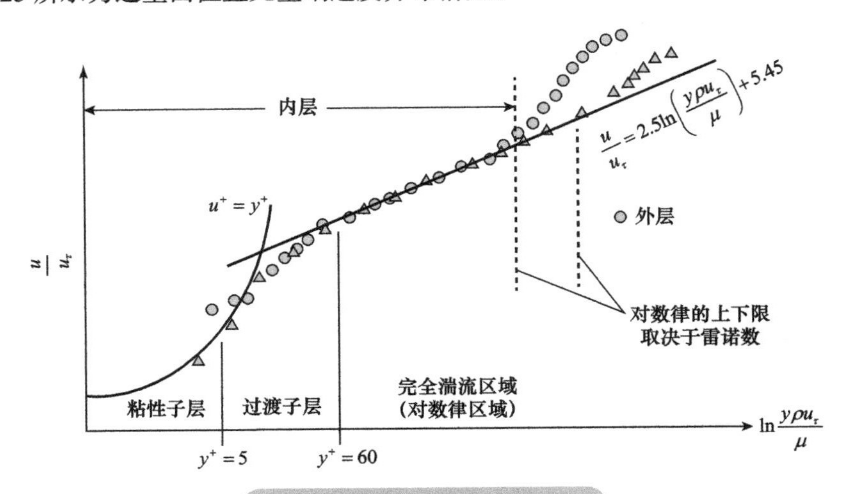

图 5-23　近壁面位置速度分布

图 5-23 中横坐标所示为无量纲壁面距离，$y^+ = \frac{y\rho u_\tau}{\mu}$；纵坐标为无量纲速度 $\frac{u}{u_\tau}$。其中，$u_\tau = \sqrt{\frac{\tau_w}{\rho}}$，$\tau_w$ 为壁面剪切应力，y 为壁面法向距离。从图 5-23 中可以看出，在 $y^+<5$ 的区域，速度呈非线性形式，该区域通常称为粘性子层（**viscous sublayer region**）；在 $y^+>60$ 的区域，速度与距离几乎呈线性趋势，该部分区域为完全发展湍流，也称为对数律区域（**log law region**）；两部分之间的区域，常称之为过渡子层（**buffer layer region**）。

对于近壁区域求解，主要集中在粘性子层的求解上，主要有两种方式：

1. 求解粘性子层

若要求解粘性子层，则需要保证 y^+ 值小于 1（建议接近 1）。由于 y^+ 直接影响第一层网格节点位置，因此对于求解粘性子层的情况，需要非常细密的网格。对于湍流模型，需要选择低雷诺数湍流模型（如 k-omega 模型）。通常来说，若壁面对于仿真结果非常重要（如气动阻力计算、旋转机械叶片性能等），则需要采用此类方法。

2. 利用壁面函数

壁面函数要求第一层网格尺寸满足条件 $30<y^+<300$，当尺寸过小时，壁面函数不可用，当尺寸超出该范围时，无法求解粘性子层。通常使用高雷诺数湍流模型（如标准 k-epsilon 模型、Realizable k-epsilon 模型、RNG k-epsilon 模型等）。一般来说，在粘性子层数据不是特别重要时可以选用壁面函数进行求解。

3. y^+ 在 CFD 计算中的应用

在 CFD 计算过程中，y^+ 的作用体现在划分网格过程中计算第一层网格节点高度。其计算过程如下：

1）估算雷诺数。利用公式 $Re = \frac{\rho uL}{\mu}$。

2）估算壁面摩擦系数。计算公式为 $C_f=0.058Re^{-0.2}$。

3）计算壁面剪切应力。计算公式为 $\tau_w=\frac{1}{2}C_f\rho U_\infty^2$，其中 U_∞ 为来流速度。

4）利用壁面剪切应力估算速度 u_τ。计算公式为 $u_\tau=\sqrt{\frac{\tau_w}{\rho}}$。

5）计算第一层网格高度 y。计算公式为 $y=\frac{y^+\mu}{u_\tau\rho}$。

当然，在计算之前，y^+ 值只能是估计得到，因为局部速度是未知的，因此在计算结束之后需要查看壁面 y^+ 值分布，验证其值分布是否为符合计算要求。若与预期要求相差较多，则需要进一步调整网格重新进行计算。

下面举例说明 y^+ 的实际计算过程。如图 5-24 所示为平板边界层计算模型，其中入口速度为 20m/s，介质密度为 1.225kg/m^3，粘度为 1.8×10^{-5}kg/（m·s），平板长度 1m。计算过程中选取 $y^+=50$，估算距壁面第一层网格高度值 y。

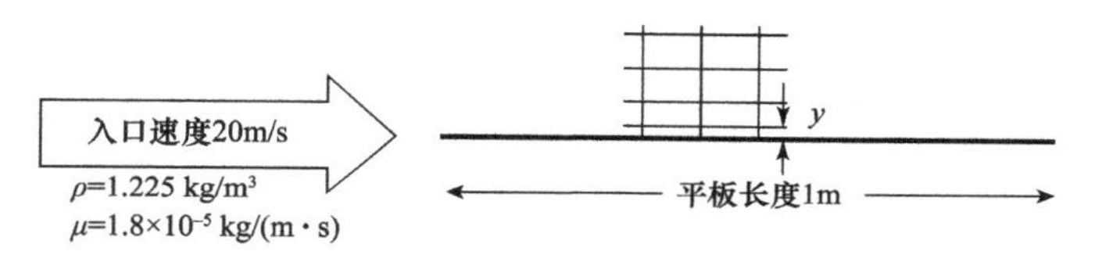

图 5-24 平板边界层计算

计算过程如下：

1）计算雷诺数：$Re=\frac{\rho uL}{\mu}=\frac{1.225\times20\times1}{1.8\times10^{-5}}=1.36\times10^6$

2）计算壁面摩擦系数：$C_f=0.058Re^{-0.2}=0.058\times(1.36\times10^6)^{-0.2}=0.00344$

3）计算壁面剪切应力：$\tau_w=\frac{1}{2}C_f\rho U_\infty^2=\frac{1}{2}\times0.00344\times1.225\times20^2\text{kg/(m}\cdot\text{s}^2)=0.843\text{kg/(m}\cdot\text{s}^2)$

4）计算速度：$u_\tau=\sqrt{\frac{\tau_w}{\rho}}=\sqrt{\frac{0.843}{1.225}}\text{m/s}=0.83\text{m/s}$

5）计算第一层网格高度：$y=\frac{y^+\mu}{u_\tau\rho}=\frac{50\times1.8\times10^{-5}}{0.83\times1.225}\text{m}=8.851\times10^{-4}\text{m}$

即第一层网格高度值约为 8.851×10^{-4}m。

5.4.5 壁面函数

Fluent 中有五种近壁面处理方法，如图 5-25 所示。

Near-Wall Treatment

- ◉ Standard Wall Functions
- ○ Scalable Wall Functions
- ○ Non-Equilibrium Wall Functions
- ○ Enhanced Wall Treatment
- ○ User-Defined Wall Functions

图 5-25 壁面函数

这些近壁面处理方法包括：标准壁面函数（Standard Wall Functions）、可缩放壁面函数（Scalable Wall Functions）、非平衡壁面函数（Non-Equilibrium Wall Functions）、增强壁面处理（Enhanced Wall Treatment）以及自定义壁面函数（User-Defined Wall Functions）。

这些壁面处理方式中，标准壁面函数、可缩放壁面函数以及非平衡壁面函数均为壁面函数法，适合于高雷诺数湍流模型（k-epsilon 模型以及雷诺应力模型），其要求第一层网格节点处于湍流核心区域，即 y^+ 值处于 30~300 之间。而增强壁面处理则并非壁面函数法，其适合于低雷诺数湍流模型（k-omega 模型），需要在近壁区域划分足够细密的网格，其要求第一层网格节点位于粘性子层内，即 $y^+<5$，且要求边界网格层数至少为 10 层。

虽然壁面函数法是一种近似处理方法，然而其在工业流动问题计算中仍然应用非常广泛。对于简单的剪切流动问题，利用标准壁面函数法可以很好地得到解决，而使用非平衡壁面函数法可以对于强压力梯度及分离流动计算进行改善。而可缩放的壁面函数法则可改善第一层网格节点在计算迭代过程中处于粘性子层与核心层之间摇摆而导致计算不稳定的问题。增强壁面处理通常用于无法应用对数律的复杂流动问题（如非平衡壁面检查层或雷诺数较低的情况下）。

近壁面建模的一些推荐策略：

1）对于大多数高雷诺数流动情况（$Re>10^6$）下使用标准的或非平衡的壁面函数。在存在分离、再附或者射流流动中常使用非平衡壁面函数法。

2）对于雷诺数较低或需要求解贴体特征时，需要使用增强壁面处理方法。

3）增强壁面处理是 SA 模型与 k-omega 模型的默认壁面处理方式，但是其也可以用于 k-epsilon 模型与雷诺应力模型。

5.4.6 边界湍流设置

若在计算模型中使用了湍流模型，则在边界条件设置过程中，对于进出口边界需要设定湍流条件，如图 5-26 所示。

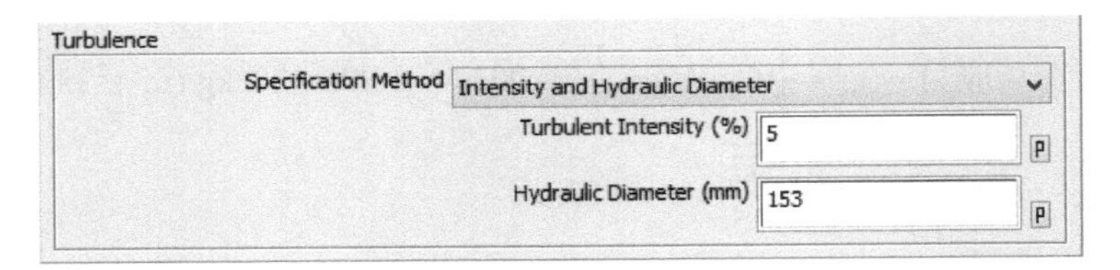

图 5-26 湍流边界指定

对于不同的湍流模型，在边界设置中湍流组合方式略有不同。若使用了 k-epsilon 模型，则在湍流指定方法中可以选择方法 K and Epsilon、Intensity and Length Scale、Intensity and Viscosity Ratio 以及 Intensity and Hydraulic Diameter，如图 5-27 所示。而若使用了 k-omega 模型，则湍流指定过程中可以选择 K and Omega 以及其他三项。

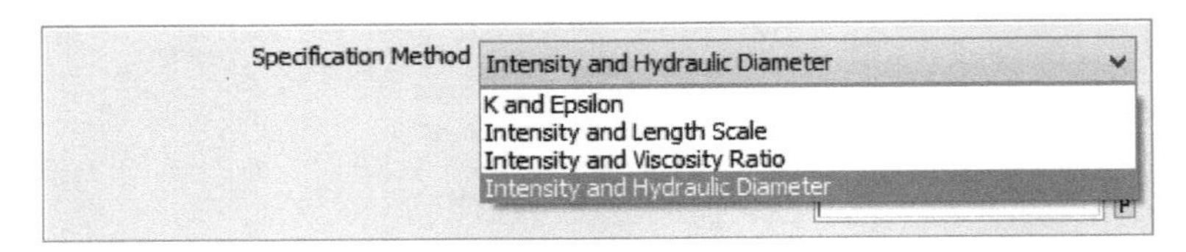

图 5-27 湍流组合方式

湍流边界中的一些物理量的计算方式：

1. 湍流强度（Turbulence Intensity）

湍流强度 I 定义为速度脉动的均方根 u' 与平均速度 u_{avg} 的比值。其计算方式为

$$I = \frac{u'}{u_{avg}} = 0.16(Re)^{-1/8} \quad (5\text{-}5)$$

当雷诺数 Re 为 50000 时，根据式（5-5）计算出湍流强度约为 4%。通常 $I<1\%$ 称为低湍流强度，$I>10\%$ 称为高湍流强度。5% 通常称为中等湍流强度。

2. 湍流尺度（Turbulence Length Scale）

湍流尺度 l 通常用式（5-6）进行计算：

$$l=0.07L \quad (5\text{-}6)$$

其中，L 为特征尺寸。

3. 湍动能（Turbulent Kinetic Energy）

湍动能 k 可以通过湍流强度及平均速度进行估算：

$$k = \frac{3}{2}(u_{avg} I)^2 \quad (5\text{-}7)$$

4. 湍流耗散率（Turbulent Dissipation Rate）

湍流耗散率 ε 可以利用湍动能、湍流尺度进行估算：

$$\varepsilon = C_\mu^{3/4} \frac{k^{3/2}}{l} \quad (5\text{-}8)$$

其中，C_μ 为 k-epsilon 模型的经验常数，默认值为 0.09。

5. omega 计算（Specific Dissipation Rate）

k-omega 湍流模型中的 omega 可以通过式（5-9）进行估算：

$$\omega = \frac{k^{1/2}}{C_\mu^{1/4} l} \quad (5\text{-}9)$$

6. 湍流粘度比（Turbulent Viscosity Ratio）

湍流粘度比 $\frac{\mu_t}{\mu}$ 取值范围通常为 1~10。对于雷诺数非常大的内流场，湍流粘度比可能会较大，如可能达到 100 的量级。

7. 水力直径（Hydraulic Diameter）

水力直径 D 可以利用式（5-10）进行计算：

$$D = \frac{4A}{L} \quad (5\text{-}10)$$

其中，A 为过流面积，L 为湿周长度。

Fluent 边界湍流参数的指定通常采用以上参数的组合，主要包括以下几种方式：①显式输入 k、epsilon 以及 omega；②Intensity and Length Scale；③Intensity and Viscosity Ratio；④Intensity and Hydraulic Diameter。这四种组合方式都是可相互转换的，通常任意选择一种组合方式即可。但是用户可以根据计算模型的实际情况，选择最合适的组合方式：

1）对于内流模型，通常选择湍流强度与水力直径组合。

2）对于外流场计算模型，可以选择湍流强度与长度尺度组合。

5.5 传热模型

CFD 传热模拟通常可归结为三类模型：热传导、对流以及辐射。传热计算可能被包含在一些物理过程中，如相间传热（相变）、流固共轭传热、粘性耗散、组分扩散等。

1. 传导（Conduction）

热传导遵循傅里叶定律：

$$q = -k\nabla T \tag{5-11}$$

式中 k——热传导系数；

q——传导的热量；

∇T——温度梯度。

热传导模型是最简单的传热模型，在 CFD 中固体和流体中均可考虑热传导。

2. 对流（Convection）

对流一般与流体流动耦合在一起。其换热量采用式（5-12）进行计算：

$$q = \bar{h}\Delta T \tag{5-12}$$

式中 $\bar{h}$——平均对流换热系数；

ΔT——温度差。

3. 辐射（Radiation）

通过电磁波传递的能量可以利用辐射模型进行考虑。辐射的能量用式（5-13）进行计算：

$$q = \sigma\varepsilon(T_{\max}^4 - T_{\min}^4) \tag{5-13}$$

式中，σ 为波尔兹曼常量，$\sigma = 5.6704\times10^{-8}\mathrm{W/(m^2\cdot K^4)}$。当辐射的能量与传导或对流能量相当时，需要考虑热辐射。

5.5.1 壁面热边界

Fluent 提供了 5 类壁面热边界：Heat Flux、Temperature、Convection、Radiation 和 Mixed，如图 5-28 所示。

1. Heat Flux

使用 Heat Flux 边界类型直接指定壁面上的热通量。Fluent 利用指定的热通量计算壁面上的温度：

$$T_{\mathrm{w}} = \frac{q - q_{\mathrm{rad}}}{h_{\mathrm{f}}} + T_{\mathrm{f}} \tag{5-14}$$

式中 h_{f}——流体侧的局部换热系数；

q——输入的热通量；

q_{rad}——辐射热通量；

T_{f}——与壁面相邻的流体温度。

若壁面为固体壁面，则壁面温度通过式（5-15）进行计算：

$$T_{\mathrm{w}} = \frac{(q - q_{\mathrm{rad}})\Delta n}{k_{\mathrm{s}}} + T_{\mathrm{s}} \tag{5-15}$$

式中 k_{s}——固体的热传导系数；

Δn——壁面到第一层单元中心的距离；

T_{s}——固体壁面的温度。

2. Temperature

利用 Temperature 条件直接指定壁面的温度。Fluent 利用指定的壁面温度计算热通量：

$$q = h_f(T_w - T_f) + q_{rad} \tag{5-16}$$

若为固体区域，则热通量计算公式为

$$q = \frac{k_s}{\Delta n}(T_w - T_s) + q_{rad} \tag{5-17}$$

3. Convection

当指定壁面的对流条件时，Fluent 使用式（5-18）计算壁面热通量：

$$\begin{aligned} q &= h_f(T_w - T_f) + q_{rad} \\ &= h_{ext}(T_{ext} - T_w) \end{aligned} \tag{5-18}$$

式中 h_{ext}——指定的外部对流换热系数；

T_{ext}——指定的外部温度。

4. Radiation

当指定辐射条件时，利用式（5-19）计算热通量：

$$\begin{aligned} q &= h_f(T_w - T_f) + q_{rad} \\ &= \varepsilon_{ext}\sigma(T_\infty^4 - T_w^4) \end{aligned} \tag{5-19}$$

式中 ε_{ext}——指定的外部壁面发射率；

T_∞——指定的辐射源温度。

5. Mixed

此条件混合了 Convection 条件与 Radiation 条件，热通量计算公式为

$$\begin{aligned} q &= h_f(T_w - T_f) + q_{rad} \\ &= h_{ext}(T_{ext} - T_w) + \varepsilon_{ext}\sigma(T_\infty^4 - T_w^4) \end{aligned} \tag{5-20}$$

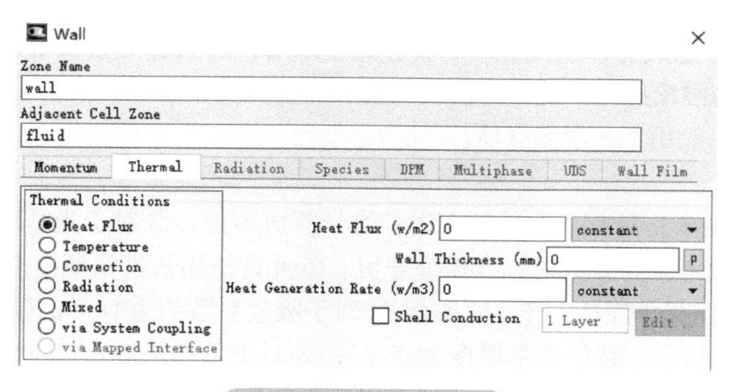

图 5-28　热边界条件

5.5.2　Fluent 中的辐射模型

Fluent 提供了众多的辐射模型，如图 5-29 所示。Fluent 中的辐射模型主要包括：Rosseland、P1、Discrete Transfer、Surface to Surface、Discrete Ordinate 以及太阳辐射模型。

1. S2S 模型

S2S 模型是一种无介质参与的辐射模型，其光学厚度为零。

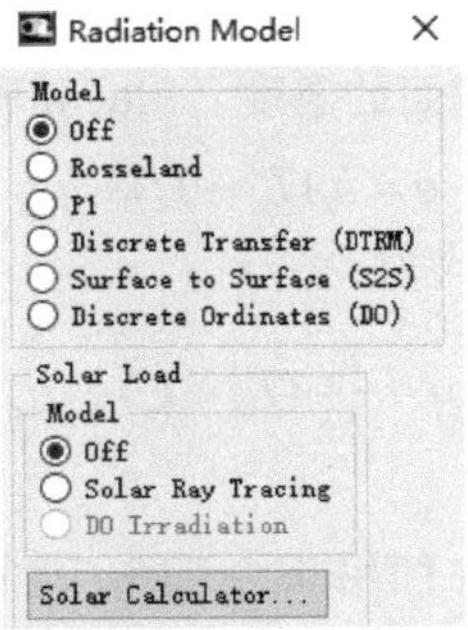

图 5-29　辐射模型

S2S 模型优势在于：

①一旦 view-factor 计算完毕后，每一次迭代的计算开销都很小；② view-factor 计算可以利用并行求解器提高计算效率；③局部热源的计算精度要优于 DO 或其他射线追踪算法；④内存或硬盘占用较少。

S2S 模型也存在一些劣势，包括：①模型假设所有的面均为漫反射；②基于灰体辐射假设；③内存和硬盘需求随着辐射面的增加而急剧增加；④无法用于模拟有中间介质参与的辐射问题（散射、发射、吸收等）；⑤不支持悬挂网格或网格自适应；⑥不严格守恒。

2.DO 模型

优势：①适用于所有光学厚度的场合；②可以考虑半透明介质中的辐射（折射和反射）；③可以考虑漫反射和镜面反射；④可进行非灰体辐射模拟。

劣势：①计算量很大；②有限数量的辐射方向可能导致数值模糊。

3.DTRM 模型

优势：简单的定向模型（可以考虑阴影效应）。

劣势：①无法考虑散射；②无颗粒 / 辐射交互作用；③当射线数量增加时，计算开销会急剧增大；④仅能考虑漫反射，不能考虑镜面反射；⑤不能使用悬挂网格；⑥不能用于并行计算；⑦模型不守恒；⑧一般用于光学薄介质。

4.P1 模型

优势：①模型简单，只有一个扩散方程；②计算成本低；③对于光学厚度大于 1 的场合计算精度较高；④可以考虑介质散射；⑤模型守恒；⑥允许使用灰带模型模拟非灰体辐射。

劣势：①只适用于光学厚度大于 1 的场合；②对于吸收系数约为 $1m^{-1}$ 的碳氢化合物燃烧问题，需要燃烧器尺度大于 1m（满足光学厚度大于 1）；③对于局部热源 / 汇的计算精度较低；④灰色气体假设；⑤仅能考虑漫反射壁面，无法考虑镜面反射。

5.Rosseland 模型

优势：①计算开销小；②无传输方程。

劣势：①适用于光学厚度非常大的场合；②无法用于密度基求解器。

5.5.3　辐射模型的选择

通常利用光学厚度来选择辐射模型。

光学厚度（optical thickness）定义为：

$$\text{optical thickness}=(\alpha+\sigma_s)L$$

其中，α 为吸收系数（absorption coefficient），σ_s 为散射系数（scattering coefficient），L 为平均辐射尺寸，通常为两个相对壁面的距离。

对于不同的光学厚度采用不同的辐射模型，见表 5-3。

表 5-3　辐射模型选择

辐射模型	光学厚度
Surface to Surface（S2S）	0
Rosseland	>3
P1	>1
Discrete Ordinates（DO）	ALL
Discrete Transfer Radiation Model（DTRM）	ALL

除了利用光学厚度进行辐射模型选择外，还需要考虑一些模型的使用限制：

1）使用 S2S 及 DTRM 模型无法使用网格自适应。

2）DTRM 模型无法使用并行计算。

对于辐射模型的工业应用选择，参见表 5-4。

表 5-4　辐射模型应用选择

应用场景	辐射模型
发动机舱	S2S、DO
前灯	DO（non-gray）
大型锅炉中的燃烧	DO、P1（WSGGM）
燃烧	DO、DTRM（WSGGM）
玻璃行业	Rosseland、P1、DO（non-gray）
温室效应	DO
紫外线消毒（水处理）	DO、P1（UDF）
暖通	DO、S2S

5.6　多相流模型

5.6.1　多相流定义

相指的是物质的状态，在现实工程应用中，物质通常具有三相：气相、液相和固相。多相流通常指的是在流动区域内存在两种或两种以上的相。其可以是包含有气体与液体的流动、气体与固体的流动或者固体与液体的流动，也可以是包含有气液固三相物质的流动。

在 CFD 计算中的多相流则具有更加广泛的含义，其可以是具有不同化学属性的材料，但具有相同的状态和相，如具有明显物质属性差异的液体 - 液体流动可以视作多相流。在多相流问题中，经常涉及主相（Primary Phase）和次相（Secondary Phase）的概念。

主相：通常可以认为是连续介质，在流动区域中占主要部分。主相也称基础相。

次相：可以认为是分散在主相中的相。在多相流中，除主相外的所有材料均为次相。可以有多种不同尺寸的颗粒次相。次相有时也称为从属相。

5.6.2　多相流形态

根据多相流动特征，可以将其分为以下几种流态：

1）气泡流。连续介质中存在离散气泡。如减震器、蒸发器、喷射装置等。

2）液滴流。连续介质中存在离散液滴。如喷雾器、燃烧室等。

3）弹性流。液相中存在大的气泡。如段塞流。

4）分层 / 自由表面流。被清晰界面分开的互不相混的液体。如自由表面流。

5）粒子流。连续介质中存在固体颗粒。如旋风分离器、吸尘器等。

6）流化床。如沸腾床反应堆。

7）泥浆流。流体中含有颗粒、固体悬浮物、沉淀、水力输运等。

各种不同多相流态如图 5-30 和图 5-31 所示。

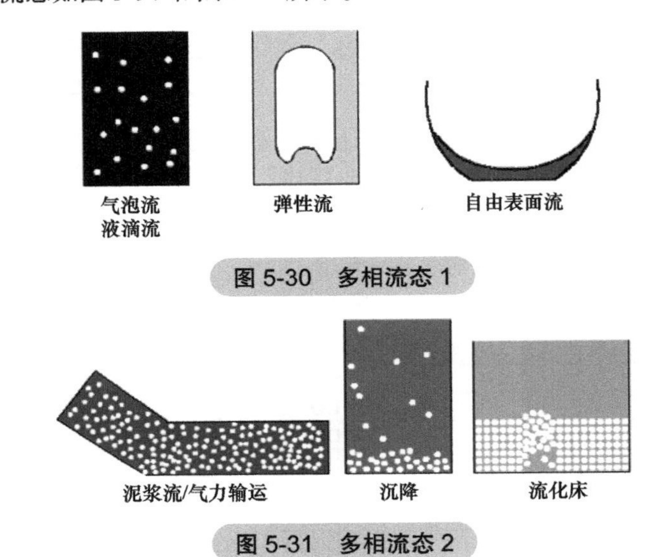

图 5-30　多相流态 1

图 5-31　多相流态 2

5.6.3　Fluent 中的多相流模型

Fluent 中计算多相流问题可以采用的计算模型有多种，具体如下。

1. Volume of Fluid 模型（VOF 模型）

VOF 模型主要用于跟踪两种或多种不相容流体的界面位置。在 VOF 模型中，界面跟踪是通过求解相连续方程完成，通过求出体积分量中急剧变化的点来确定分界面的位置。混合流体的动量方程方程采用混合材料的物质特性进行求解，因而混合流体材料物质特性在分界面上会产生突变。VOF 模型主要应用于分层流、自由液面流动、晃动、液体中存在大气泡的流动、溃坝等现象的仿真计算，其可以计算流动过程中分界面的时空分布。如图 5-32 所示为利用 VOF 模型计算的油箱晃动情况下燃油体积分布。

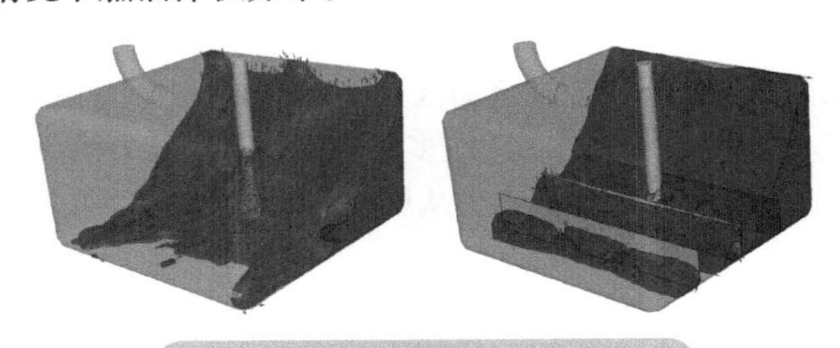

图 5-32　VOF 实例（油箱晃动）

2. Mixture 模型（混合模型）

混合模型可用于两相或多相流计算。由于在欧拉模型中，各相被处理为互相贯通的连续体，混合物模型求解的是混合物的动力方程，并通过相对速度来描述离散相。混合物模型的应用领域包括低负载的粒子负载流、气泡流、沉降、旋风分离器等。混合物模型也可以用于没有离散相相对速度的均匀多相流。如图 5-33 所示为利用 Mixture 模型计算的搅拌器流场。

混合模型是一种简化了的欧拉方法，其简化的基础是假设 Storkes 数非常小（粒子与主相的速度大小方向基本相同）。

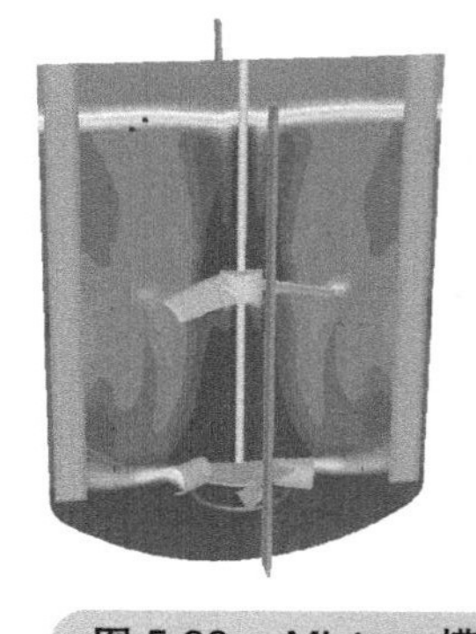

图 5-33　Mixture 模型计算的搅拌器流场

3. Eulerian 模型（欧拉模型）

欧拉模型是 Fluent 中最为复杂的多相流模型，其建立了一套包含有 n 个动量方程及连续方程求解每一相。压力项和各界面交换系数是耦合在一起的。耦合方式则依赖于所含相的情况。颗粒流与非颗粒流的处理方式是不同的。欧拉模型应用领域包括气泡柱、上浮、颗粒悬浮和流化床等。如图 5-34 所示为用欧拉模型计算三维气泡柱。

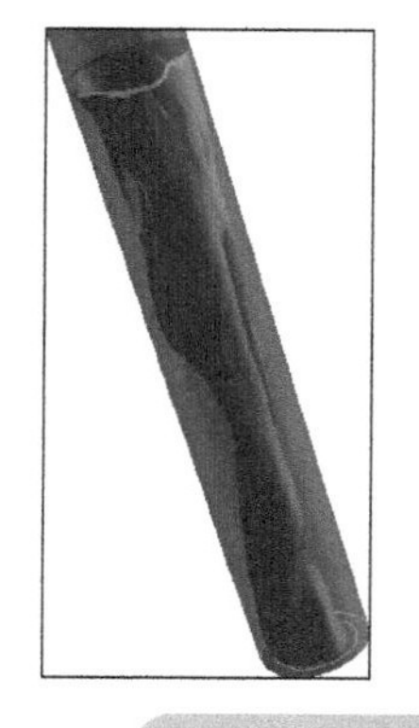
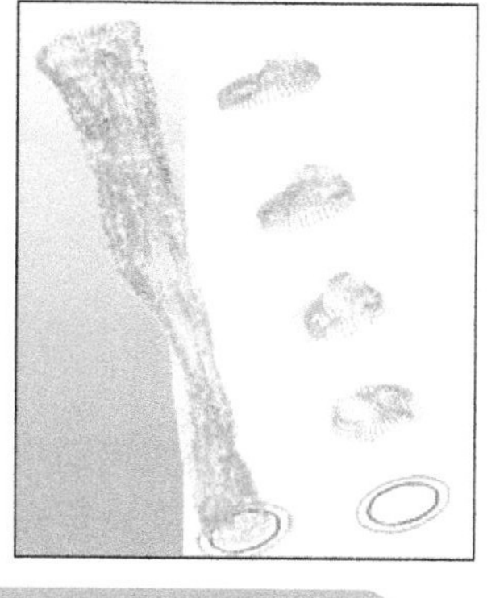

图 5-34　欧拉模型计算三维气泡柱

5.6.4　多相流模型的选择

针对不同的多相流流动情况，需要选择最合适的多相流模型。

5.6.4.1　一般选取规则

对于多相流模型，通常依据以下情况进行选择：

1）对于气泡流、液滴流、存在相混合及分散相体积分数超过 10% 的粒子负载流，使用混合模型或欧拉模型。

2）对于弹状流、活塞流，采用 VOF 模型。

3）对于分层流、自由表面流，使用 VOF 模型。

4）对于气力输运，均匀流使用混合模型，颗粒流使用欧拉模型。

5）对于流化床，使用欧拉模型。

6）对于泥浆流及水力输运，使用混合模型或欧拉模型。

7）对于沉降模拟，使用欧拉模型。

通常来说，VOF 模型适合计算分层或自由表面流动，混合模型及欧拉模型适合计算域内存在相混合或分离且分散相体积分数超过 10% 的情况（分散相体积分数低于 10% 时适合于使用离散相模型进行计算）。

对于混合模型及欧拉模型的选取，可以采取以下规则：

1）当分散相分布很广时，选择使用混合模型。若分散性只是集中于区域的某一部分，则选择使用欧拉模型。

2）若相间曳力规则可利用，使用欧拉模型可以获得更加精确的计算结果。否则选择混合模型。

3）混合模型比欧拉模型计算量更小，且稳定性好，但是精度不如欧拉模型。

5.6.4.2 量化的选取规则

可以利用一些物理量帮助用户选择更合适的多相流模型，这些物理量包括粒子负载 β 及 Stokes 数 St。

1. 粒子负载（Particulate Loading）

粒子负载定义为离散相与连续相的惯性力的比值。其定义式为

$$\beta=\frac{\alpha_{\mathrm{d}}\rho_{\mathrm{d}}}{\alpha_{\mathrm{c}}\rho_{\mathrm{c}}} \tag{5-21}$$

式中 α_{d}、ρ_{d}—— 离散相的体积分数与密度；

α_{c}、ρ_{c}—— 连续相的体积分数与密度。

定义材料密度比：

$$\gamma=\frac{\rho_{\mathrm{d}}}{\rho_{\mathrm{c}}} \tag{5-22}$$

其中，气固流动中，γ 大于 1000，液固流动中 γ 大致为 1，气液流动中 γ 小于 0.001。

可以利用式（5-23）估计粒子相间的平均距离：

$$\frac{L}{d_{\mathrm{d}}}=\left(\frac{\pi}{6}\frac{1+k}{k}\right)^{\frac{1}{3}} \tag{5-23}$$

式中，$k=\dfrac{\beta}{\gamma}$。这些参数对于决定分散相的处理方式非常重要。例如，对于粒子负载为 1 的气固流动，粒子间距 $\dfrac{L}{d}$ 大约为 8，可认为粒子是非常稀薄的（也即是说，粒子负载非常小）。

利用粒子负载，相间相互作用可以被分为以下几类：

1）非常低的粒子负载，此时相间作用为单向（也即是说，连续相通过曳力及湍流影响粒子，但是粒子不会影响到连续相流动）。离散相模型、混合模型及欧拉模型均可解决此类问题。由于欧拉模型计算开销较大，因此此类问题建议使用离散相模型及混合模型。

2）对于中等粒子负载，相间作用为双向（粒子与连续相间相互影响）。离散相、混合模型及欧拉模型均可应用于此类问题，但是在如何选择最合适的模型上，需要配合其他参数（如Stokes 数）进行综合判断。

3）对于高粒子负载情况下，相间存在双向耦合、粒子压力及粘性压力。仅仅只有欧拉模型可以解决此类问题。

2. Stokes 数

对于中等强度的粒子负载，估计 Stokes 数有助于选择最合适的模型。Stokes 数定义为粒子间响应时间与系统响应时间的比值：

$$St=\frac{\tau_{\rm d}}{t_{\rm s}} \tag{5-24}$$

式中，$\tau_{\rm d}=\frac{\rho_{\rm d}d_{\rm d}^2}{18\mu_{\rm c}}$，$\tau_{\rm c}$ 定义为特征长度 $L_{\rm s}$ 与特征速度 $V_{\rm s}$ 的比值，$\tau_{\rm c}=\frac{L_{\rm s}}{V_{\rm s}}$。

对于 $St \ll 1$ 的情况下，任意三种模型（离散相、混合模型、欧拉模型）均可使用，此时可以选择最廉价的模型（大多数情况下为混合模型）或者根据其他因素选取最合适的模型。

对于 $St>1$ 情况下，粒子运动独立于连续相流场，此时可选用离散相模型或欧拉模型。

对于 $St\approx 1$ 情况下，三种模型同样有效，用户可以选择最廉价或根据其他因素选择最合适的模型。

5.6.5 Fluent 多相流模拟步骤

在 Fluent 中使用多相流模型，通常具有以下步骤：

1. 激活湍流模型

单击 Fluent 模型树 Models，在面板中双击列表项 Multiphase，弹出如图 5-35 所示的多相流模型选择对话框，在该对话框中选择所需要使用的多相流模型。离散相模型不在此面板中设置。

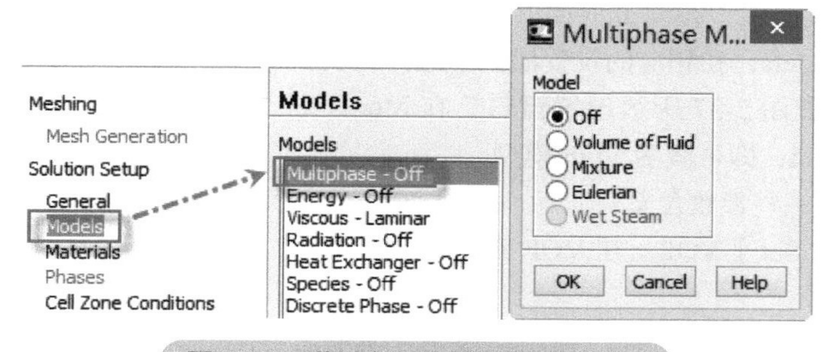

图 5-35　激活多相流模型选择对话框

2. 设置材料

从 Fluent 材料数据库中添加材料，若要定义的材料不在数据库中，还需要定义新材料。需要注意点是，若模型中包含有颗粒相，则定义材料时需要从流体材料类中选择，而不是从固体类中选择。

3. 设置 Phase

指定主相及次相，同时还需要指定相间相互作用。如在 VOF 模型中指定表面张力，在混合模型中指定滑移速度函数，在欧拉模型中指定曳力函数。

通过单击模型树节点 Phase 进行相的定义。如图 5-36 所示，选择 Phase 列表中的相，再单击 Edit... 按钮定义主相和次相，通过单击 Interaction... 按钮进行相间模型定义。

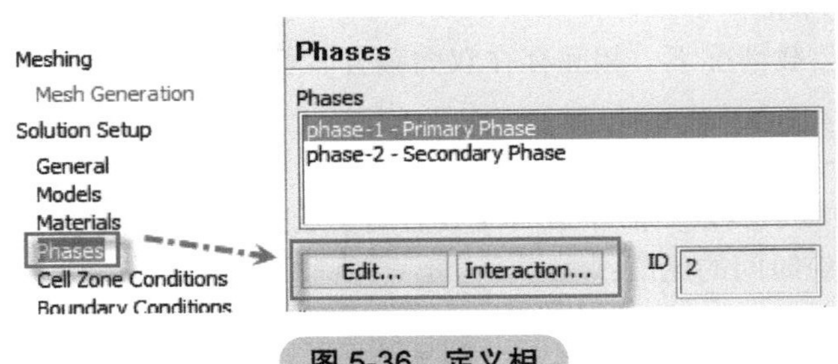

图 5-36 定义相

4. 设置操作条件

对于一些涉及重力的模型，需要在操作条件设置面板中设置重力加速度及参考密度等参数。利用模型树节点 Cell Zone Conditions，在设置面板中单击 Operating Conditions... 按钮进行操作条件设置。

5. 边界条件设置

多相流边界条件设置与单相对流动问题边界条件设置存在差别，其不仅要设置混合相的边界条件，还需要设置每一相的边界条件。

6. 其他设置

其他设置方式与单相流动问题求解设置相同，如求解方法设置、求解控制参数设置、初始化设置等。

5.6.6 VOF 模型设置

1.VOF 模型参数

VOF 多相流模型用于相间分界面的捕捉。单击 Fluent 模型树节点 Models，在相应的设置面板中选择列表项 Multiphase，弹出如图 5-37 所示设置窗口，在 Model 中选择 Volume of Fluid，即可激活 VOF 模型。

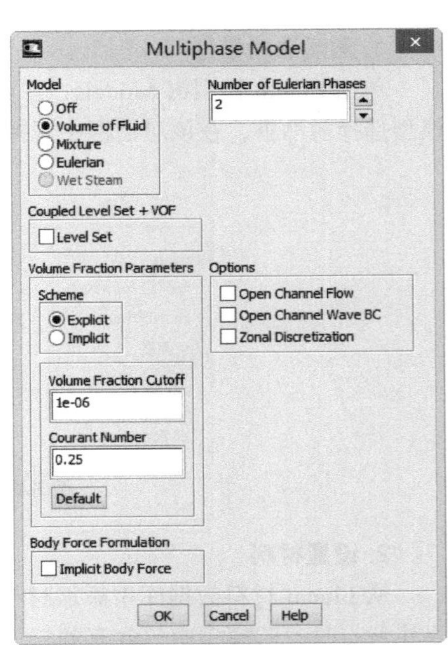

图 5-37 VOF 模型设置

设置面板中的一些参数含义：

Coupled Level Set + VOF：在 VOF 模型中耦合水平集方法。

水平集方法（Level Set）是一种广泛应用于具有复杂分解面的两相流动问题界面追踪的数值方法。在水平集方法中，分界面通过水平集函数进行捕捉及跟踪。由于水平集函数具有光滑及连续的特性，其空间梯度能够精确地进行计算，因此可以精确地估算界面曲率及表面张力引起的弯曲效应。然而，水平集方法在保持体积守恒方面存在缺陷。

VOF 方法是天然的体积守恒的，其在每一个单元内计算和追踪每一相的体积分数。VOF 方法的缺点在于 VOF 函数（特定相的体积分数）在横跨界面过程中是非连续的。

为了解决界面守恒与连续的问题，可以在 Fluent 中使用水平集方法与 VOF 方法耦合的方式进行分界面计算与追踪。

> **注意：**使用耦合水平集方法存在以下一些限制：①水平集方法只能用于两相流动区域，且两种流体互补渗透。②水平集方法仅仅只在 VOF 模型被激活时才可使用，且不允许存在传质。③水平集方法与动网格模型不兼容。④在激活 level set 选项时，建议使用几何重构（geo-reconstruct）方法。

Number of Eulerian Phases：设置相的数量。

Volume Fraction Parameters：设置 VOF 参数，主要设置 VOF 算法，包括显式（Explicit）与隐式（Implicit）。

Body Force Formulation：体积力格式。对于计算中应用了重力计算速度的模型，通常需要激活 Implicit Body Force 选项，可以增强计算稳定性。

Options：一些可选参数。包括 Open Channel Flow（明渠流动）、Open Channel Wave BC（明渠波浪边界）、Zonal Discretization（区域离散）。可以根据实际情况进行选择。

2.VOF 使用限制

在 Fluent 中使用 VOF 模型，存在以下一些限制：

1）VOF 模型只能应用于压力基求解器。在密度基求解器中无法使用。

2）每一控制体必须充满一种或多种流体。VOF 模型不允许区域中不存在任何流体的情况。

3）仅有一相可定义为可压缩理想气体，但对于使用 UDF 定义的可压缩液体则无限制。

4）流向周期流动（指定质量流率或指定压力降）无法与 VOF 一起使用。

5）二阶隐式时间步格式无法与 VOF 显式格式一起使用。

6）当利用并行计算进行粒子追踪时，在共享内存选项被激活情况下，DPM 模型无法与 VOF 模型一起使用。

5.6.7 Mixture 模型设置

1. Mixture 模型参数设置

混合模型设置与 VOF 模型相类似。单击 Fluent 模型树节点 Models，在对应面板中选择列表项 Multiphase...，弹出如图 5-38 所示的设置对话框。在 Model 中选择 Mixture 即可激活混合模型。

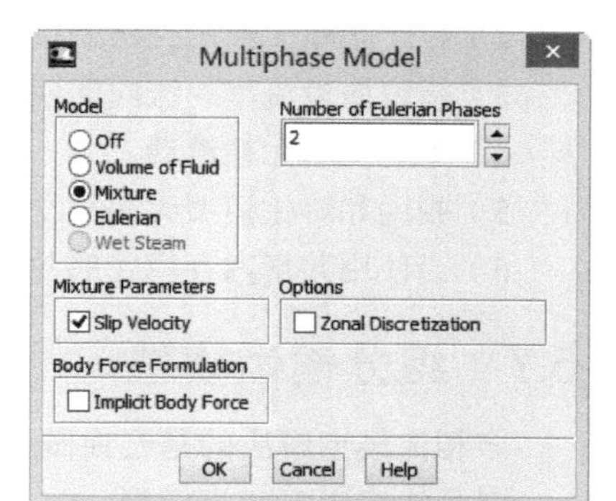

图 5-38　Mixture 模型设置

Slip Velocity：激活滑移速度选项。若激活此选项，Fluent 会计算相间滑移，否则会当作均质多相流动计算（即所有相具有相同的速度）。默认情况下该选项被激活。

混合模型的其他选项与 VOF 模型相同。

2. Mixture 模型使用限制

Mixture 模型具有以下一些使用限制：

1）只能应用于压力基求解器。在密度基求解器中无法应用混合模型。

2）仅有一相可被定义为可压缩理想气体。但是对于 UDF 定义的可压缩液体不受限制。

3）当使用混合模型时，不能指定质量流率的周期流动模型。

4）不能使用混合模型模拟凝固与融化问题。

5）在混合模型与 MRF 模型一起使用时，不能使用相对速度格式。

6）混合模型无法应用于无粘流动计算。

7）壁面壳传导模型无法与混合模型一起使用。

8）当使用共享内存并行模式计算粒子轨迹时，DPM 模型与混合模型不兼容。

混合模型与 VOF 都是采用单流体方法，它们之间的差异在于：

1）混合模型允许相间渗透。即每一网格单元内各相体积分数之和可以是 0~1 间的任何值。但是 VOF 模型每一单元内体积分数必为 1。

2）混合模型允许存在相间滑移。即各相可以具有不同的速度。但 VOF 模型各相均具有相同的速度，相间没有滑移。

5.6.8 Eulerian 模型设置

1.Eulerian 模型参数设置

单击 Fluent 模型树节点 Models，鼠标双击列表项 Multiphase... 即可激活欧拉模型（Eulerian 模型）设置对话框，如图 5-39 所示。选择 Model 中的 Eulerian 项激活欧拉模型。

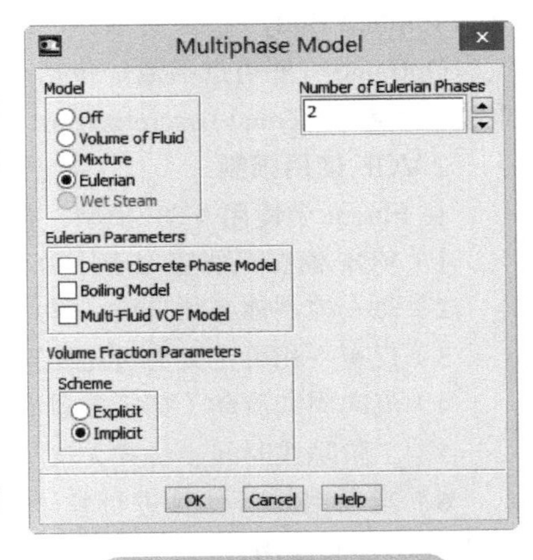

图 5-39　欧拉模型参数

对话框中一些选项参数：

Dense Discrete Phase Model：激活稠密离散相模型。

Boiling Model：激活蒸发模型。

Multi-Fluid VOF Model：激活采用多流体 VOF 模型。

Volume Fraction Parameters：界面追踪方法选择，与 VOF 模型相同。

2. Eulerian 模型使用限制

Eulerian 模型是 Fluent 中应用范围最广泛的多相流模型，但是对于以下一些情况不适用：

1）雷诺应力湍流模型无法在每一相上使用。

2）粒子跟踪（使用拉格朗日分散相模型）只与主相相互作用。

3）指定质量流率的流向周期流动模型无法与欧拉模型一起使用。

4）不能使用无粘流动。

5）凝固和熔化模型无法与欧拉模型一起使用。

6）当使用共享内存模式的并行模式进行粒子轨迹计算时，无法使用欧拉模型。

5.7　组分输运模型

多相流模型解决的是宏观概念上的多种流体混合输运问题，若多种介质处于分子混合水平上，则无法应用多相流模型。此时，应当使用组分输运模型进行解决。Fluent 提供了组分输运模型。利用组分输运模型及反应流模型，可以进行以下物理现象模拟：

1）混合物扩散及传输。如从烟囱中喷出的烟流随风扩散过程。

2）化学反应及燃烧过程。如燃烧炉中可燃物质的燃烧过程，气体燃烧和煤粉燃烧等均可以采用组分输运模型解决。

在阅读本节内容时，建议读者配合阅读一些化学反应动力学及燃烧理论方面的书籍。

5.7.1　Fluent 中的组分输运及反应流模型

鼠标单击 Fluent 模型操作树节点 Models，在右侧面板中的 Models 列表框中选择 Species 列表项，如图 5-40 所示，即可打开组分输运模型选择面板，如图 5-41 所示。

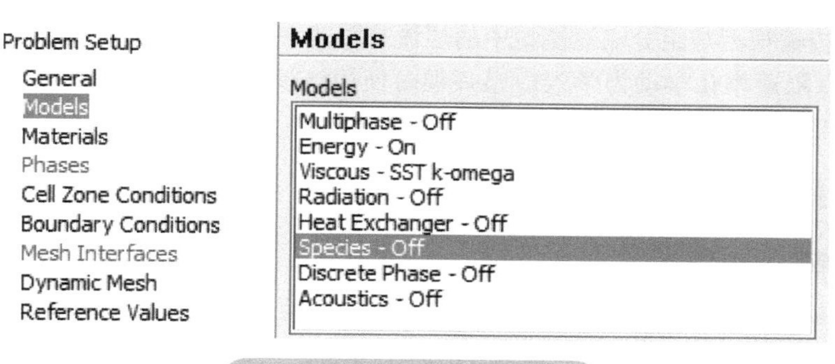

图 5-40　选择组分输运模型

如图 5-41 所示，Fluent 中包括以下几种组分模型：Species Transport、Non-Premixed Combustion、Premixed Combustion、Partially Premixed Combustion 及 Composition PDF Transport。

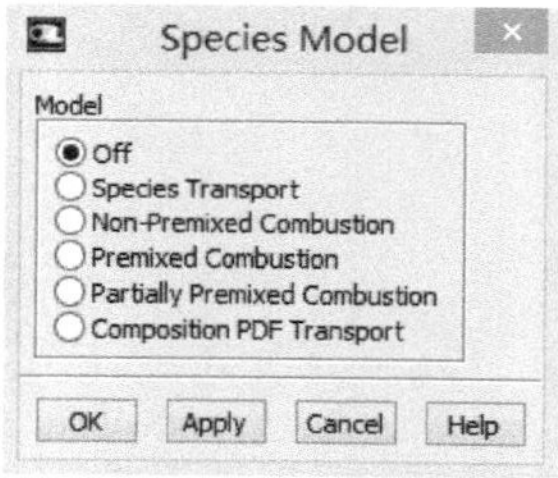

图 5-41　选择组分模型

1. Species Transport（组分输运）

组分输运模型可以用于求解组分输运过程及化学反应，包括壁面化学反应及燃烧过程。可以考虑详细化学反应机理。其包括层流有限速率模型、涡耗散模型以及涡耗散概念模型。

2. Non-Premixed Combustion（非预混燃烧）

图 5-42 所示为典型的非预混燃烧模型。燃料与氧化剂从不同的入口进入反应器。非预混燃烧模型利用混合分数方法（Mixture Fraction Function）求解计算燃烧过程。通过计算反应物及生成物的组分来间接反映燃烧过程。该模型无法在密度基求解器中使用。

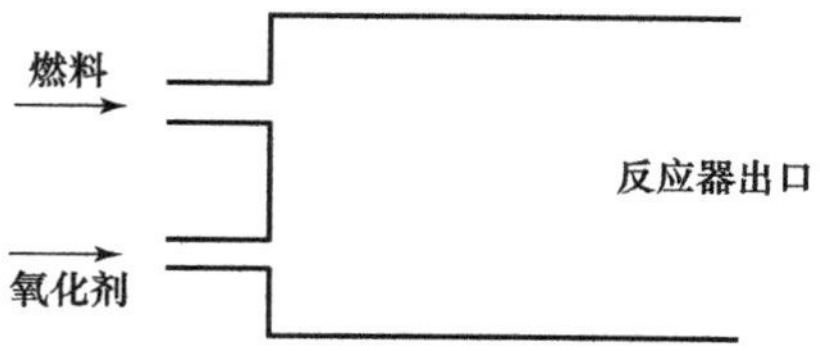

图 5-42　非预混燃烧模型

3. Premixed Combustion（预混燃烧）

图 5-43 所示为预混燃烧模型。在进入反应器之前，燃料与氧化剂在分子水平上混合。预混燃烧模型通过求解过程变量（Progress Variable）来反映火焰阵面的位置。模型无法在密度基求解器中使用。

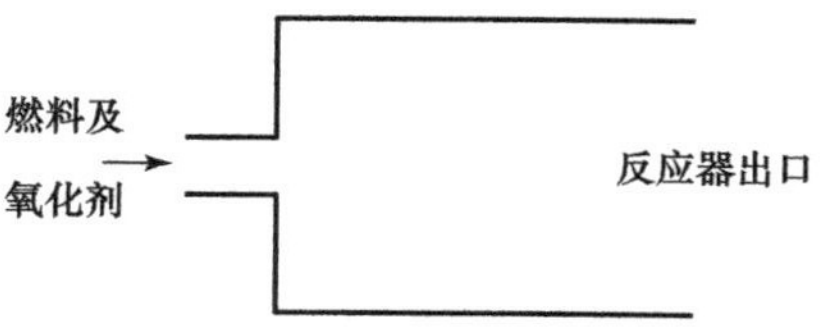

图 5-43　预混燃烧模型

4. Partially Premixed Combustion（部分预混燃烧）

部分预混模型是预混模型与非预混模型的混合，如图 5-44 所示。该模型无法与密度基求解器共用。

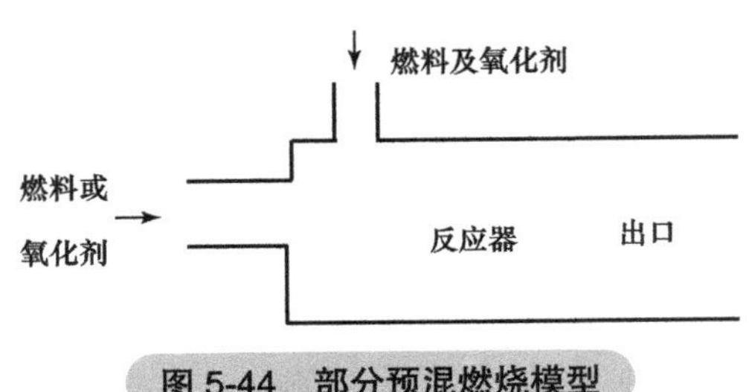

图 5-44 部分预混燃烧模型

5. Composition PDF Transport（组合 PDF 传输模型）

组合 PDF 传输模型与组分输运模型中的层流有限速率模型及涡耗散概念模型类似，当对湍流反应流中的有限速率化学动力学效应感兴趣时使用该模型。通过使用合适的化学反应机理，能够预测 CO 和氮氧化物的生成，火焰的熄灭与点火等。

5.7.2 组分输运模型前处理

5.7.2.1 无反应组分输运模型

对于不涉及化学反应的组分输运过程求解，可以采用无反应的组分输运模型。采用该模型可以求解计算组分在对流扩散过程中各组分的时空分布，其基于组分守恒定律。

可以利用如图 5-45 所示操作选择组分输运模型。

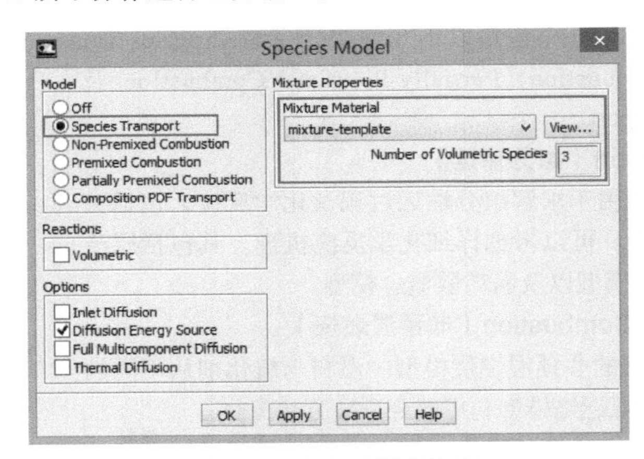

图 5-45 选择组分输运模型

在 Fluent 中使用无化学反应的组分输运模型的基本步骤：

1. 选择组分属于模型

在模型操作树 Model 节点中选择 Species Transport 模型，如图 5-45 所示。

2. 设置混合材料

组分输运模型通常涉及多组分物质，用户需要在材料模型中定义这些组分。也可以在图 5-45 所示面板中单击 View... 按钮进行混合物定义。

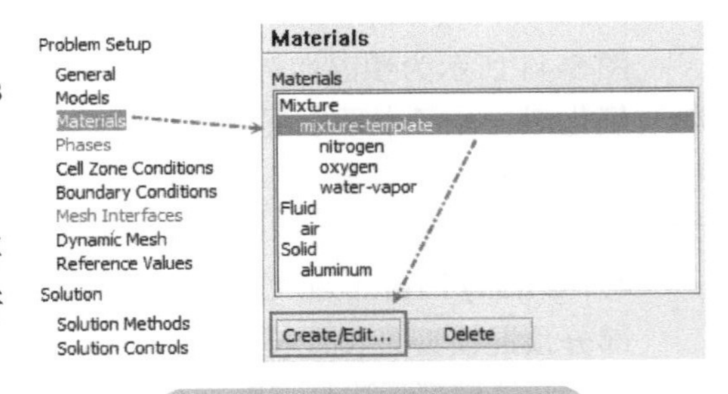

图 5-46 设置混合物材料

如图 5-46 所示，鼠标单击模型操作树节点

Materials，在右侧操作面板中的 Materials 列表框中选择混合物（该混合物名称为图 5-45 中所选择的混合物），单击 Create/Edit... 按钮进入混合物材料定义面板，如图 5-47 所示。

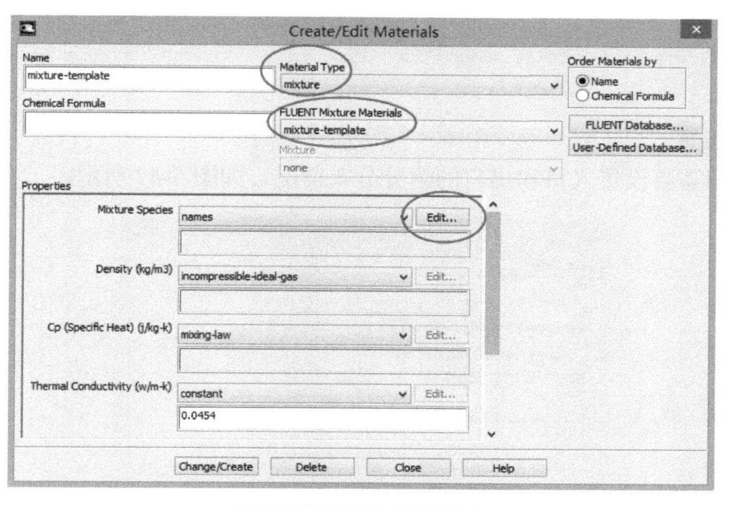

图 5-47　设置混合物

在 Material Type 下拉列表框中选择 Mixture，设置 FLUENT Mixture Materials 下拉列表框中选择前一步选择的混合物名称。

鼠标单击 Properties 中的 Mixture Species 下拉框右侧按钮 Edit...，进入混合物组分定义面板，如图 5-48 所示。

面板中的一些设置解释如下：

Available Materials：可以被添加至混合物的候选组分。选择列表项中的组分，单击按钮 Add 即可将组分添加至混合物中。添加后的组分放置于 Selected Species 列表框中。

Selected Species：已添加的组分。用户可以选择该列表中的组分，然后单击按钮 Remove 删除该组分。删除后的组分被放置到 Available Materials 列表中。

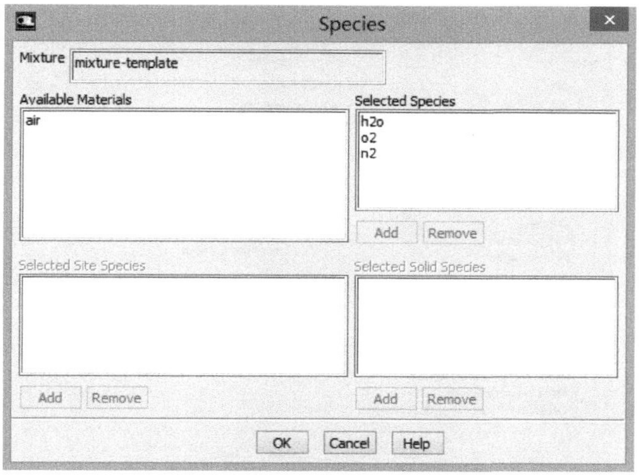

图 5-48　定义混合物组分

注意：混合组分需要进行排序，通常选择量较多的组分为最后一种组分。如燃烧现象模拟，通常选择 N_2 作为最后一种组分。Fluent 在计算时，最后一种组分的体积分数是通过前面的组分含量进行计算的。

3. 边界条件设置

组分输运模型需要设置入口和出口的组分分布情况，如图 5-49 所示。

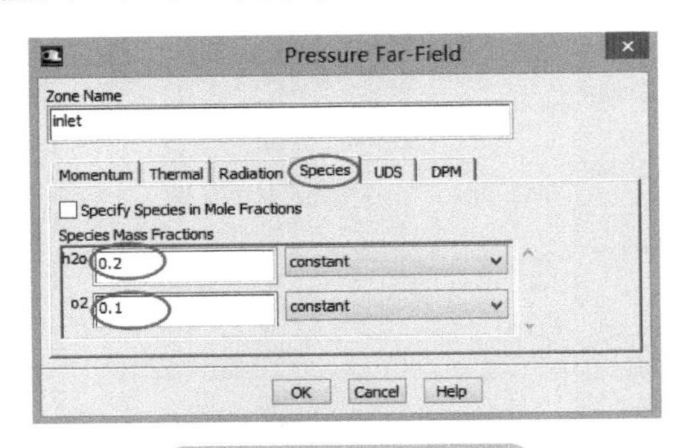

图 5-49 边界条件设置

对于入口和出口边界，通常都需要设置组分分布。需要注意的是，用户需要设置的组分比所具有的组分少一个，即最后一种组分质量分数或摩尔分数不需要设置。Fluent 软件会用 1 减去前几种组分的含量，即为最后一种组分的含量。

4. 其他设置

其他前处理设置和单组分设置相同。

5.7.2.2 有限反应速率模型

Fluent 中的有限反应速率模型主要包括层流有限速率模型（Laminar Finite-Rate）、涡耗散模型（Eddy-Dissipation）及涡耗散概念模型（Eddy-Dissipation Concept），如图 5-50 所示。

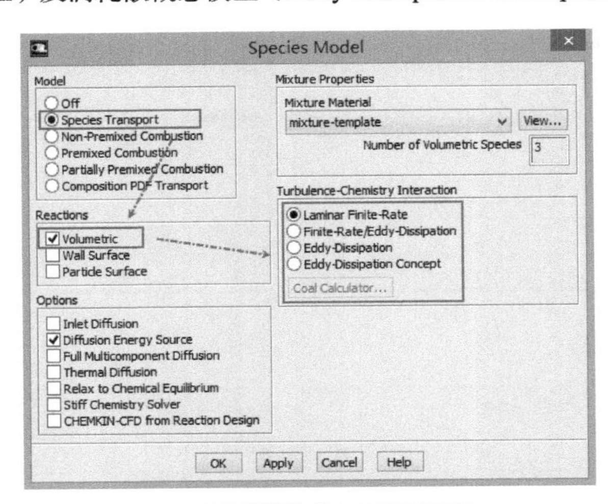

图 5-50 有限反应速率模型

如图 5-50 所示，通过选择 Species Transport → Volumetric 后，即可在 Turbulence-Chemistry Interaction 中选择反应模型。

1. 层流有限速率模型

通过计算阿累尼乌斯定律获得化学反应速率。该模型可以用于层流和湍流情况。

2. 涡耗散模型

将湍流速率作为化学反应速率，不计算阿累尼乌斯公式。该模型只能用于湍流情况，只有在选择了湍流模型后才能被激活。

3. 有限速率 / 涡耗散模型

同时计算阿累尼乌斯公式及湍流速率，取两者较小值作为化学反应速率。该模型也只能用于湍流环境下。

4. 涡耗散概念模型

计算详细化学反应动力学，用户可以自定义化学反应机理，也可以导入外部化学反应机理（如 CHEMKIN 机理）。

5.8　动区域模型

通常情况下，Fluent 在固定坐标系下（或惯性坐标系）下求解流体流动及传热方程。然而，在现实工程应用中存在较多的物理现象，用运动坐标系（或非惯性坐标系）进行求解会方便很多。这些现象如火车穿过隧道、液体晃动、水流通过螺旋推进器、轴向涡轮叶片等，如图 5-51 所示。在求解这些问题过程中，若采用静止坐标系进行求解，则运动部件所涉及的问题为瞬态计算问题，但是若采用运动坐标系进行求解，则这些问题可以化为稳态问题进行计算分析。

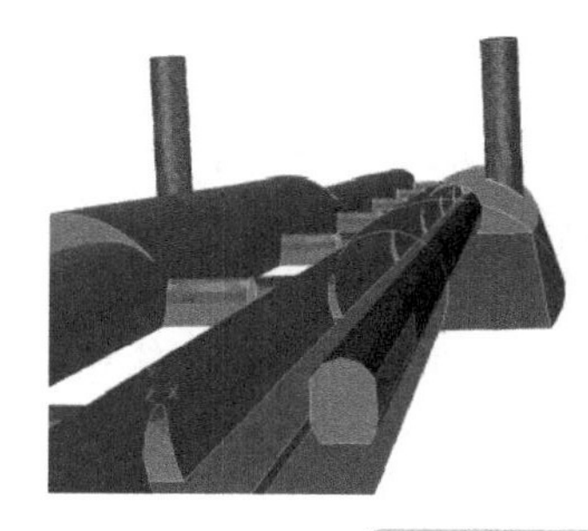

图 5-51　运动物体

前面提到的火车运动问题可以化解为以运动参考系进行求解的稳态问题：坐标系固定在火车上随火车一起运动，则大气相对火车以一定速度运动。此时由于运动坐标系固定在火车上，则建模过程中火车是相对静止的，运动的是大气。再如搅拌器中液体运动，若将参考坐标系固定于搅拌器上随搅拌器一起运动，则此时建模过程中静止部件为搅拌器，运动区域为液体。这类整体区域运动的情况，可以采用单参考系模型（Single Reference Frame，SRF）进行简化考虑。

然而现实世界中还存在同一计算域中多个不同区域运动的情况，例如，一个搅拌桶内存在多个搅拌器，此时就不能使用单参考系模型进行计算了，Fluent 中提供了多参考系模型（Multi-Phase Reference Frame，MRF）可以对此类问题进行计算求解。

除了 SRF 模型和 MRF 模型之外，为了更真实地仿真多级流体机械，Fluent 提供了混合面模型（Mixing Plane，MP），利用混合面模型可以消除流体域通道之间由于轴向变化所导致的不稳定情况（如尾迹、激波、流动分离现象等），从而得到稳态解。

无论是单参考系模型、多参考系模型还是混合面模型，它们的网格在计算过程中都是静止不动的，运动的只是参考系。Fluent 中还提供了滑移网格（Sliding Mesh）模型，利用滑移网格模型可以很方便地仿真某一计算区域网格运动的情况，对于仿真计算区域间的相互作用非常有效。相对来说，滑移网格模型也不是真正的动网格模型，其只是区域网格运动而非边界运动，若要仿真边界运动情况，需要利用到动网格模型（Dynamic Mesh），该部分内容留待后文进行讲述。

5.8.1 单运动参考系模型

单参考系模型是最简单的一种运动参考系模型。在单参考系模型中，整个计算域以规定的速度做平动或旋转运动。如图 5-52 所示为 SRF 模型典型实例。其中图 5-52 中左侧图形为离心压缩机的单叶片计算模型，右侧图形为搅拌器计算模型，两个计算模型所拥有的共同点在于：都可以利用设置计算域整体运动进行计算。

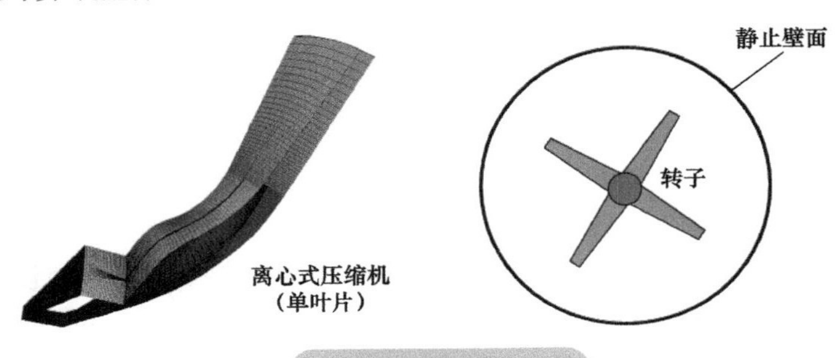

图 5-52 SRF 实例

单参考系模型既可以用于模拟计算域的平移运动，也可以用于计算域的旋转运动。但是对于单参考系旋转模型，其计算域外边界必须为以旋转中心为圆形的旋转体（圆形或圆柱面）。同时，壁面边界必须遵循以下要求：

1）与参考系一起运动的壁面可以是任意形状。例如，与泵叶轮相连的叶片可以是任意形状。在相对参考系中定义为无滑移壁面意味着运动壁面的相对速度为零。

2）对于旋转问题，用户可以定义某些壁面为绝对静止（即在静止坐标系统中为静止），但是这些壁面几何必须为以旋转中心为圆心的旋转几何体。

在单参考系模型中可以使用周期边界，但是周期边界必须以旋转轴为周期。

5.8.1.1 SRF 模型中的网格模型

对于需要利用 SRF 进行仿真计算的模型，特别是涉及旋转问题的模型，需要遵循以下一些规则：

1）对于 2D 模型来说，旋转轴必须平行于 Z 轴，亦即几何模型必须在 XY 面上。

2）对于 2D 轴对称模型，旋转轴必须为 X 轴

3）对于 3D 几何，用户可以使用指定的原点和旋转轴生成计算域网格。通常为方便起见，使用全局坐标原点（0，0，0）作为参考系原点，利用 X、Y 或 Z 轴作为旋转轴。但是，FLUENT 可以使用任意原点和旋转轴。

需要注意的是，在 3D 几何模型中若存在处于静止坐标系中零速度的面，这些面必须为相

应旋转轴的旋转面。若静止面为非旋转面，用户必须切割几何且使用 interface，从而使用多参考系模型或混合面模型，或者在瞬态计算中使用滑移网格模型。

例如，如图 5-53 所示的模型中左侧的模型可以使用 SRF 模型进行计算，而右侧的模型则不可以，因为内部挡板（baffle）并非是以旋转中心为圆心的旋转几何。

可以对图 5-53 右侧模型进行修正，如图 5-54 所示，对模型进行切割处理，形成两个计算区域，以 interface 进行区域间数据传递，使用 MRF、MP 或滑移网格进行计算。

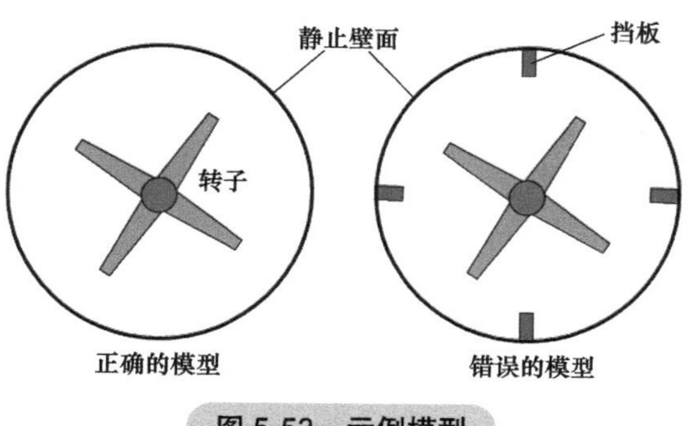

图 5-53　示例模型

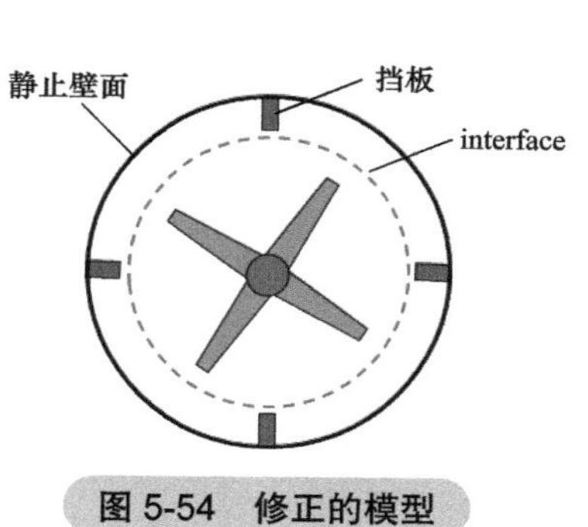

图 5-54　修正的模型

5.8.1.2　在 Fluent 中使用 SRF 模型

在 Fluent 中应用 SRF 模型通常采用以下步骤：

Step 1： 选择速度格式

在启动 Fluent 软件，并导入计算网格之后，通常需要设置 General 面板，如图 5-55 所示。在该设置面板中，需要设定速度格式。Fluent 中提供的速度格式包括：绝对速度（Absolute）与相对速度（Relative）。

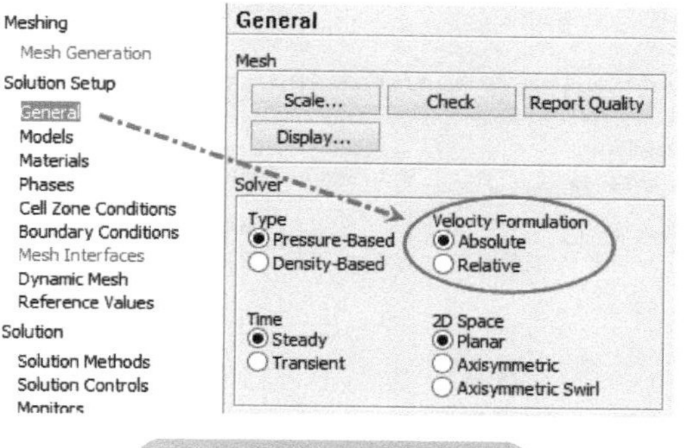

图 5-55　选择速度格式

小技巧： 建议使用相对速度格式，以最小的速度影响最大范围的流体域，从而减小求解误差并提高求解精度。绝对速度格式通常用于流体域中大部分区域为静止的情况（如大空间中的风扇），而相对速度格式则适用于大部分流体域为运动的情况（如拥有大搅拌桨的混合容器）。

例如，对于图 5-56 所示的两个模型，左侧模型拥有大的计算域和小的运动件，因此适合于使用绝对速度格式，而对于右侧的模型，则适合于使用相对速度格式。

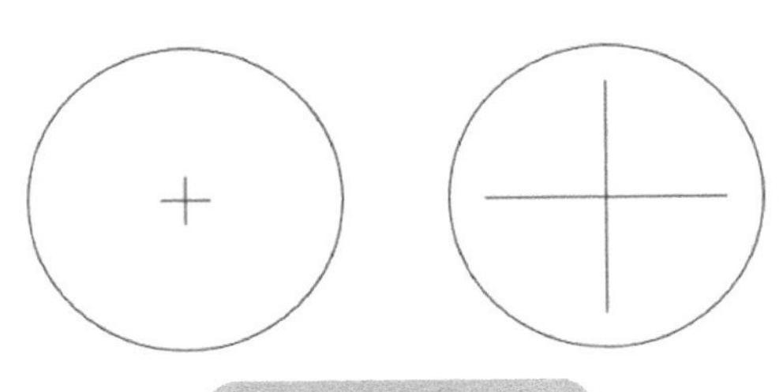

图 5-56　示例模型

> **注意：** 在使用密度基求解器情况下，通常使用的是绝对速度格式。相对速度格式无法在密度基求解器下使用。

Step 2： 设置计算域

如图 5-57 所示，鼠标单击 FLUENT 模型树节点 Cell Zone Conditions，在右侧面板中选择相应的计算域，并单击 Edit... 按钮进行计算域设置。

如图 5-58 所示为计算域设置面板。在第一个标签页 Reference Frame 中可以进行 SRF 模型设置。

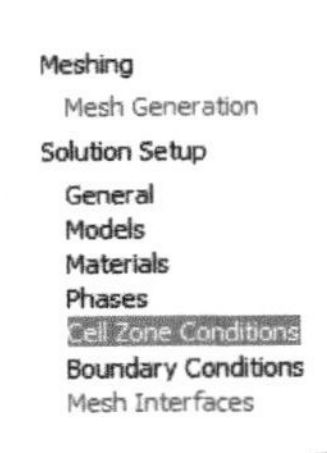

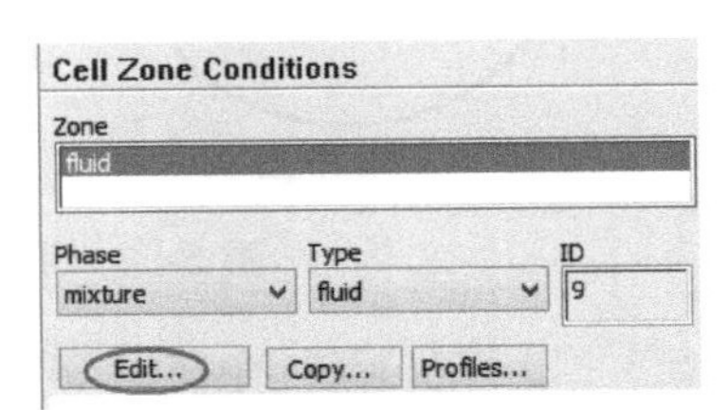

图 5-57　计算域设置

图 5-58　计算域设置

通过激活选项 Frame Motion 可以激活动参考系模型。而激活 Mesh Motion 则使用的是滑移网格模型。

Relative To Cell Zone：若进行嵌入式区域模拟，可以指定相对运动的区域。

UDF：可以指定区域运动 UDF，通常使用 DEFINE_ZONE_MOTION 宏。

Rotation-Axis Origin：设置旋转中心的 X、Y、Z 坐标。

Rotation-Axis Direction：旋转方向向量。通常可以利用右手定则确定旋转方向。

Rotational Velocity：设置旋转速度。

Translational Velocity：设置平移速度。

Copy to Mesh Motion：可以将动参考系模型拷贝为滑移网格模型。

Step 3：边界条件设置

当使用了参考系模型后，在设置进出口边界条件时可以选择绝对值（Absolute）或相对值（Relative），还可以设置壁面运动边界。

当壁面边界速度与运动区域速度一致时，可以设置壁面运动为 Relative to Adjacent Cell Zone 为 0，若壁面边界速度为绝对静止时，可以设置该壁面边界运动为 Absolute 速度值为 0。

5.8.1.3　SRF 模型求解策略

求解运动参考系问题存在一些特殊的困难。要面对的主要问题在于当旋转对流场影响较大时动量方程之间存在高度的耦合。高度旋转会引入大的径向压力梯度，从而在径向及轴向方向驱动流动，并由此导致流场中漩涡的重新分布。这些耦合可能导致求解过程的不稳定，因此需要一些特殊的求解技术以获取收敛的计算结果。这些技术包括：

1）选择合适的速度格式。（仅用于压力基求解器）

2）使用 PRESTO! 算法，该算法适用于求解存在陡峭压力梯度的旋转问题。（仅适用于压力基分离求解器）

3）确保网格拥有足够的密度以求解大的压力梯度及旋转速度梯度。

4）减小速度亚松弛因子，通常为 0.3~0.5，甚至更低。（仅用于压力基分离求解器）

5）在求解初期使用较小的速度，再逐步将旋转速度增加至最终的目标条件。

5.8.2　多运动参考系模型

在一些物理问题中，涉及多个运动部件或包含有非旋转体的静止面边界，此时通常需要将计算域几何分割为多个求解域，求解域之间利用 interface 进行数据传递，这类计算模型称为多运动参考系模型，如图 5-59 所示。

Fluent 中的多运动参考系模型通常包括：多参考系模型（Multiple Reference Frame Model，MRF）、混合面模型（Mixing Plane Model，MPM）及滑移网格模型（Sliding Mesh Model，SMM）。MRF 方法与 MPM 方法均为稳态求解方法，它们之间的唯一区别在于对区域分界面的处理上，而 SMM 方法为瞬态求解方法。

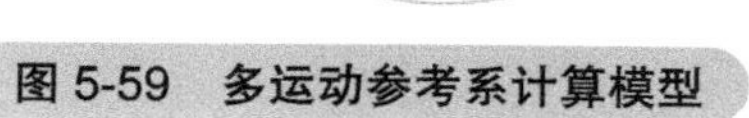

图 5-59　多运动参考系计算模型

5.8.2.1　MRF 模型概述

多参考系模型（MRF）是最简单的多运动参考系模型，其为稳态求解方法，可以对独立的计算区域指定不同的旋转或平移速度。需要注意的是，在计算过程中，MRF 模型的计算区域之间网格并不会发生相对运动（计算区域的网格在计算过程中不会发生运动）。这类似于在指定位置冻结运动部件，在相应位置的转子上观察瞬态流场，因此，MRF 方法常常被称为冰冻转子方法（frozen rotor approach）。

尽管 MRF 方法是一种近似方法，但是在很多场合依然可以提供可信的计算结果。例如，MRF 模型可以用于转子与静子间作用较弱的旋转机械问题，以及旋转区域与静止区域存在简单分界面的问题。例如，在混合容器中，当叶片挡板之间相互作用相对较弱，不存在大尺度的瞬态效应情况下，可以使用 MRF 模型进行计算分析。

MRF 模型的另一主要用途在于为瞬态滑移网格计算提供初始值。

5.8.2.2 MRF 模型使用限制

MRF 在使用过程中存在以下一些限制条件：

1）分界面上法向速度必须为零。即对于平移运动区域，运动边界必须平行于平移速度向量；对于旋转问题，分界面必须为以旋转轴为旋转中心的旋转面。

2）严格地说，MRF 方法仅仅对于稳态计算有意义。但是，Fluent 允许用户使用 MRF 求解瞬态问题。在这种情况下，瞬态项会添加至所有的控制方程中。用户应当对计算结果进行仔细考虑，因为对于此类瞬态问题，使用滑移网格更加合适。

3）Fluent 使用相对速度绘制粒子轨迹及流线。对于无质量粒子，结果流线基于相对速度绘制。对于有质量的粒子，轨迹显示是无意义的，同样，耦合离散相计算也是无意义的。

4）用户不能使用相对速度格式的 MRF 模型模拟轴对称旋转问题。此时应该使用绝对速度格式。

5）平移及旋转速度为常数（不能使用随时间变化的速度值）。

6）相对速度格式不能应用于联合了 MRF 与混合模型的计算中。对于此类问题，通常使用绝对速度格式。

用户可以通过 TUI 命令 mesh/modify-zones/mrf-to-sliding-mesh 将 MRF 模型切换到滑移网格。

5.8.2.3 MRF 模型设置

在 Fluent 中设置 MRF 模型非常简单，除了与 SRF 相同的操作过程外，还需要进行网格分界面的构建。

如图 5-60 所示，单击 Fluent 模型树节点 Mesh Interfaces，在右侧的面板中单击 Create/Edit... 按钮进行网格交界面设置。

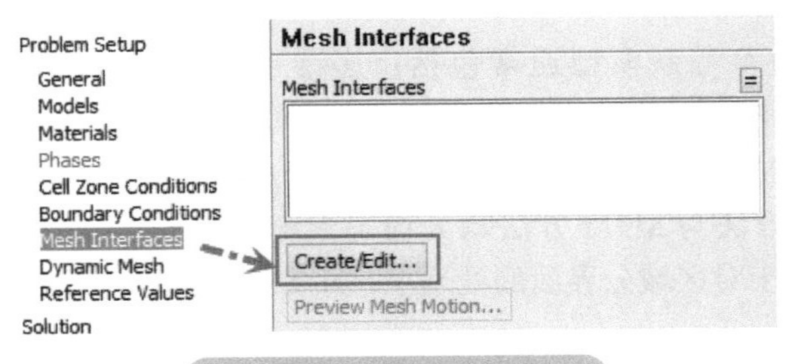

图 5-60 设置网格交界面

在如图 5-61 所示对话框中可以进行网格交界面设置。界面参数含义分别为：

Mesh Interface：可以为所构建的交界面命名。

Interface Zone 1：选择第一个 interface 类型的边界面。

Interface Zone 2：选择与第一个 interface 面相对应的第二个 interface 面。

Interface Options：设置交界面的一些选项。这些选项包括 Periodic Boundary Condition（周期边界）、Periodic Repeats（周期循环）及 Coupled Wall（耦合壁面）。根据不同的物理模型进行选择。

参数设置完毕后，单击 Create 按钮完成交界面的创建。

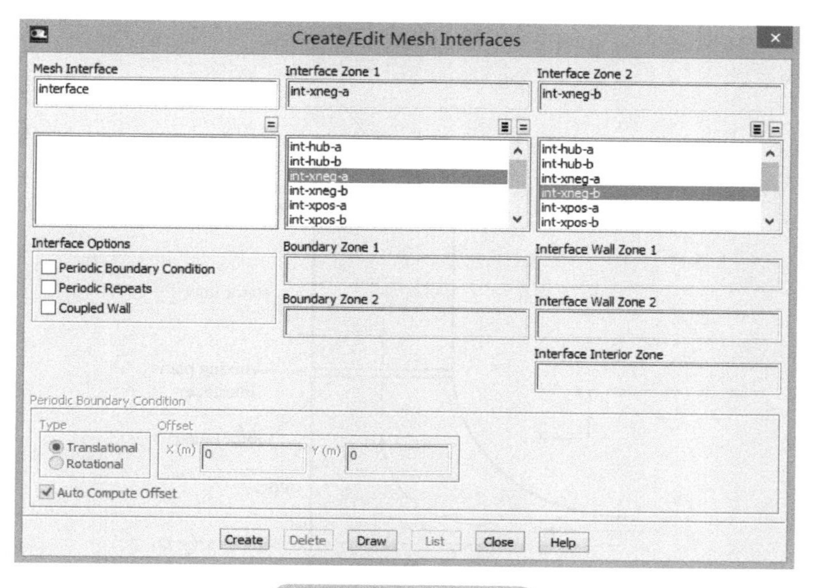

图 5-61　交界面设置

5.8.2.4　混合面模型

MRF 模型适合于分界面两侧流动近似一致的情况。对于两侧流场不一致的情况，MRF 可能无法获得有意义的求解结果。对于此类情况，使用滑移网格可能更合适。但是对于一些情况下使用滑移网格可能并不合适。例如，在多级旋转机械中，若各级间叶片数量不相等，此时可能需要建立较大数目的叶片通道以实现周期性。而且，滑移网格通常计算的是瞬态问题，因此需要更多的计算资源以达到最终的时间周期解。在这种情况下，使用滑移网格并非最好的选择，此时可以使用混合面模型进行替代。

在混合面模型（Mixing Plane Model，MPM）模型中，每一个流体域都被当作最稳态问题进行求解。相邻流体域间的流场数据在混合面上进行空间平均或混合后进行传递。分界面上的混合去除了由于圆周变化导致的非稳定性。尽管混合面模型是一个简化模型，但是对于时间平均流场仍然可以提供可信的计算结果。

5.8.2.5　限制条件

混合面模型存在一些使用限制，包括：

1）使用混合面模型时，无法使用 LES 湍流模型。

2）混合面模型无法与组分传输或燃烧模型共存。

3）VOF 模型无法与混合面模型一起使用。

4）耦合流动的离散相模型无法与混合面模型一起使用。在这种情况下只能使用非耦合的离散相模型。

5.8.2.6 混合模型中网格准备

在混合面模型中，每一个计算区域均包含进口与出口。在构建混合面过程中，进口与出口之间形成面对。如图 5-62 所示为混合面计算模型。该模型存在两个计算域（rotor 与 stator），流体从 rotor 计算域的入口流入，从 stator 计算域的出口流出，rotor 的出口与 stator 的入口构成一对混合面。

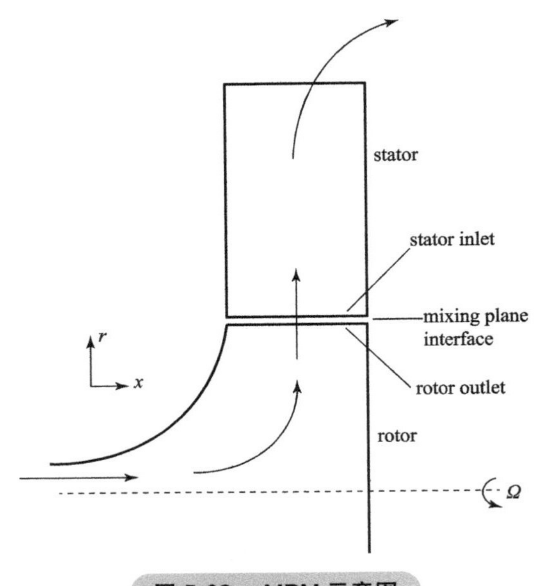

图 5-62 MPM 示意图

混合面的构成可以是以下类型的进出口组合：

1）压力出口与压力入口。

2）压力出口与速度入口。

3）压力出口与流量入口。

5.8.3 滑移网格模型

MRF 与 MPM 都忽略了分界面两侧的非定长相互作用，在一些工程应用中，当分界面两侧的相互作用不可忽略时，此时不可以利用 MRF 或 MPM 进行求解，而应当使用滑移网格进行瞬态求解。如图 5-63 所示，静子 stator 与转子 rotor 直接相互作用大体上可以分为以下几种：位势相互作用（potential interaction）、尾迹相互作用（wake interaction）及振动相互作用（shock interaction）。当这些相互作用较强烈时，通常需要采用滑移网格进行求解计算。

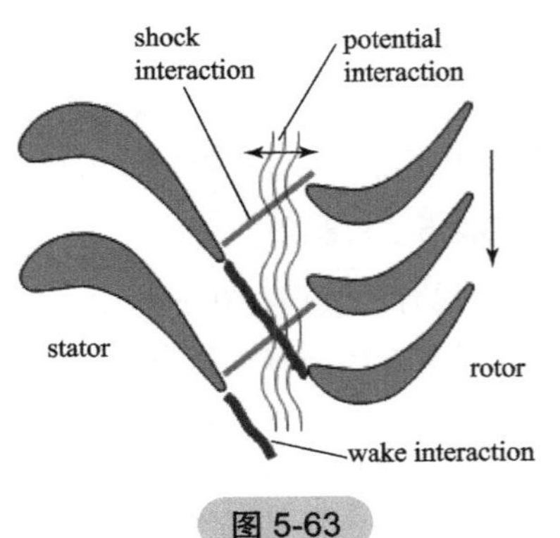

图 5-63

在 Fluent 中应用滑移网格时，常常需要满足以下一些要求：

1）网格模型包括不同的计算区域，且各部分计算域以不同的速度滑移。

2）网格分界面上必须保证没有法向运动。

3）网格分界面可以是任意形状，但需要保证分界面两侧几何一致。

4）若用户使用周期模型模拟 rotor/stator 几何，转子叶片的周期角必须与静子的周期角保持一致。

5）在创建网格交界面之前，必须保证周期区域的方向正确（不管是平移运动还是旋转运动）。

5.9 动网格模型

在前文中提到的动区域计算模型并非真正的动网格模型，它们都只是区域运动而非边界运动。其中 MRF 模型与 MPM 模型只是坐标系运动，而滑移网格模型则为计算区域网格运动。本节着重讲述动网格计算模型应用及其在 Fluent 软件中的设置。

动网格模型（Dynamic Mesh Model）可以用于模拟流体域边界随时间改变的问题。边界运动形式可以是预先定义（指定速度、角速度或位移等），也可以是预先运动形式未知（边界的运动由计算结果决定）。在 Fluent 中，网格的更新过程由程序根据迭代步中边界的变化情况自动完成。在使用动网格模型时，需要先定义初始网格、边界的运动方式，并且需要指定运动区域。在定义边界运动方式时，可以利用 Profile 文件或 UDF 对边界的运动方式进行指定。

5.9.1 Fluent 中使用动网格

在 Fluent 软件中使用动网格步骤与通常的网格计算模型类似，所不同的是激活并设置动网格模型。如图 5-64 所示，选择 Fluent 模型树节点 Dynamic Mesh，在右侧设置面板中激活选项 Dynamic Mesh，并根据模型需要设置其他参数。

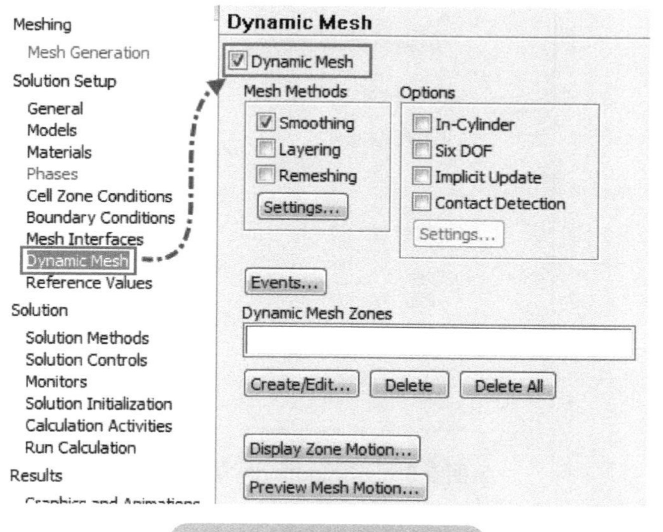

图 5-64 使用动网格模型

通常动网格需要设置的参数包括：

Mesh Methods：设置网格更新模型。包括 Smoothing、Layering 与 Remeshing。

Dynamic Mesh Zone：定义运动区域。

Display Zone Motion…：区域运动预览。

Preview Mesh Motion：网格运动预览。

另外对于特殊的模型，还存在一些可选项，这些选项包括：

In-Cylinder：建立活塞模型。

Six DOF：建立 6DOF 模型。

Implicit Update：隐式更新方法。

Contact Detection：接触检测。

5.9.2 网格更新方法

网格更新方法指的是在迭代计算过程中，由于边界的运动导致计算域网格发生改变，求解器对网格进行更新的方法。Fluent 中包含三种网格更新方法：光顺方法（Smoothing）、动态层方法（Layering）及网格重构（Remeshing）。

5.9.2.1 Smoothing

鼠标选择图 5-64 中的 Smoothing 选项，单击 Settings… 按钮，弹出光顺参数设置对话框，如图 5-65 所示。

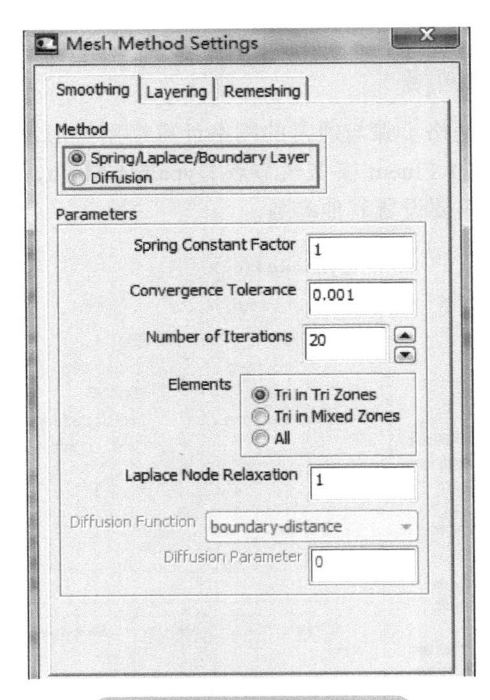

图 5-65 Smoothing 方法

Fluent 中包含有两种光顺方法：弹簧光顺（Spring/Laplace/Boundary Layer）与扩散光顺（Diffusion）。

1. 弹簧光顺

在弹簧光顺模型中，网格边被理想化为节点间相互连接的弹簧。移动前的网格间距相当于边界移动前由弹簧组成的系统处于平衡状态。在网格边界节点发生位移后，会产生与位移成比例的力，力的大小由胡克定律计算。边界节点移动产生的力破坏了弹簧系统原有的平衡，但是在外力作用下，弹簧系统会经过调整以达到新的平衡。亦即是说，由弹簧连接在一起的节点，将在新的位置上重新获得力的平衡。从网格划分的角度来讲，从边界节点的位移出发，根据胡克定律，经过迭代计算，最终可得到使各节点上的合力等于零的、新的网格节点位置。

在弹簧光顺模型中，网格节点相连的网格边被假定为弹簧，根据胡克定律，弹簧力由式（5-25）进行计算。

$$\bar{F}_i = \sum_j^{n_i} k_{ij}(\Delta\bar{x}_j - \Delta\bar{x}_i) \tag{5-25}$$

式中　$\Delta\bar{x}_i$、$\Delta\bar{x}_j$——节点 i、节点 j 的位移；

n_i——与节点 i 相连的节点数量；

k_{ij}——节点 i 与节点 j 之间的弹簧刚度。

节点 i 与节点 j 之间的弹簧刚度由式（5-26）定义：

$$k_{ij} = \frac{k_{\text{fac}}}{\sqrt{|\bar{x}_i - \bar{x}_j|}} \tag{5-26}$$

其中，k_{fac} 为图 5-65 中需要输入的参数 Spring Constant Factor。

当处于平衡状态时，与节点 i 相连的所有弹簧力的合力为 0。这一条件可以利用迭代进行计算：

$$\Delta\bar{x}_i^{m+1} = \frac{\sum_j^{n_i} k_{ij}\Delta\bar{x}_j^m}{\sum_j^{n_i} k_{ij}} \tag{5-27}$$

此处 m 为迭代数。当迭代计算收敛后，位置更新通过式（5-28）实现：

$$\bar{x}_i^{n+1} = \bar{x}_i^n + \Delta\bar{x}_i^{\text{converged}} \tag{5-28}$$

式中，上标 $n+1$ 与 n 分别表示下一时间步节点位置与当前时间步节点位置。

用户可以通过调整弹簧常数因子（Spring Constant Factor）以控制弹簧刚度。该参数值取值范围为 0~1。设置参数值 0 表示弹簧间没有阻尼，边界位移会对内部节点的运动产生更多的影响，取值越大，边界位移对内部节点影响越小，意味着内部产生变形的网格更多集中于边界附近位置。

图 5-65 中的参数 Convergence Tolerance 用于控制式（5-27）的收敛残差，参数 Number of Iterations 定义式（5-27）的迭代次数。式（5-27）在每一时间步中迭代采用以下标准：

1）达到指定的迭代数量。

2）达到指定的收敛标准，即满足式（5-29）。

$$\left(\frac{\Delta\bar{x}_{\text{rms}}^m}{\Delta\bar{x}_{\text{rms}}^1}\right) < \text{convergence tolerance} \tag{5-29}$$

理论上弹簧光顺模型可以用于任意网格类型，但是在非四面体网格区域（2D 模型中非三角形网格）中，最好在满足以下条件时使用弹簧光顺方法：

1）边界移动为单一方向。

2）移动方向垂直于边界。

若无法满足以上条件，则可能导致较大的网格畸变率。

默认情况下，弹簧光顺方法在非四面体或非三角形区域为非激活状态。如图 5-65 中的 Elements 选项。默认情况下，Elements 选项在 3D 模型中被设置为 Tet in Tet Zones，在 2D 模型中设置为 Tri in Tri Zones，若想在所有网格类型中都使用弹簧光顺模型，则可以选择选项 All。若模型区域为混合网格，而用户又不想在所有网格类型上使用弹簧光顺模型，则可以使用选项 Tet in Mixed Zones（或 Tri in Mixed Zones），此时仅仅在四面体或三角形上应用弹簧光顺模型。

小提示：在 Fluent14.5 以前的版本中，并没有 Elements 选项，用户可以利用 TUI 命令 /define/dynamic-mesh> dynamic-mesh? 以在所有网格类型中使用弹簧光顺模型。

2. Diffusion

扩散光顺是另一种网格光顺方法。在扩散光顺方法中，网格运动通过求解扩散方程得到，该扩散方程为

$$\nabla\cdot\left(\gamma\nabla\bar{u}\right)=0 \tag{5-30}$$

式中 $\bar{u}$ ——网格运动速度；

γ——扩散系数，用于控制边界运动对内部网格变形的影响。

在 FLUENT 中，扩散系数 γ 有两种计算方式，见式（5-31）与式（5-32）。

$$\gamma=\frac{1}{d^{\alpha}} \tag{5-31}$$

式中 d——正则边界距离。

$$\gamma=\frac{1}{V^{\alpha}} \tag{5-32}$$

式中 V——正则单元体积。

式（5-31）与式（5-32）中的参数 α 为图 5-65 中的参数 Diffusion Parameter。由于存在两种计算扩散系数的方法，因此扩散光顺也相应地有两种方式：boundary-distance 与 cell volume。可以在参数设置面板中的 Diffusion Function 组合框中进行选择。

式（5-30）求解完毕后，可以利用式（5-33）对网格节点进行更新：

$$\bar{x}_{\text{new}}=\bar{x}_{\text{old}}+\bar{u}\Delta t \tag{5-33}$$

基于 boundary-distance 的扩散光顺。利用该扩散方法允许用户以边界距离作为变量来控制边界运动扩散至内部网格节点。用户可以控制扩散参数（Diffusion Parameter）α 以间接控制扩散过程。该参数取值范围 0~2，取值为 0（默认值）意味着扩散系数 γ 值为 1，从而导致计算区域网格产生一致的扩散。大于 1 的取值将会保留更多的运动壁面附近的网格，导致远离运动边界的区域吸收更多的运动。

对于存在旋转运动的边界，建议设置 Diffusion Parameter 参数值为 1.5。

基于 Volume 的扩散光顺。基于体积的扩散光顺方法允许用户以网格尺寸作为函数定义边界运动对内部网格节点的影响。大网格吸收更多的运动，因此能更好地保证小网格的质量。

作为弹簧光顺方法的一种替代，扩散光顺方法适用于任何网格类型，用户可以在任意类型网格中使用扩散光顺方法。扩散光顺方法的比弹簧光顺方法计算开销要大，但是能够获得更好的网格质量（特别是对于非四面体 / 非三角形网格区域，或者对于质量较差的网格区域）。与弹簧光顺方法相同，扩散光顺方法更适合于平移运动边界。

5.9.2.2　Layering

动态层方法广泛应用于四边形、六面体或棱柱层网格中，这是一种应用网格合并 / 分裂方法实现网格更新。动态层模型的中心思想是根据紧邻运动边界网格层高度的变化，合并或分裂网格，即在边界发生运动时，若紧邻边界的网格层高度增大到设定阈值时，则网格会分裂为两个网格层；若网格层高度降低到一定程度，则紧邻边界的两层网格将合并为一层。

在 Fluent 模型树中单击节点 Dynamic Mesh，在右侧设置面板中激活选项 Dynamic Mesh，并选择模型 Layering，如图 5-66 所示。单击 Settings… 按钮，弹出如图 5-67 所示参数设置对话框。该参数面板中包含两种动态层方法：Height Based 与 Ratio Based。两种方法均只包含两个参数：Split Factor 与 Collapse Factor。

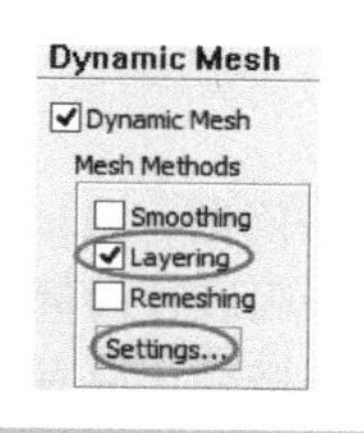

图 5-66　使用 Layering

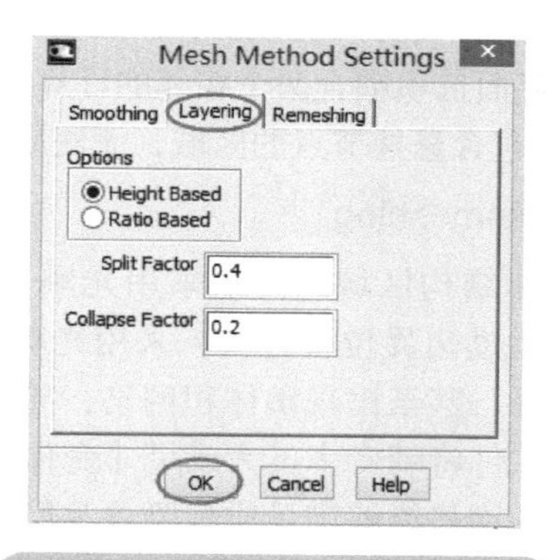

图 5-67　Layering 设置对话框

1. 动态层更新方法

如图 5-68 所示，运动边界向下运动时，网格处于拉伸状态，当式（5-34）中的条件

$$h_{\max} > (1+\alpha_s)h_{\text{ideal}} \tag{5-34}$$

得到满足时，网格层 j 会被分裂为两层。式（5-34）中 $h_{\max}$ 为网格层 j 的最大高度，α_s 为图 5-67 中的参数 Split Factor，h_{ideal} 为理想网格高度，在网格运动区域进行该参数定义。

当运动边界向上方运动时，网格处于压缩状态，当式（5-35）中的条件

$$h_{\min} < \alpha_c h_{\text{ideal}} \tag{5-35}$$

得到满足时，第 j 层网格会与第 i 层网格合并。式（5-35）中 $h_{\min}$ 为第 j 层网格最小高度，α_c 为图 5-67 中的参数 Collapse Factor。

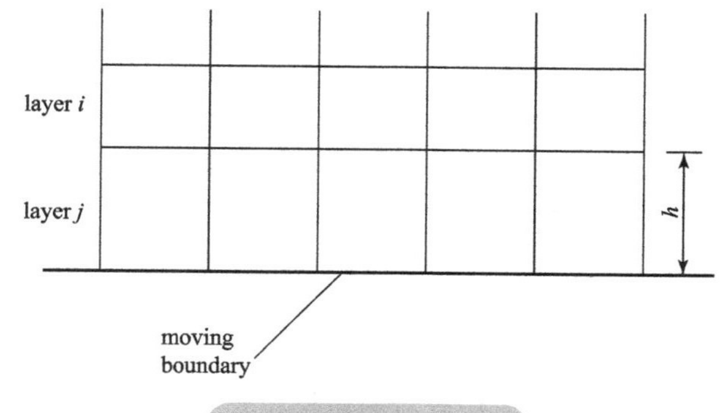

图 5-68　动态层更新

动态层方法包含两种类型：基于高度（Height based）与基于比率（Ratio Based）。当使用基于高度选项时，网格分裂或合并使用固定网格高度参数 h_{ideal}。当使用基于比率选项时，网格分裂与合并采用本地网格高度。

2. 动态层方法适用场合

使用动态层方法必须满足以下条件：

1）与运动边界相邻的网格必须是六面体或棱柱网格（2D模型中为四边形）。

2）运动边界必须为单侧边界，否则需要使用滑移交界面，如图 5-69 所示。

3）若边界面为双侧壁面，用户必须将切分面，使用耦合滑移交界面选项耦合两个相邻的计算区域。

4）在包含悬挂节点的区域，无法应用动态层技术。

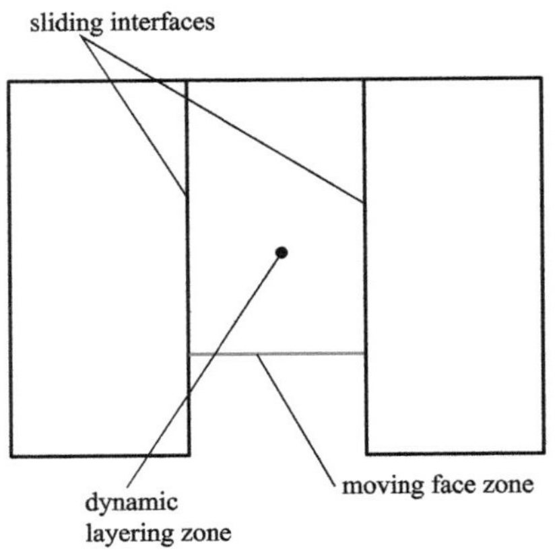

图 5-69　双侧面情况

5.9.2.3　Remeshing

对于非结构区域，可以采用光顺方法进行网格更新，但是如果运动边界位移过大，采用光顺方法可能会导致网格质量下降，甚至出现负体积网格，导致计算终止。为解决这一问题，Fluent 提供了网格重构方法，即软件将畸变率过大或尺寸变化过于剧烈的网格集中在一起进行局部网格重新划分，若重新划分的网格能够满足质量要求及尺寸要求，则用新划分的网格替代原有的网格，若新网格无法满足要求，则放弃新网格划分的结果。

在进行局部重划分之前，首先要将需要重新划分的网格识别出来。Fluent 主要利用网格畸变率与网格尺寸进行网格识别。在计算过程中，若网格尺寸大于最大尺寸或小于最小尺寸，或网格畸变率大于设定的畸变率，则该网格会被标记为需要重新划分的网格。在遍历所有网格并对网格进行标记之后，开始网格重划分的过程。局部网格重构不仅可以调整体网格，还可以调整动边界上的表面网格。

如图 5-70 所示为在 Fluent 中使用 Remeshing 网格重构的设置步骤。单击 Fluent 模型树节点 Dynamic Mesh，在右侧的面板中激活选项 Dynamic Mesh 选项，选择网格重构方法 Remeshing，单击按钮 Settings…，在弹出的参数设置对话框中 Remeshing 标签页下设置相关参数。设置对话框中的参数包括：

Remeshing Methods：网格重构方法。包括局部网格（Local Cell）、局部面（Local Face）、区域面（Region Face）、切割网格区域（CutCell Zone）及 2.5D。针对不同的网格模型，可选择合适的网格重构方法。详细使用方法可参阅 Fluent 用户文档。

Sizing Function：激活使用尺寸函数。尺寸函数控制计算区域内网格变化与运动边界间的关系。用户可以利用按钮 Use Defaults 以使用软件设置合适的参数值。通常不需人为干预。

参数项中主要设置关于网格重构的网格控制参数，包括：

Minimum Length Scale：最小网格尺寸。当网格尺寸低于该参数值时触发网格重构。

Maximum Length Scale：最大网格尺寸。当网格尺寸大于该参数值时触发网格重构。

Maximum Cell Skewness：最大网格畸变。当网格畸变率大于该参数值时触发网格重构。

Mesh Scale Info…：单击该按钮可以查看网格尺寸基本信息，利用该信息可以帮助进行参数设置。

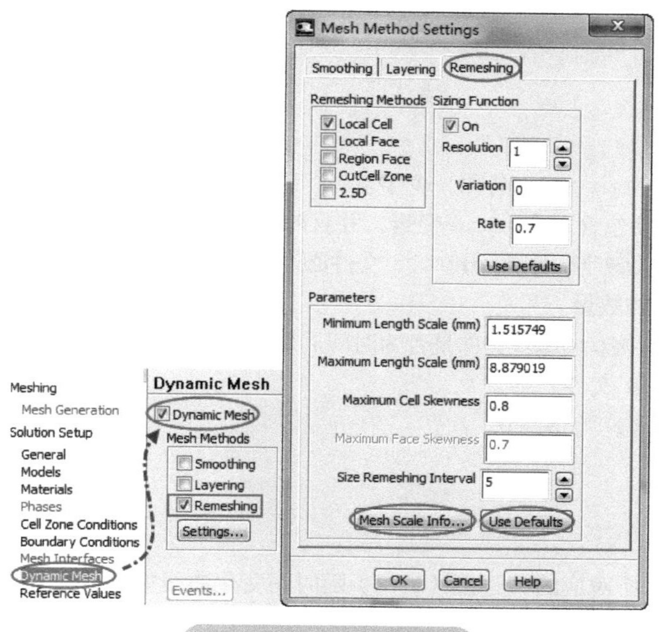

图 5-70　使用网格重构

Use Defaults：使用默认值。Fluent 会根据模型参数值提供一个推荐参数组合。用户可以利用该按钮进行重构参数设置。一般来说无须进行过多的设置。

需要注意的是，局部重构模型适用于四面体网格和三角形网格。在定义了动边界之后，如果在动边界附近同时定义了局部重构模型，则动边界上的表面网格必须满足以下条件：

1）需要进行局部调整的表面网格必须是三角形（三维）或直线（二维）。

2）将被重新划分的面网格单元必须紧邻动网格节点。

3）表面网格单元必须处于同一个面上并且构成一个循环。

4）被调整单元不能是对称面（线）或正则周期边界的一部分。

5.9.3　运动指定

在 FLUENT 中指定边界的运动主要有两种方式：使用瞬态 Profile 文件或 UDF。对于一些简单的运动形式，可以使用 Profile 文件进行指定，而对于较为复杂的函数型运动，则需要利用 UDF 进行描述。

5.9.3.1　瞬态 Profile

利用瞬态 Profile 文件是最为简单的运动指定方式。Profile 文件可以利用文本编辑器（如记事本、写字板之类的文本编辑软件）进行编写，在 Fluent 中利用菜单 File → Read → Profile... 读取文件。

瞬态 Profile 文件有两种书写格式：标准格式与列表格式。

1. 标准格式

标准格式的 Profile 文件格式如下：

```
((profile-name transient n periodic?)
(field_name_1 a1 a2 a3 ...... an)
```

```
(field_name_2 b1 b2 b3 ...... bn)
.
.
(field_name_r r1 r2 r3 ...... rn))
```

Profile-name 为 profile 名称，少于 64 个字符。

field_name 必须包含一个 time 变量，并且时间变量必须以升序排列。

transient 为关键字，瞬态 profile 文件必须包含此关键字。

n 为每一个变量的数量。

periodic?标志该profile文件是否为时间周期，1 表示为时间周期文件，0 表示非周期文件。

例如下列 Profile 文件：

```
((move transient 3 1)
(time 0 12)
(v_x353)
)
```

该 Profile 文件所对应的 X 速度（v_x）随时间变化曲线如图 5-71 所示。

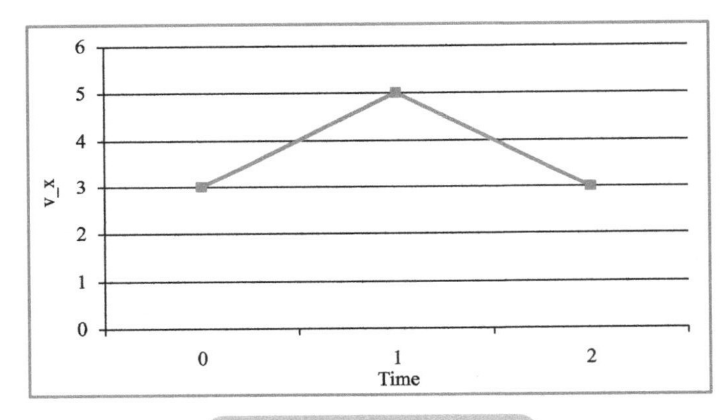

图 5-71 Profile 速度分布

> **小技巧：** 在 Profile 文件中经常使用的变量名称包括 time（时间）、u 或 v_x（x 方向速度）、v 或 v_y（y 方向速度）、w 或 v_z（z 方向速度）、omega_x（x 方向角速度）、omega_y（y 方向角速度）、omega_z（z 方向角速度）、temperature（温度）等。Profile 文件中的数据单位均为国际单位制。

2. 表格格式

除了标准格式，还可以利用表格形式书写 Profile 文件。其格式为：

```
Profile-name n_field n_data periodic?
field-name-1 field-name-2 field-name-3 ...... field-name-n
v-1-1 v-2-1 v-3-1 ...... v-n-1
v-1-2 v-2-2 v-3-2 ...... v-n-2
```

```
v-1-3 v-2-3 v-3-3 …… v-n-3
.
v-1-n v-2-n v-3-n …… v-n-n
```

n_field 为变量数量，n_data 为数据数量。且第一个变量名应当为 time，且后续列中时间项数据必须为升序排列。Periodic? 与标准格式含义相同（1 表示时间周期，0 表示非时间周期）。

对于标准格式中的示例，利用表格格式可以按以下格式编写：

```
move 2 3 0
time v_x
0 3
1 5
2 3
```

瞬态 profile 文件的读取需要利用 TUI 命令：file/read-transient-table

5.9.3.2 动网格中的 UDF

对于一些复杂的边界运动，需要借助 UDF 实现。动网格模型中利用到 UDF 宏主要包括：

1）DEFINE_CG_MOTION 用于控制刚体运动。

2）DEFINE_GEOM 控制变形体运动。

3）DEFINE_GRID_MOTION 控制变形体的边界运动。

4）DEFINE_DYNAMIC_ZONE_PROPERTY 定义动网格属性，包括旋转中心（In-Cylinder 模型中）及网格层高度。

1. DEFINE_CG_MOTION 宏

该宏形式为：DEFINE_CG_MOTION（name，dt，vel，omega，time，dtime）

参数含义：

name：UDF 名称。

Dynamic_Thread *dt：存储用户所定义的动网格参数的指针。

real vel[ ]：线速度。

real omega[ ]：角速度。

real time：当前时间。

real dtime：时间步长。

该宏无返回值。宏名称 name 由用户指定，dt、time、dtime 为 Fluent 自动获取，vel 与 omega 由用户指定并传递给 Fluent。

2. DEFINE_GEOM

```
DEFINE_GEOM(name, d, dt, position)
```

参数含义：

symbol name：UDF 名称。

Domain *d：指向域的指针。

Dynamic_Thread *dt：存储动网格属性或结构的指针。

real *position：用于指定 x、y、z 位置的数组。

3. DEFINE_GRID_MOTION

```
DEFINE_GRID_MOTION(name, d, dt, time, dtime)
```

参数含义：

symbol name：UDF宏名称。

Domain *d：指向区域的指针。

Dynamic_Thread *dt：存储动网格结构及属性的指针。

real time：当前时间。

dtime：时间步长。

4. DEFINE_DYNAMIC_ZONE_PROPERTY

宏定义：DEFINE_DYNAMIC_ZONE_PROPERTY（name, dt, swirl_center）

参数含义：

name：UDF名称。

Dynamic_Thread *dt：存储动网格参数的指针。

Real *swire_center：一维数组，定义旋转中心的x、y、z坐标。

第三个参数也可以用于定义网格层高度。此时宏的第三个参数为一个实数指针，直接赋予高度值即可。

5.9.4 运动区域定义

在Fluent动网格设置中，需要定义运动区域。如图5-72所示，在Fluent模型树中单击节点Dynamic Mesh，在右侧面板Dynamic Mesh Zones中单击按钮Create/Edit...，在弹出的设置对话框中进行运动区域的创建及修改。

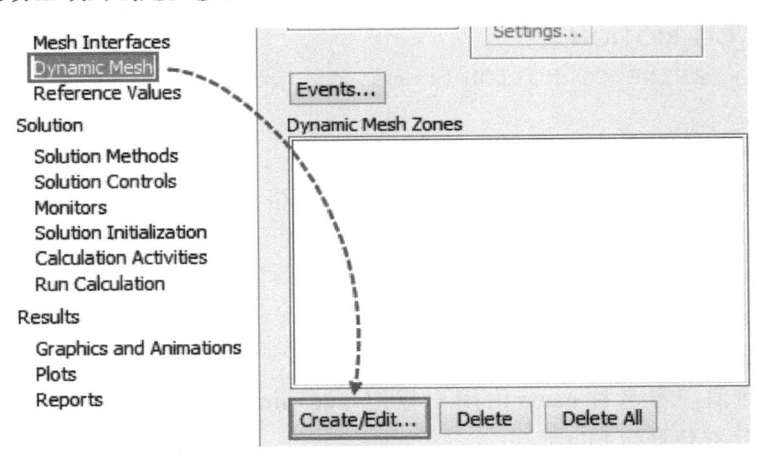

图5-72 定义运动区域

如图5-73所示为弹出的运动区域定义对话框。在该对话框中，用户可以指定相应边界的类型及运动形式。从图5-73中可知，Fluent中运动区域可分为以下几种类型：

1）Stationary。静止类型，默认情况下所有壁面为该类型。

2）Rigid Body。刚体类型。使用最多的一种类型。通常为一些不可变形的运动部件。

3）Deforming。变形体类型。使用较多，在计算过程中形体可以改变。

4）User Defined。用户自定义类型。可以利用UDF宏定义该部件的运动形式。

5）System Coupling。用于双向流固耦合计算的边界类型。

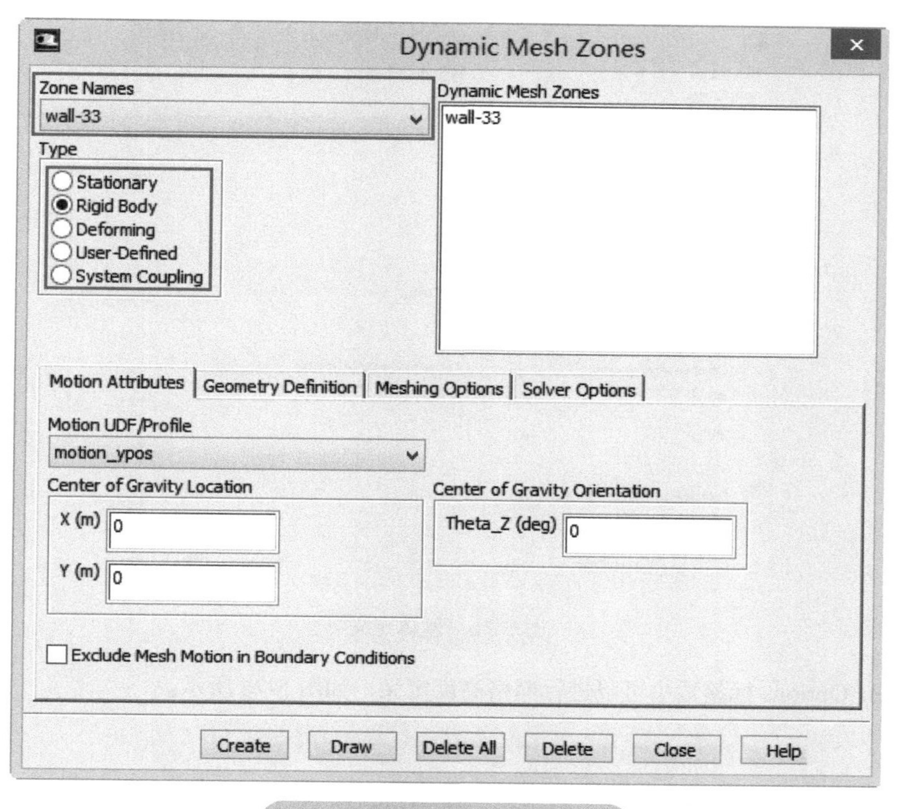

图 5-73 运动区域定义对话框

5.9.4.1 静止部件（Stationary）

静止部件为默认类型，通常情况下无须进行指定。在该类型定义中用户可以指定网格高度。在 Type 中选择 Stationary 之后，在下方的标签页 Meshing Options 可以指定参数 Cell Height，该参数值可以为常数，也可以为编译后的 UDF 宏 DEFINE_DYNAMIC_ZONE_PROPERTY，如图 5-74 所示。

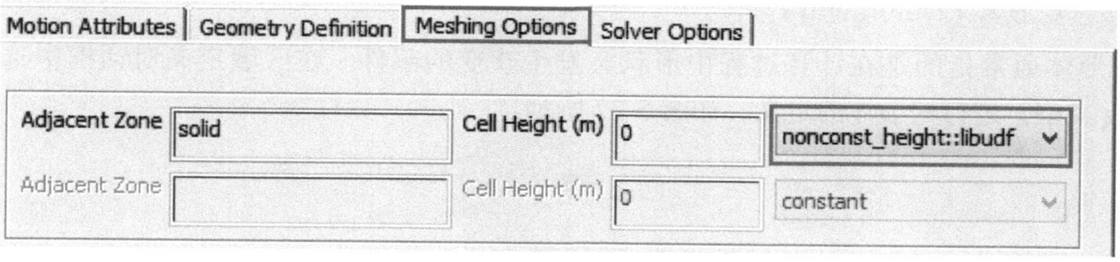

Motion Attributes | Geometry Definition | Meshing Options | Solver Options

Adjacent Zone solid　Cell Height (m) 0　nonconst_height::libudf

Adjacent Zone　Cell Height (m) 0　constant

图 5-74 定义静止域

5.9.4.2 刚体（Rigid Body）

如图 5-75 所示为刚体定义。在 Type 中选择 Rigid Body，在 Motion Attributes 标签页中设置刚体运动及部件重心位置。在 Motion UDF/Profile 中选择编译后的 UDF 宏 DEFINE_CG_MOTION，在 Center of Gravity Location 中定义中心坐标。

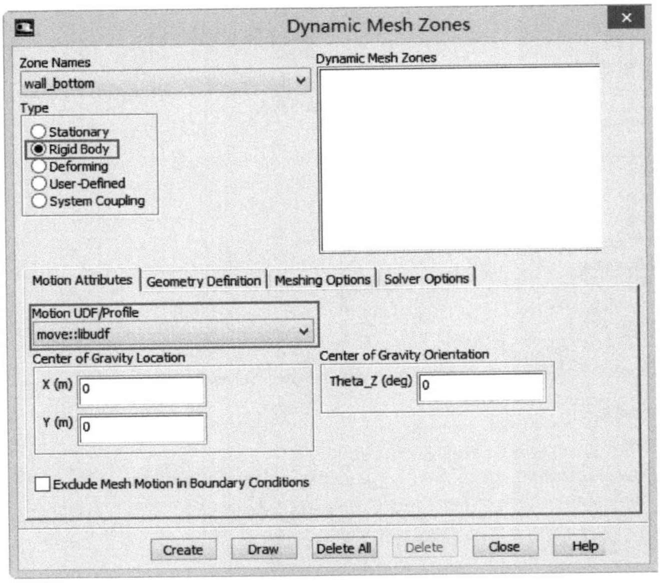

Dynamic Mesh Zones
Zone Names
wall_bottom
Dynamic Mesh Zones
Type
Stationary
Rigid Body
Deforming
User-Defined
System Coupling
Motion Attributes
Geometry Definition
Meshing Options
Solver Options
Motion UDF/Profile
move::libudf
Center of Gravity Location
X (m) 0
Y (m) 0
Center of Gravity Orientation
Theta_Z (deg) 0
Exclude Mesh Motion in Boundary Conditions
Create
Draw
Delete All
Delete
Close
Help

图 5-75　刚体定义

Meshing Options 标签页中可以进行网格高度定义，如图 5-76 所示。

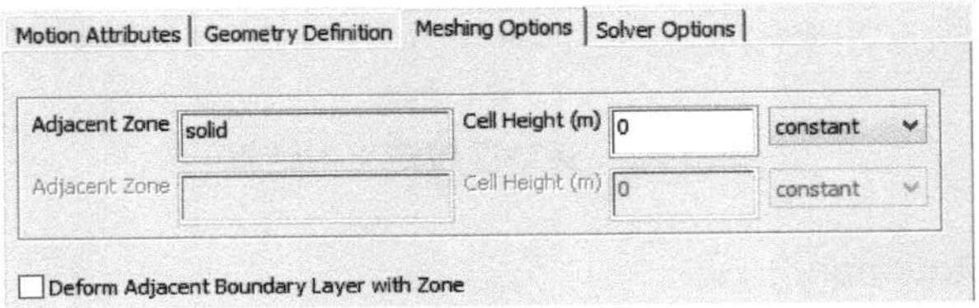

Motion Attributes
Geometry Definition
Meshing Options
Solver Options
Adjacent Zone solid
Cell Height (m) 0
constant
Adjacent Zone
Cell Height (m) 0
constant
Deform Adjacent Boundary Layer with Zone

图 5-76　Meshing Options 标签页

网格高度参数（Cell Height）可用于网格重构及网格分裂 / 合并计算。该参数也可如静止域一样采用宏进行定义。

5.9.4.3　变形体（Deforming）

变形体通常指的是在计算过程中形状会发生改变的部件。在区域定义对话框中选择 Deforming 类型，进行变形体的定义，如图 5-77 所示。

Dynamic Mesh Zones
Zone Names
cyl1
Dynamic Mesh Zones
Type
Stationary
Rigid Body
Deforming
User-Defined
System Coupling

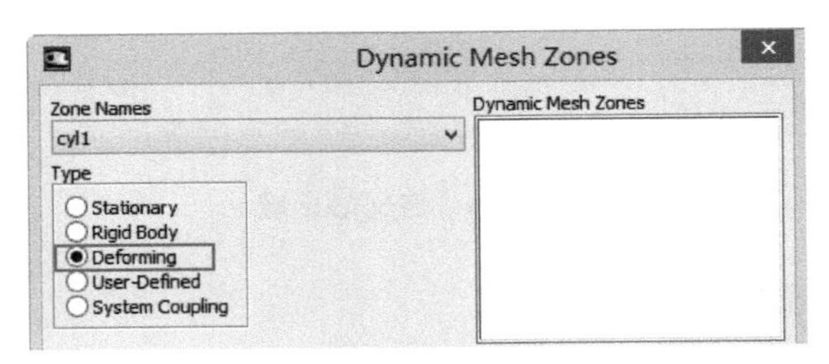

图 5-77　定义变形体

变形体定义对话框中，Motion Attributes 标签页下无任何参数设置。在 Geometry Definition 标签页中，可以在 Definition 选项中选择变形体类型。Fluent 中包含四种类型：faceted（网格面）、plane（平面）、cylinder（圆柱面）以及 user-defined（自定义类型），如图 5-78 所示。

在 faceted 类型中，并无参数需要设置。在 plane 与 cylinder 类型中，需要为平面进行定位。在 user-defined 类型中，可以利用 UDF 宏 DEFINE_GEOM 进行定义。

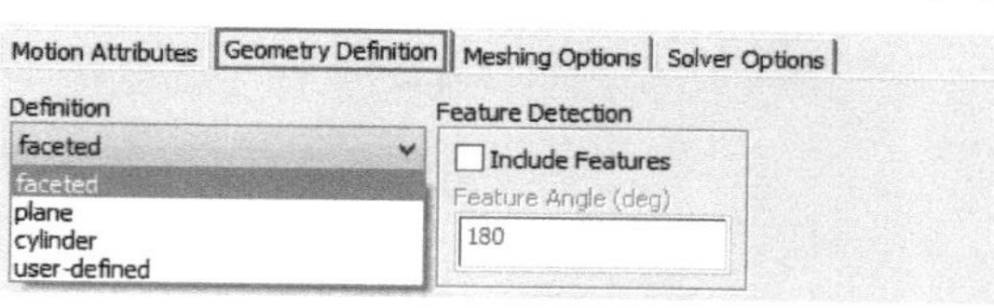

图 5-78　几何定义

在 Meshing Options 标签页中，用户可以定义网格更新方法及网格区域参数，如图 5-79 所示。

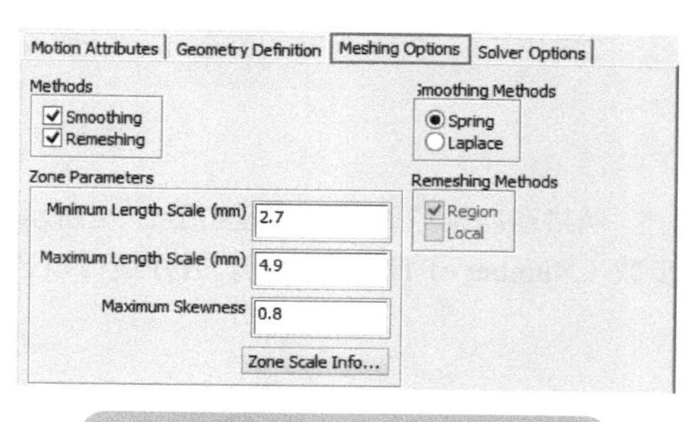

图 5-79　Meshing Options 标签页

5.9.4.4　其他类型

用户可以利用 UDF 宏 DEFINE_GRID_MOTION 进行自定义动网格区域设置。在该类型定义中，用户需要指定网格高度参数 Cell Height。

System Coupling 主要用于流固耦合计算，本身并无参数需要设置，设定某区域为该类型只是进行区域标定。

5.9.5　网格预览

网格预览包括区域运动显示及网格运动显示。如图 5-80 所示，单击 Display Zone Motion... 可进入区域预览设置对话框，而单击 Preview Mesh Motion... 则为网格运动预览设置对话框。

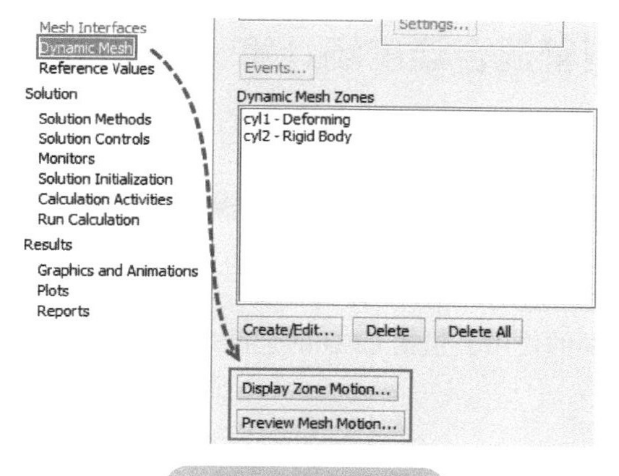

图 5-80　网格预览

注意： 网格运动预览会改变实际的网格模型，用户在进行网格预览之前切记保存 cas 文件。区域运动显示不会改变实际网格。在进行网格预览之前，需确保模型为瞬态计算。

区域运动显示设置对话框如图 5-81 所示。在该对话框中需要设置的参数包括：Start Time（起始时间）、Time Step（时间步长）以及 Number of Steps（时间步数），并且需要选择运动区域。

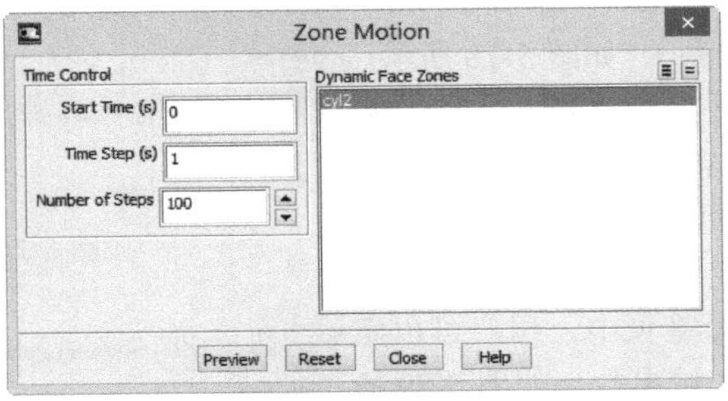

图 5-81　区域运动显示

网格运动预览设置对话框如图 5-82 所示。用户可以设置时间步长（Time Step Size）及时间步数（Number of Time Steps）。另外还可以选择将网格运动保存为图片进行输出。

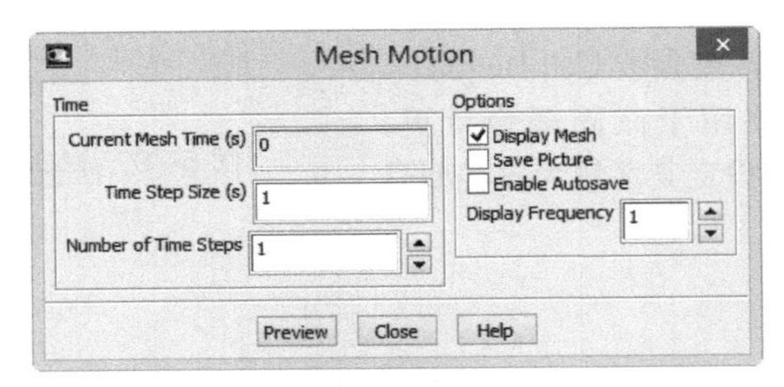

图 5-82　网格运动预览

5.10　案例 1：T 型管混合温度场计算

5.10.1　案例描述

本案例进行 T 型管中的流动模拟，流体以不同的温度进入 T 形管，通过计算模拟混合过程。

5.10.2　案例学习目标

本案例主要描述 Fluent 界面的使用，包括 CFD 的全部过程，包括：

- 读取网格
- 选择计算模型
- 选择并设置材料属性
- 定义边界条件
- 设置计算监视器
- 运行求解器
- 后处理

5.10.3　计算仿真目标

仿真的对象为冷热水在 T 型管内的混合过程。计算仿真的目的在于确定：流体混合程度及混合过程的压力降。

5.10.4　Fluent 设置

Step 1：启动 Fluent 并读入网格

本案例利用 Workbench 中的 Fluent 模块，也可以使用独立版本的 Fluent 进行。

- 启动 Workbench，利用菜单 Files → Save as… 保存新的文件 mixing_tee
- 从左侧的 Component Systems 列表中选择拖拽 Fluent 至右侧项目窗口中
- 右键选择单元格 Setup，选择子菜单 Import FLUENT Case → Browse
- 在打开的文件选择对话框中，修改文件过滤选项为 Fluent Mesh File
- 选择网格文件 EX5-1\Mixing_tee.msh，单击 OK 按钮确认选择

如图 5-83 所示。

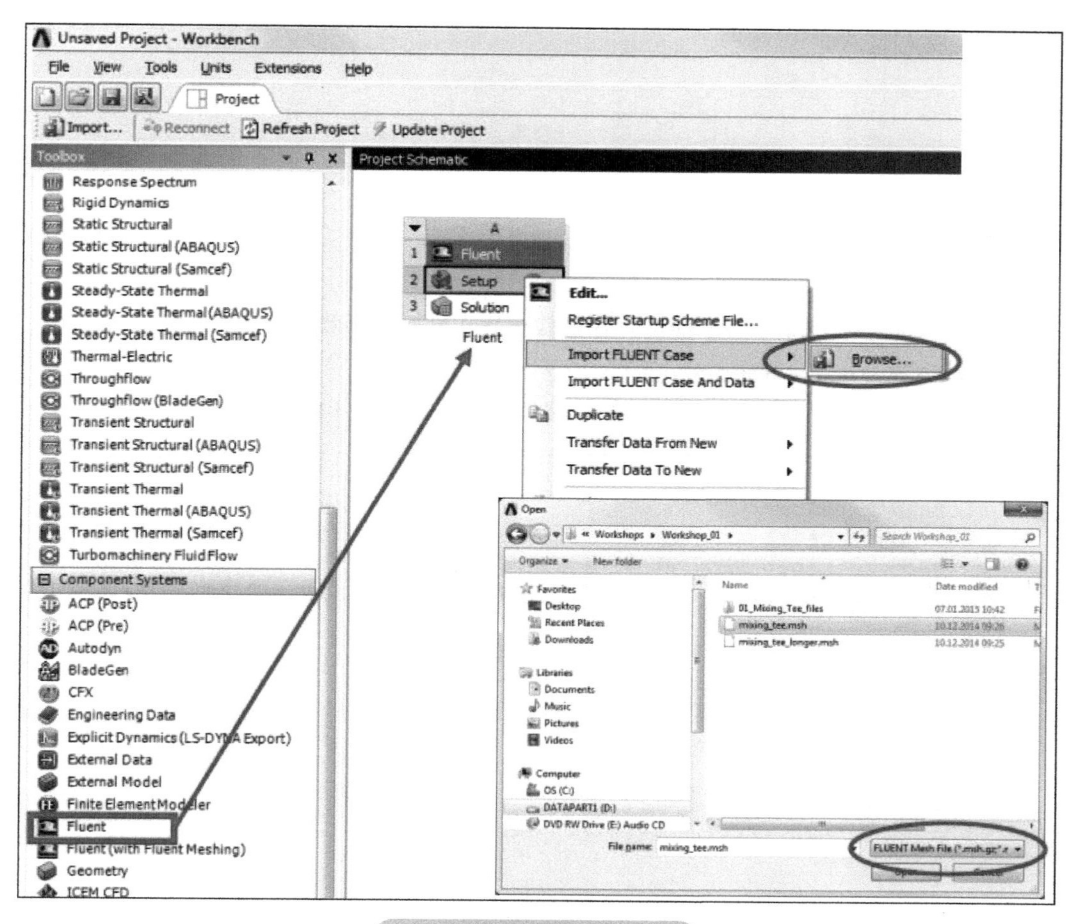

图 5-83　开启 Fluent 模块

- 返回至项目面板，鼠标双击 Setup 单元格启动 Fluent，如图 5-84 所示，可以根据自身计算机性能选择串行或并行计算（图 5-84 所示采用的是并行 4 核计算）
- 单击 OK 按钮进入 Fluent 工作环境

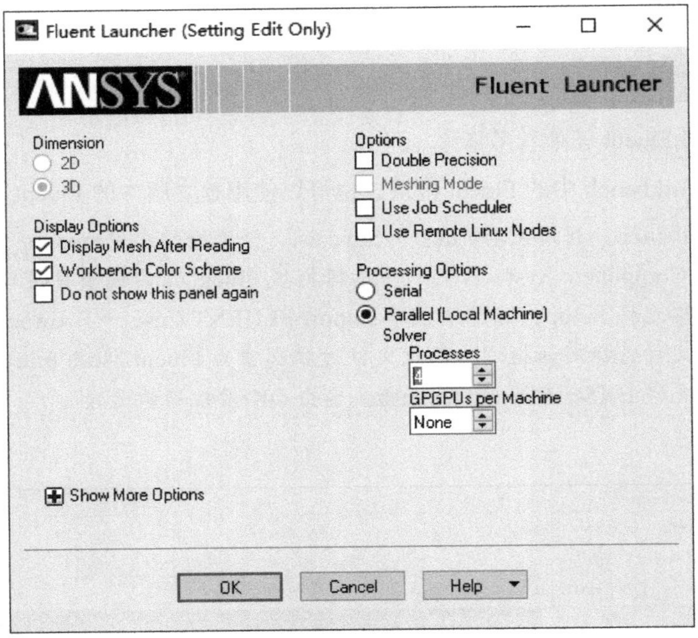

图 5-84 Fluent 启动界面

Step 2: 网格缩放及检查

在导入计算网格后，第一步要做的操作是检查导入网格的有效性及网格质量。

- 选择而模型树节点 General
- 在右侧面板中单击按钮 Check，TUI 窗口反馈信息如图 5-85 所示

```
>         cells....,
 Domain Extents:
   x-coordinate: min (m) = -7.619992e-02, max (m) = 7.619999e-02
   y-coordinate: min (m) = -3.556000e-01, max (m) = 3.556000e-01
   z-coordinate: min (m) = -7.619999e-02, max (m) = 3.746500e-01
 Volume statistics:
   minimum volume (m3): 2.090912e-08
   maximum volume (m3): 1.661516e-06
     total volume (m3): 1.534998e-02
 Face area statistics:
   minimum face area (m2): 1.664771e-05
   maximum face area (m2): 3.406118e-04
 Checking mesh.................................
Done.
```

图 5-85 TUI 窗口反馈信息

注意： 网格检查主要检查两个参数，一是 Domain Extents，查看计算域尺寸是否与实际尺寸相符，若不相符则需要对计算域进行缩放；二是 minimum volume，必须确保最小体积大于 0。

■ 选择面板中的 Report Quality 按钮，查看网格质量

■ TUI 命令窗口显示网格质量如图 5-86 所示

```
>
Mesh Quality:

Minimum Orthogonal Quality =  1.19896e-01
(Orthogonal Quality ranges from 0 to 1, where values close to 0 correspond to low quality.)

Maximum Ortho Skew =  8.60378e-01
(Ortho Skew ranges from 0 to 1, where values close to 1 correspond to low quality.)

Maximum Aspect Ratio =  2.52482e+01
```

图 5-86　网格质量结果

TUI 命令窗口给出了三种网格质量：Minimum Orthogonal Quality、Maximum Ortho Skew 及 Maximum Aspect Ratio，其中 Minimum Orthogonal Quality 的范围为 0~1（1 为理想网格），Maximum Ortho Skew 的范围为 0~1（0 为理想网格），Maximum Aspect Ratio 越小越好。

Step 3： 修改单位

如图 5-87 所示，修改温度的单位为摄氏度。

■ 单击 General 设置面板中的 Units... 按钮弹出单位设置面板

■ 设置 temperature 的单位为 c

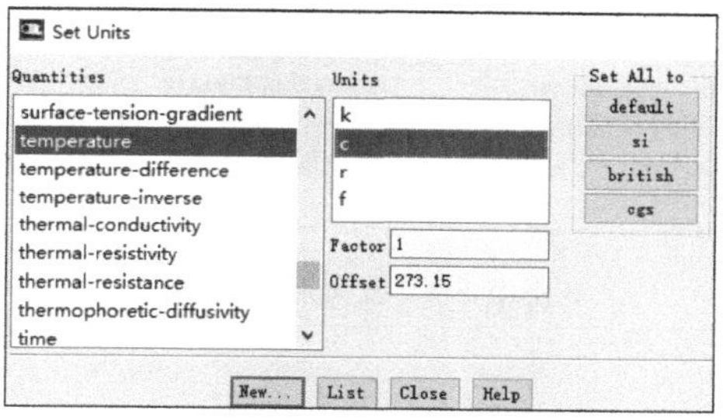

图 5-87　切换单位

Step 4： 设置模型

此步激活能量方程及设置湍流模型。

■ 双击模型树节点 Models → Energy，在弹出的 Energy 对话框中，勾选 Energy Equation 前方的复选框，激活能量方程

■ 如图 5-88 所示，单击 OK 按钮确认操作

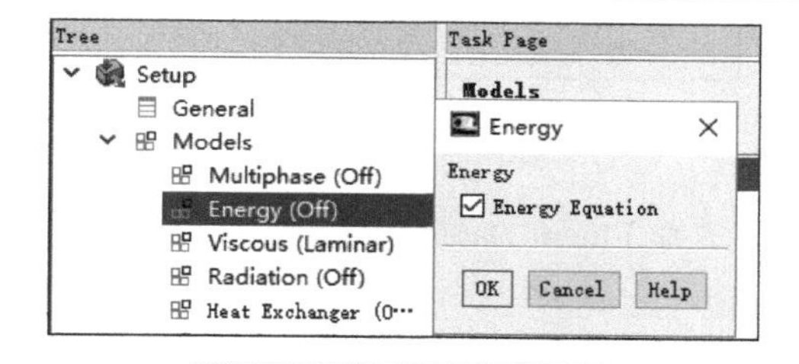

图 5-88　激活能量方程

■ 双击模型树节点 Models → Viscous（Laminar），在弹出的对话框中选择 k-epsilon（2 eqn）、Realizable，其他参数保持默认，单击 OK 按钮确认操作，如图 5-89 所示

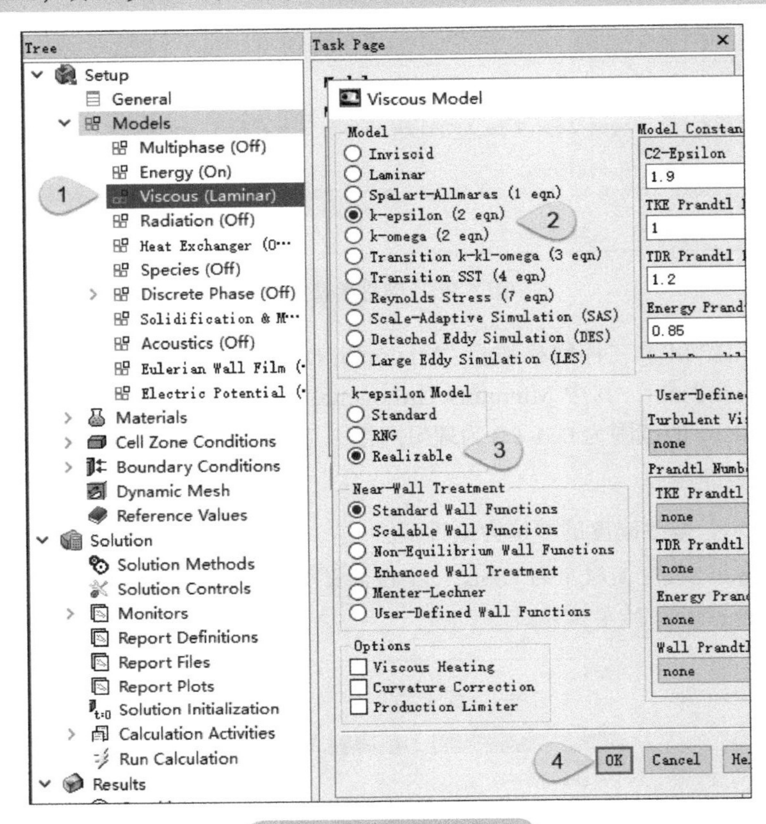

图 5-89 设置湍流模型

Step 5：定义新材料

Fluent 默认采用的材料为 air，案例中流体介质为液态水。

■ 右键单击模型树节点 Material → Fluid，选择弹出菜单 New，如图 5-90 所示

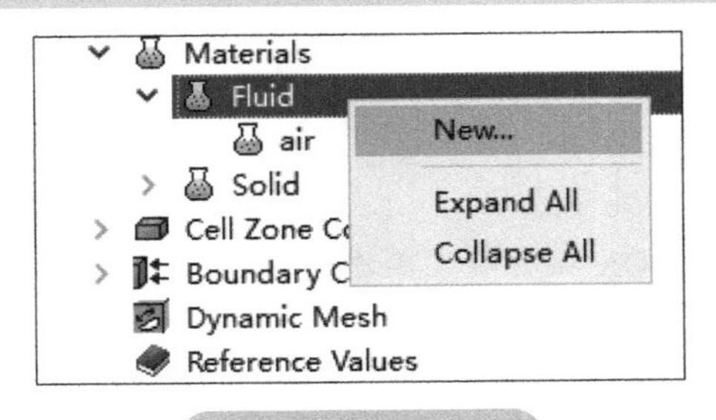

图 5-90 新建材料

■ 在弹出的对话框中，选择 Fluent Database...，弹出材料库对话框，在材料库中选择材料 water-liquid（h2o），单击 Copy 按钮，并单击 Close 按钮关闭对话框，如图 5-91 所示

■ 单击 Close 按钮关闭材料新建对话框

Create/Edit Materials
Name
fluid-1
Material Type
fluid
Order Materials by
Name
Chemical Formula
Chemical Formula
Fluent Fluid Materials
fluid-1
Fluent Database...
User-Defined Database...
Mixture
none
Fluent Database Materials
Fluent Fluid Materials [1/562]
Material Type
fluid
Order Materials by
Name
Chemical Formula
vinyl-trichlorosilane (sicl3ch2ch)
vinylidene-chloride (ch2ccl2)
water-liquid (h2o<l>)
water-vapor (h2o)
wood-volatiles (wood_vol)
Copy Materials from Case...
Delete
Properties
Density (kg/m3) constant View...
998.2
Cp (Specific Heat) (j/kg-k) constant View...
4182
Thermal Conductivity (w/m-k) constant View...
0.6
Viscosity (kg/m-s) constant View...
0.001003
New...
Edit...
Save
Copy
Close
Help

图 5-91　修改材料参数

Step 6：计算域设置

设置计算域材料。

■ 鼠标双击模型树节点 Cell Zone Conditions → fluid（fluid），弹出参数设置面板，在参数面板中设置 Material Name 为上一步创建的材料 water-liquid，如图 5-92 所示

■ 单击 OK 按钮关闭对话框

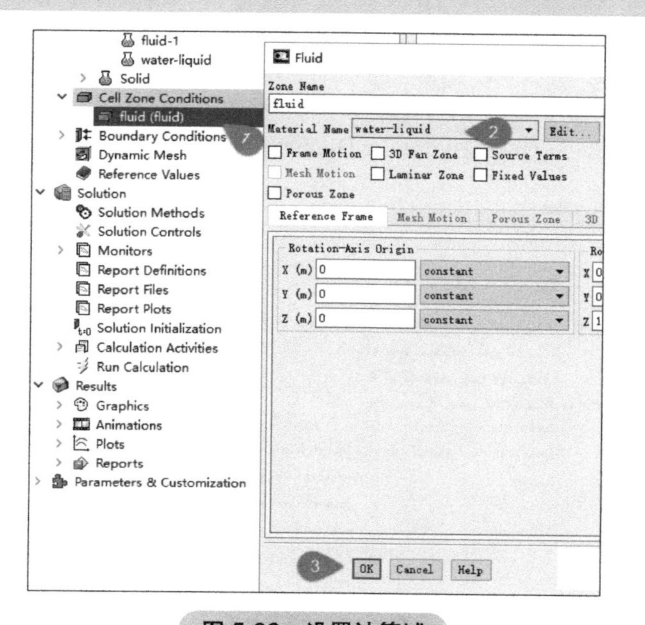

图 5-92　设置计算域

Step 7：边界条件设置

在模型树节点 Boundary Conditions 中可以设置计算模型的边界条件，如图 5-93 所示。

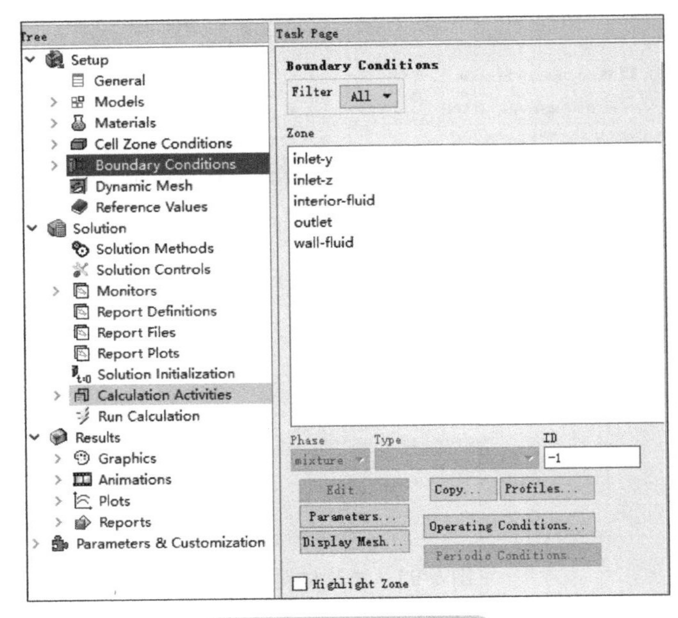

图 5-93 边界条件设置

界面元素与 Cell Zone Conditions 设置面板类似。

设置边界条件：

1. inlet-y 边界设置

■ 在 Zone 列表框中选择边界 inlet-y，选择 Type 下拉框选项 Velocity-inlet，鼠标单击面板按钮 Edit...

■ 弹出参数设置对话框，如图 5-94 所示。在 Momentum 标签页下，设置 Velocity Magnitude 参数值为 0.3，选择 Specification Method 为 Intensity and Hydraulic Diameter，设置 Turbulent Intensity 为 5，设置 Hydraulic Diameter 为 0.15

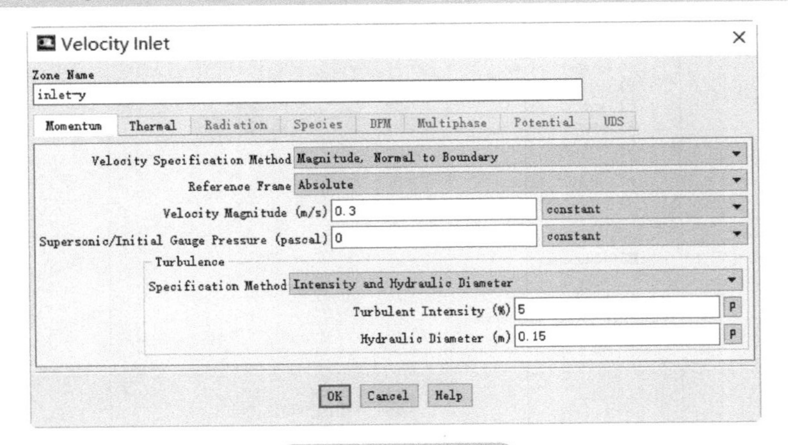

图 5-94 设置边界

■ 切换至 Thermal 面板，设置 Temperature 为 15，如图 5-95 所示

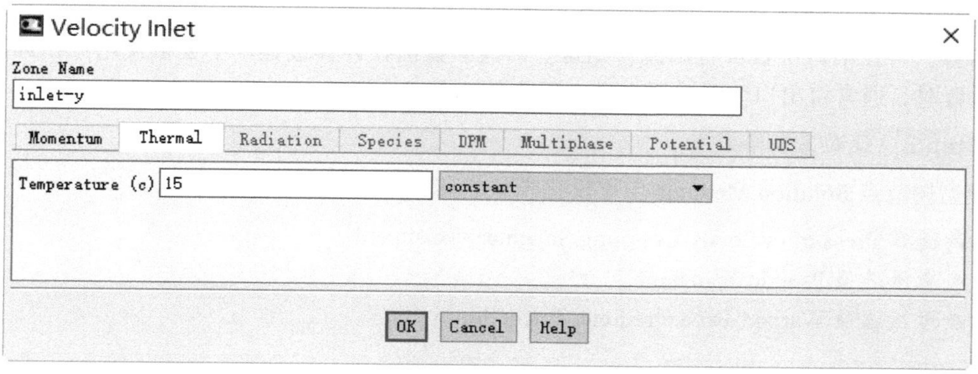

Velocity Inlet
Zone Name
inlet-y
Momentum | Thermal | Radiation | Species | DPM | Multiphase | Potential | UDS
Temperature (c) 15 constant
OK Cancel Help

图 5-95　设置温度

2. inlet-z 边界设置

■ 与 inlet-y 设置相类似，所不同的是设置 Velocity Magnitude 参数值为 0.1，设置 Hydraulic Diameter 为 0.1，设置 Temperature 为 25

3. outlet 边界设置

■ 选择 Type 下拉框选项 pressure-outlet，单击 Edit... 按钮

■ 在弹出的对话框 Momentum 标签页下，设置 Gauge Pressure 为 0，设置 Specification Method 为 Intensity and Hydraulic Diameter，设置 Backflow Turbulent Intensity 为 5，设置 Backflow Hydraulic Diameter 为 0.15，如图 5-96 所示

■ 切换至 Thermal 面板，设置 Temperature 为 20

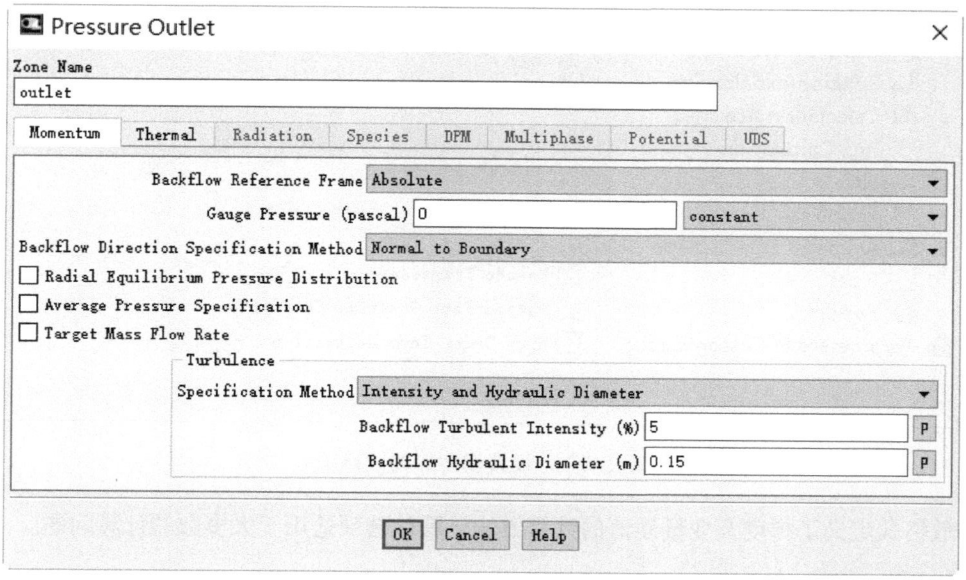

Pressure Outlet
Zone Name
outlet
Momentum | Thermal | Radiation | Species | DPM | Multiphase | Potential | UDS
Backflow Reference Frame Absolute
Gauge Pressure (pascal) 0 constant
Backflow Direction Specification Method Normal to Boundary
Radial Equilibrium Pressure Distribution
Average Pressure Specification
Target Mass Flow Rate
Turbulence
Specification Method Intensity and Hydraulic Diameter
Backflow Turbulent Intensity (%) 5 P
Backflow Hydraulic Diameter (m) 0.15 P
OK Cancel Help

图 5-96　设置出口

需要注意的是，在计算的过程中，有可能会出现介质从出口边界进入流体域的情况（回

流），这种情况有可能是真实的流动特征（在计算收敛时仍然存在回流），或者仅仅只是收敛过程中的短暂状态（随计算进行回流消失）。不管是何种情况，FLUENT 需要知道边界上的真实来流信息。若在出口位置没有回流，则这些回流参数值在计算过程中不会被使用。在选择计算边界位置时，通常将出口位置选择在没有回流的地方。

Step 8：设置离散格式

模型树节点 Solution Methods 主要设置模型的离散算法，如图 5-97 所示。

- 选择 Pressure-Velocity Coupling Scheme 为 Coupled
- 激活选项 Pseudo Transient
- 激活选项 Warped-Face Gradient Correction

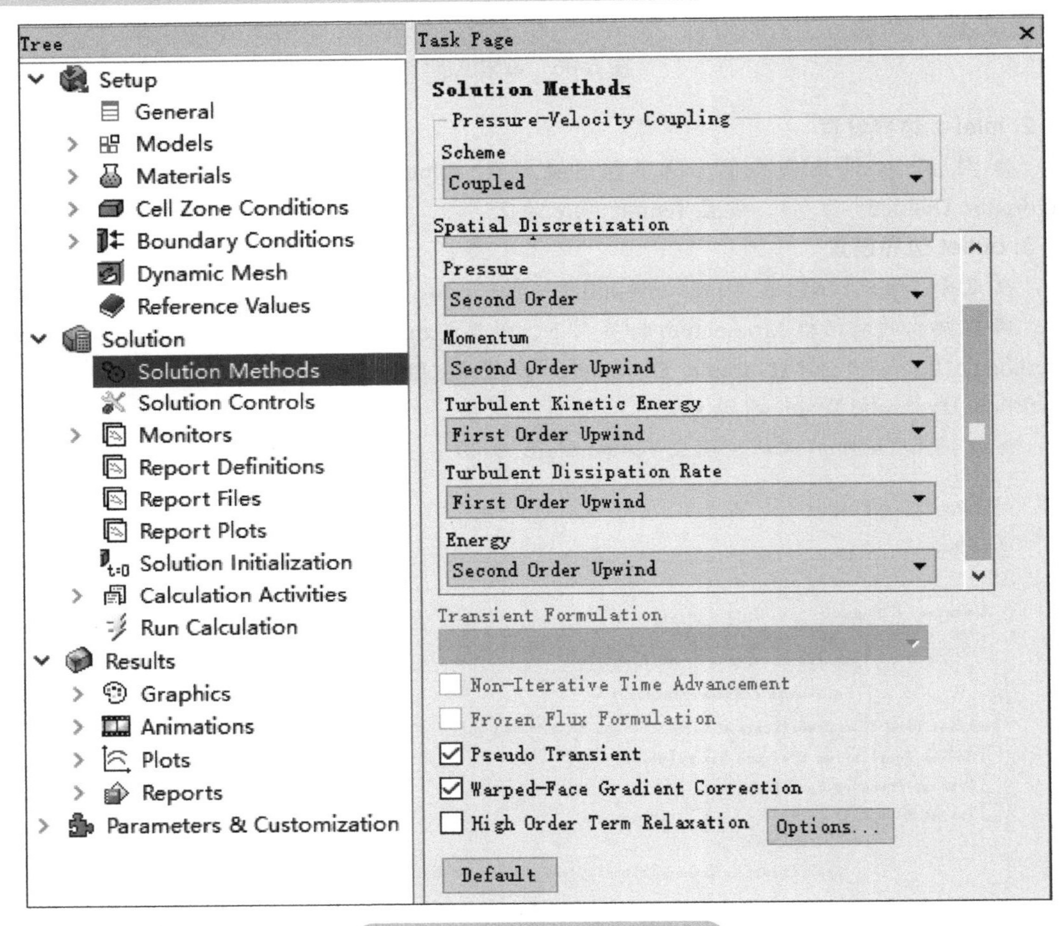

图 5-97　设置模型的离散算法

离散格式定义了梯度及变量插值的计算方法。默认选项适用于大多数的计算问题。

Step 9：设置 Monitors

利用模型树节点 Monitors 可以在计算过程中监测一些物理量的变化。本例设置监测两个入口压力值及出口温度标准差。Monitors 设置面板如图 5-98 所示。

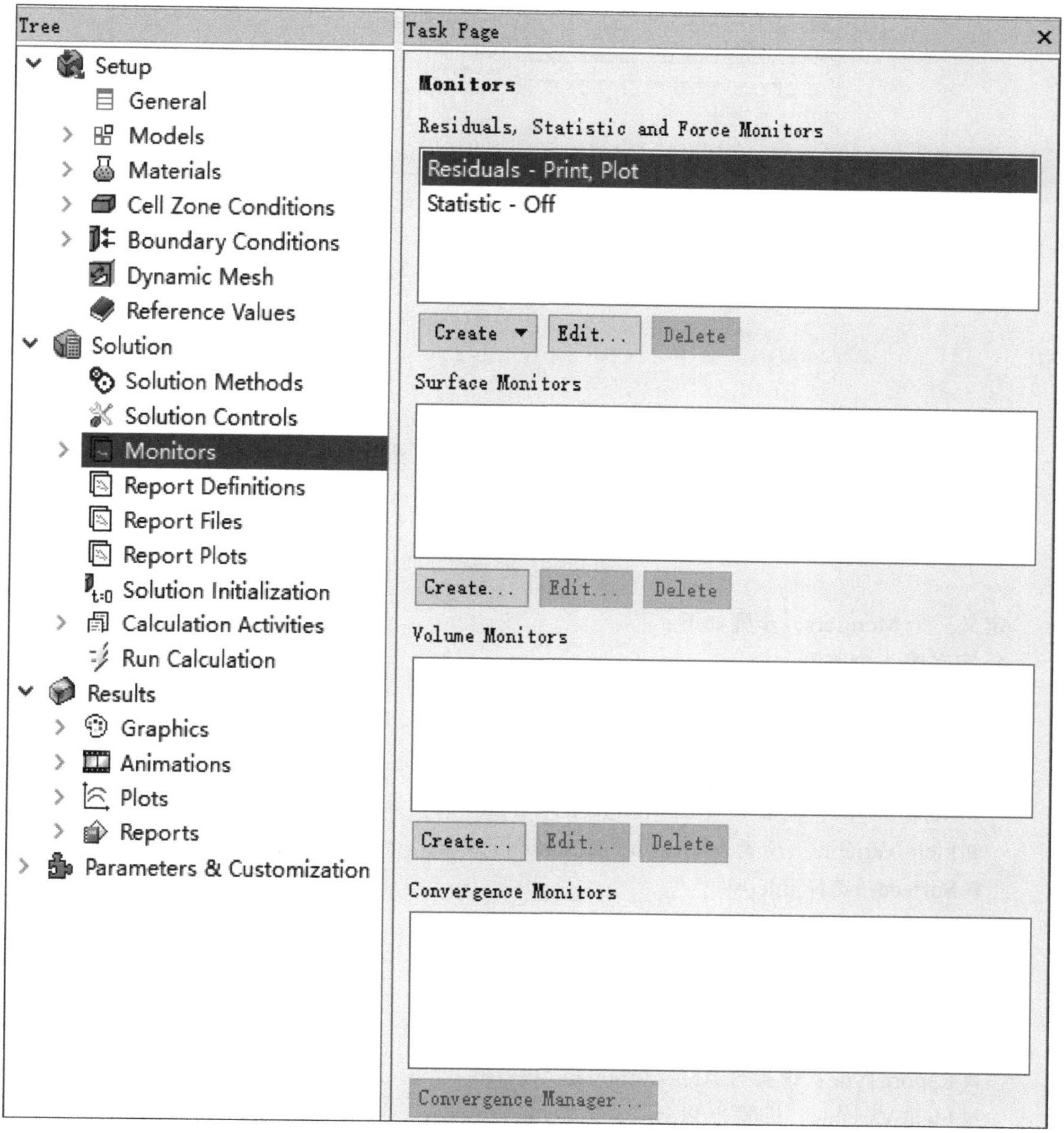

Tree
Setup
General
Models
Materials
Cell Zone Conditions
Boundary Conditions
Dynamic Mesh
Reference Values
Solution
Solution Methods
Solution Controls
Monitors
Report Definitions
Report Files
Report Plots
Solution Initialization
Calculation Activities
Run Calculation
Results
Graphics
Animations
Plots
Reports
Parameters & Customization

Task Page
Monitors
Residuals, Statistic and Force Monitors
Residuals - Print, Plot
Statistic - Off
Create　Edit...　Delete
Surface Monitors
Create...　Edit...　Delete
Volume Monitors
Create...　Edit...　Delete
Convergence Monitors
Convergence Manager...

图 5-98　设置 Monitors

设置 Monitors 面板中的一些参数：

- Residuals，Statistic and Force Monitors：监测残差、统计值以及各种力
- Surface Monitors：监测面上的各种参数值
- Volume Monitors：监测体上的各种参数值
- Convergence Monitors：收敛监测，通过前面的监测参数来判断计算是否收敛

本例中监测三个面参数，利用 Surface Monitors 下方的 Create 按钮进行创建。鼠标选择此按钮后，如图 5-99 所示。

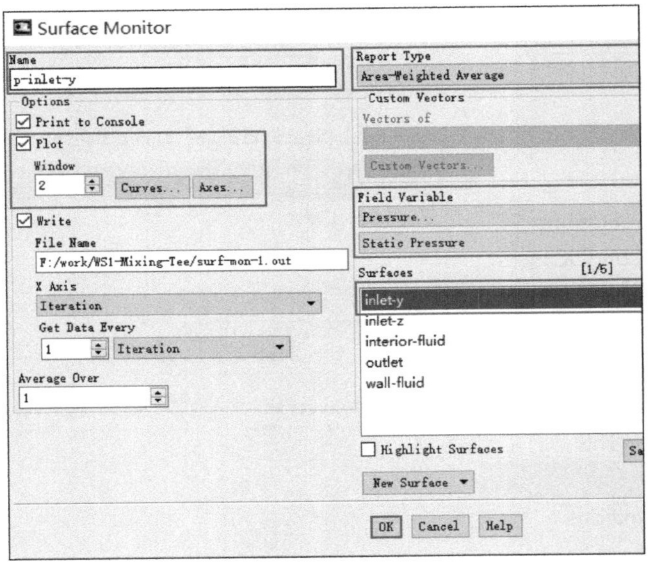

图 5-99　面监测

定义三个 Monitors，步骤如下：

1. 定义第 1 个监测

- 单击 Surface Monitors 下的 Create... 按钮
- Name：设置为 p-inlet-y
- Plot Windows：设置为 2
- Report Type：设置为 Area-Weighted Average
- Field Variable：设置为 Pressure 及 Static Pressure
- Surface：选择 inlet-y

2. 定义第 2 个监测

- 单击 Surface Monitors 下的 Create... 按钮
- Name：设置为 p-inlet-z
- Plot Windows：设置为 3
- Report Type：设置为 Area-Weighted Average
- Field Variable：设置为 Pressure 及 Static Pressure
- Surface：选择 inlet-z

3. 定义第 3 个监测

- 单击 Surface Monitors 下的 Create... 按钮
- Name：设置为 t-dev-outlet
- Plot Windows：设置为 4
- Report Type：设置为 Standard Deviation
- Field Variable：设置为 Temperature 及 Static Temperature
- Surface：选择 outlet

定义监测的目的是为了在计算过程中方便查看物理量的分布。

Step 10： Initialization

利用模型树节点 Solution Initialization 可对计算域进行初始化。Fluent 提供了两种初始化方法：

■ Hybrid Initialization：通过各种不同的插值方式获得计算域中的初始值。如利用求解拉普拉斯方程的方式获取初始速度场与压力场

■ Standard Initialization：直接定义各未知物理量的初始值

■ 本案例采用 Hybrid Initialization 方式进行初始化，如图 5-100 所示，选择 Initialize 按钮进行初始化。此时在图形窗口中可能会出现如图 5-101 所示的警告信息，不过这仅仅只是提示拉普拉斯方程没有收敛，可以忽略。

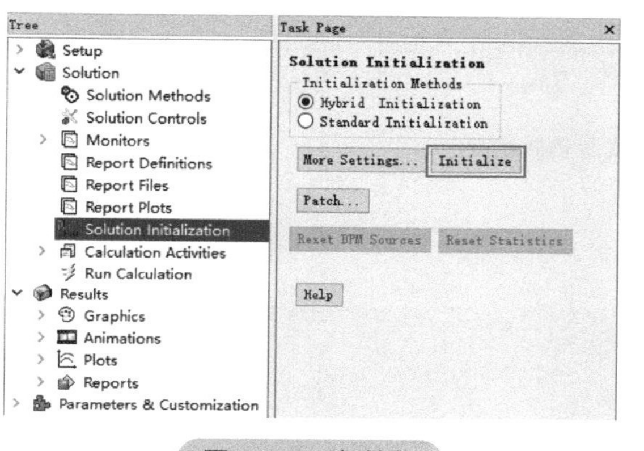

图 5-100 初始化

```
Initialize using the hybrid initialization method.

Checking case topology...
-This case has both inlets & outlets
-Pressure information is not available at the boundaries.
 Case will be initialized with constant pressure

     iter      scalar-0

     1         1.000000e+00
     2         7.608042e-04
     3         1.042706e-04
     4         3.785251e-05
     5         1.993950e-05
     6         2.066978e-05
     7         7.103997e-06
     8         7.499727e-06
     9         2.616269e-06
     10        2.792504e-06
hybrid initialization is done.

Warning: convergence tolerance of 1.000000e-06 not reached
during Hybrid Initialization.
```

图 5-101 初始化信息

对于稳态计算，初始值不会影响最终计算结果，但是会影响收敛过程，严重偏离实际的初始值可能会导致计算收敛缓慢甚至发散。对于瞬态计算，初始值会影响到后续的计算结果。

Step 11： Run Calculation

选择模型树节点 Run Calculation，如图 5-102 所示。

■ 设置 Number of Iterations 为 350，单击 Calculate 按钮进行迭代计算

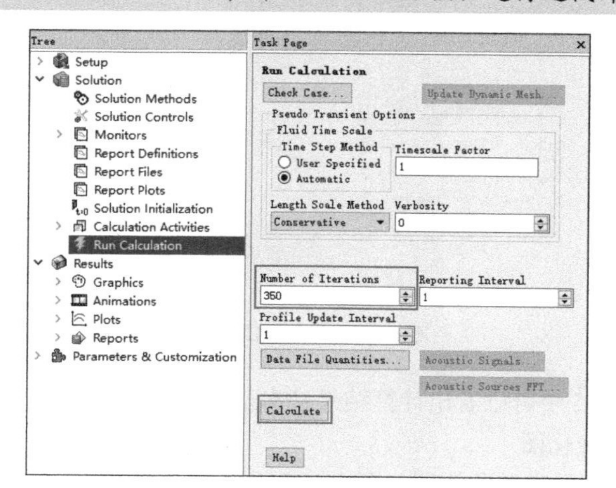

图 5-102 计算

5.10.5 计算后处理

Step 1：计算监测图形

1. 残差曲线

计算监测得到的残差曲线如图 5-103 所示。

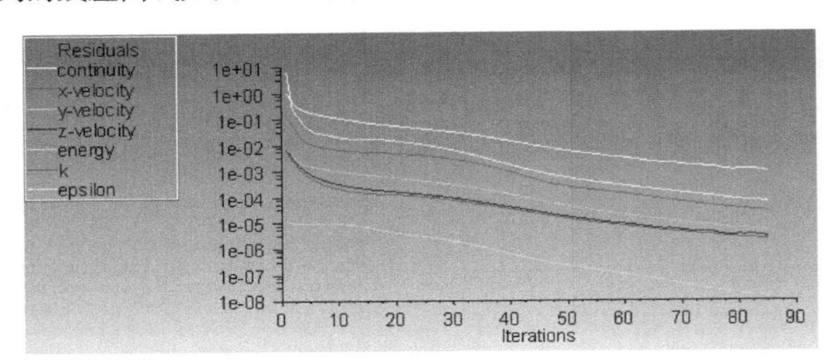

图 5-103 迭代残差曲线

2. 入口压力监测图

入口压力监测图如图 5-104、图 5-105 所示。

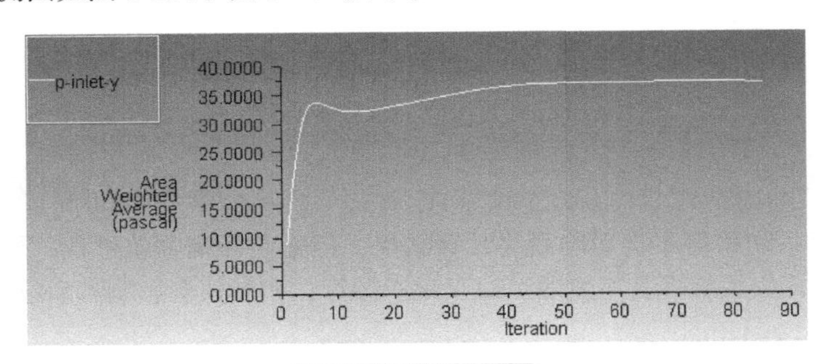

图 5-104 Y 入口

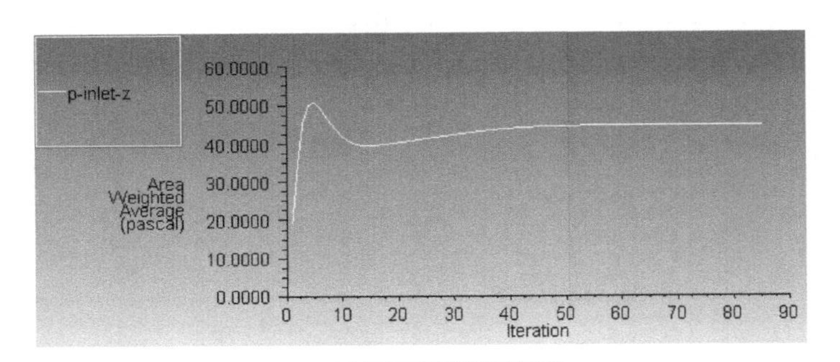

图 5-105 Z 入口压力

从图 5-104、图 5-105 中可以看出计算结果基本达到稳定，压力值随迭代变化很小。

3. 出口温度标准差变化图

监测得到的出口温度标准差曲线图如图 5-106 所示。

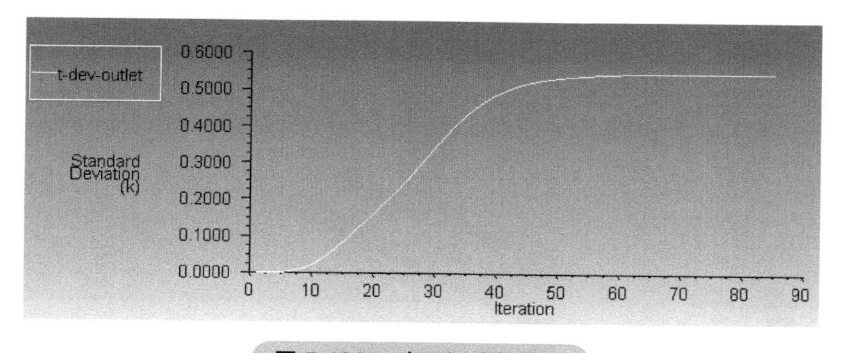

图 5-106　出口温度标准差

温度标准差反映了温度混合的均匀程度，该值越大表示温度分布越不均匀。图 5-106 中最终的温度标准差约为 0. 5。

Step 2： 壁面温度分布

鼠标双击 Graphics 列表框中的 Contours 列表项，在弹出的对话框中进行如图 5-107 所示的设置：

- 勾选 Filled 选项
- 在 Contours of 下拉框中选择 Temperature 及 Static Temperature
- 在 Surfaces 列表项中选择 wall-fluid
- 单击 Display 按钮

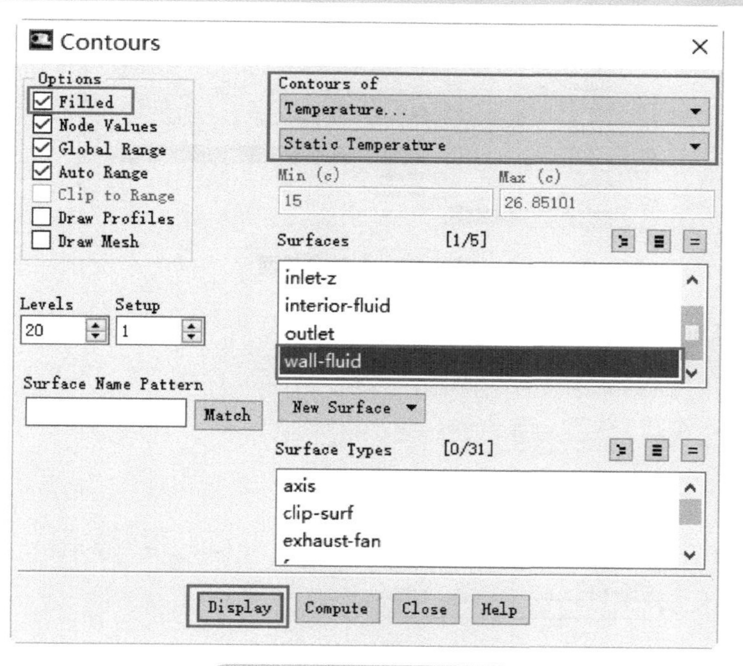

图 5-107　显示壁面温度

壁面上的温度云图如图 5-108 所示。

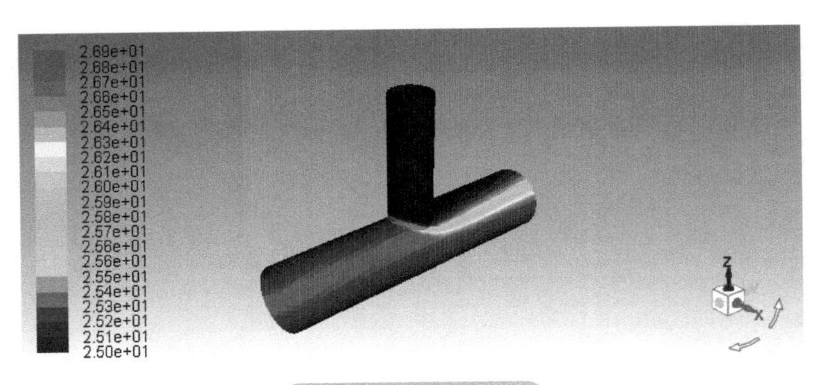

图 5-108 温度云图

Step 3：创建截面

创建截面后可以显示截面上的物理量分布。此步创建 x 截面。

■ 利用 Ribbon 界面中的 Postprocessing 标签页

■ 选择 Create 按钮下的 Iso-Surface… 功能菜单

如图 5-109 所示。

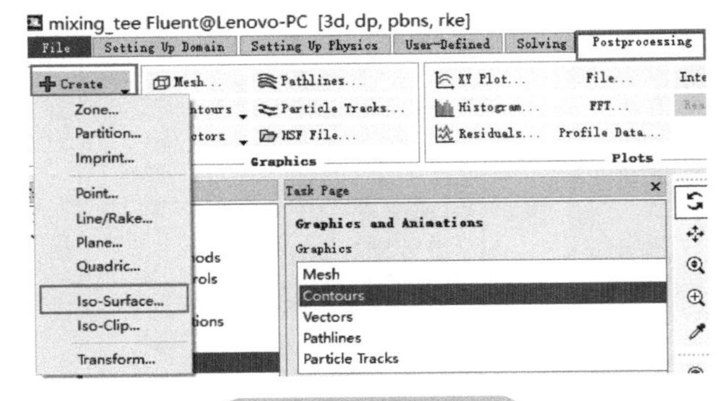

图 5-109 创建截面

在弹出的对话框中进行如图 5-110 所示设置。

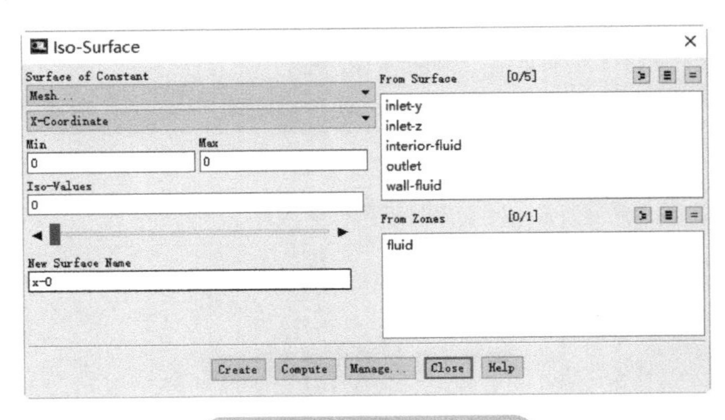

图 5-110 创建 X-0 截面

■ 选择 Surface of Constant 为 Mesh 及 X-Coordinate
■ 设置 Iso-Values 为 0
■ 设置 New Surface Name 为 x-0
■ 单击 Create 按钮创建截面

截面创建完毕后，即可在后处理中查看此截面上的物理量分布。

Step 4: 显示截面物理量

回到 Contours 设置面板，如图 5-111 所示。

■ 设置 Contours of 为 Velocity 及 Velocity Magnitude
■ 选择 Surfaces 为 x-0
■ 单击 Display 按钮

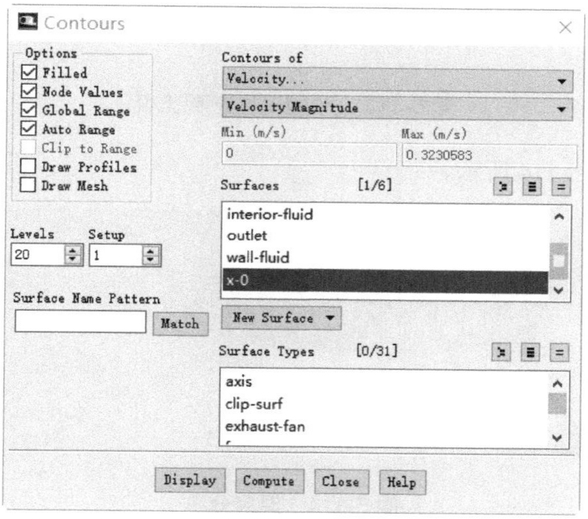

图 5-111　设置速度查看选项

显示速度云图如图 5-112 所示。

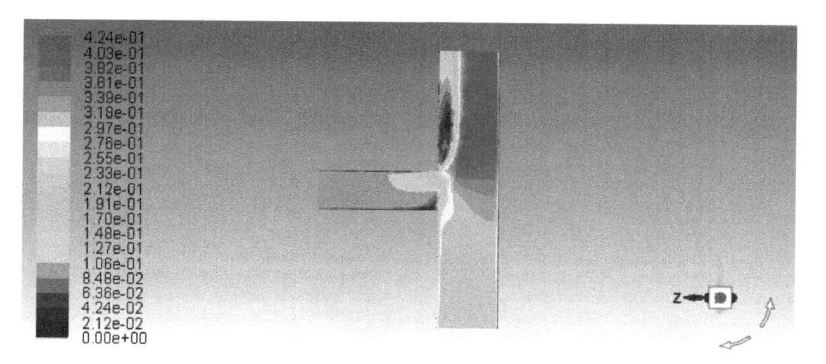

图 5-112　速度分布

■ 设置 Contours of 为 Temperature 及 Static Temperature，如图 5-113 所示
■ 单击 Display 按钮

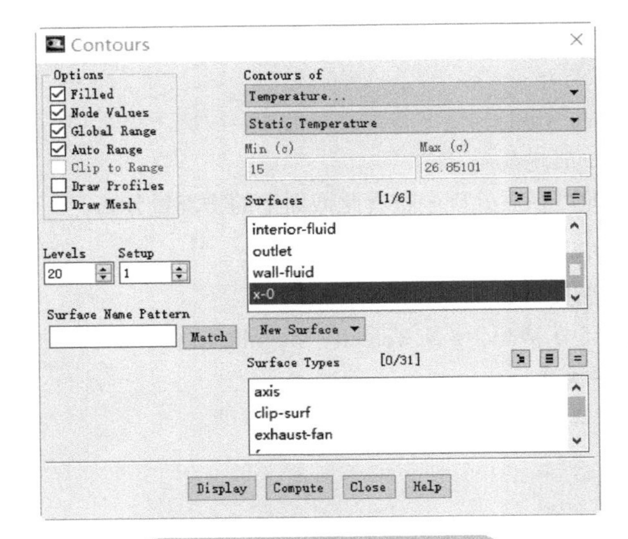

图 5-113　设置温度查看选项

显示温度云图如图 5-114 所示。

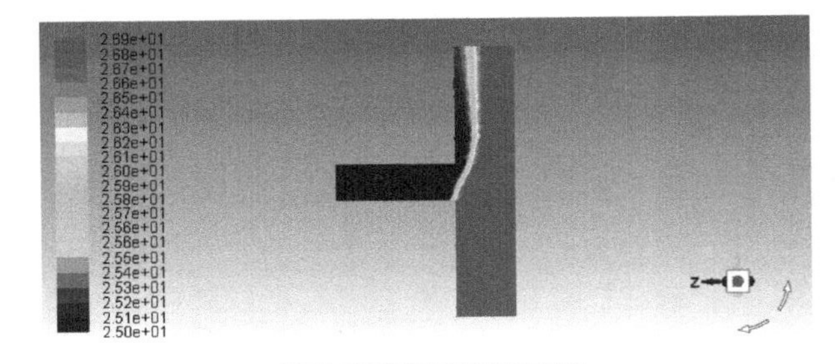

图 5-114　温度分布

Step 5：Pathlines 显示

可以利用 Pathlines 显示流线。

- 选择 Graphics 列表中的 Pathlines 选项，弹出设置对话框，按图 5-115 所示进行设置
- 单击 Display 按钮

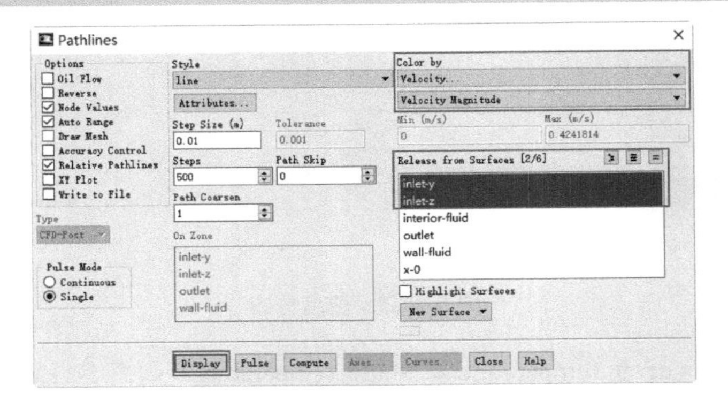

图 5-115　设置流线显示选项

显示的流线图如图 5-116 所示。

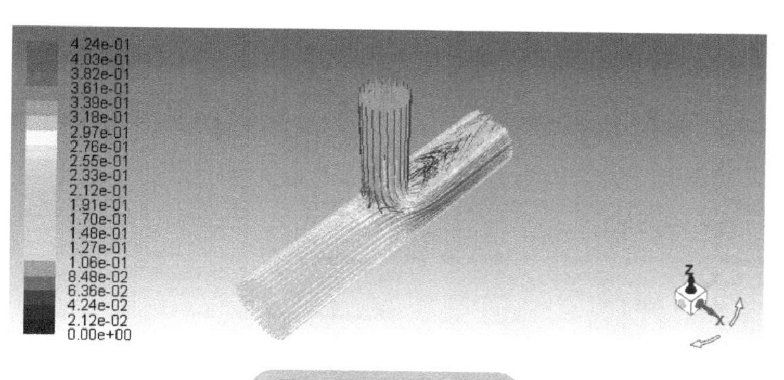

图 5-116　显示流线

Step 6：创建 Line

创建 Line 以查看沿直线上物理量的分布曲线。

■ 如图 5-117 所示，利用 Postprocessing 下的工具按钮 Create，选择菜单项 Line/Rake...，弹出如图 5-118 所示的对话框

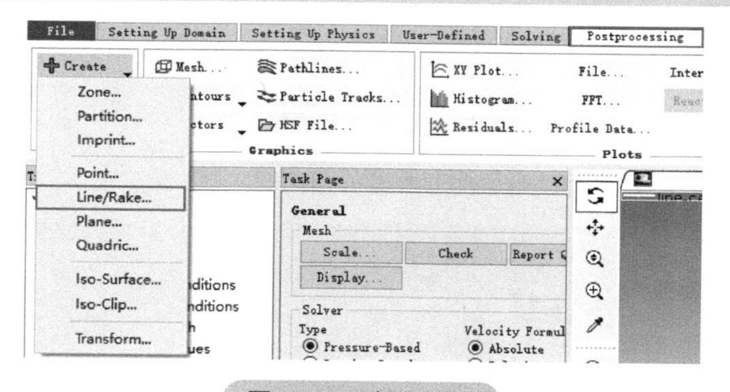

图 5-117　创建 Line

■ 设置 Type 为 Line

■ 设置 End Points 分布为（0，−0.3556，0）及（0，0.3556，0）

■ 设置 New Surface Name 为 line-center

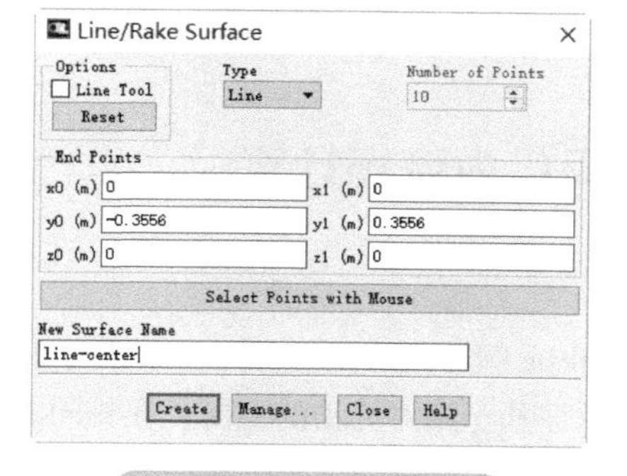

图 5-118　设置线参数

双击模型树节点 XY Plot，弹出如图 5-119 所示对话框，进行如下设置：

- 设置 Plot Direction 为（0，1，0）
- 设置 Y Axis Function 为 Velocity 及 Velocity Magnitude
- 选择 Surfaces 列表项 line-center
- 单击按钮 Plot

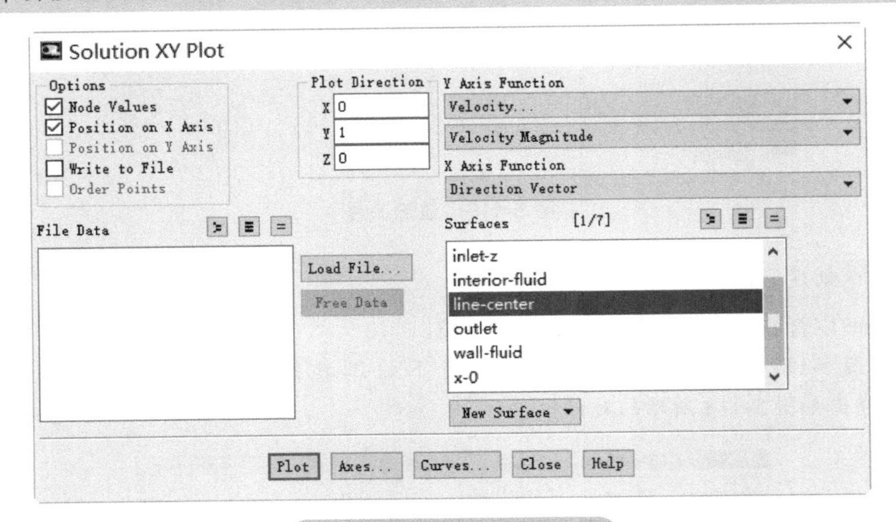

图 5-119　设置物理量分布

如图 5-120 所示为沿直线 line-center 上速度分布曲线。

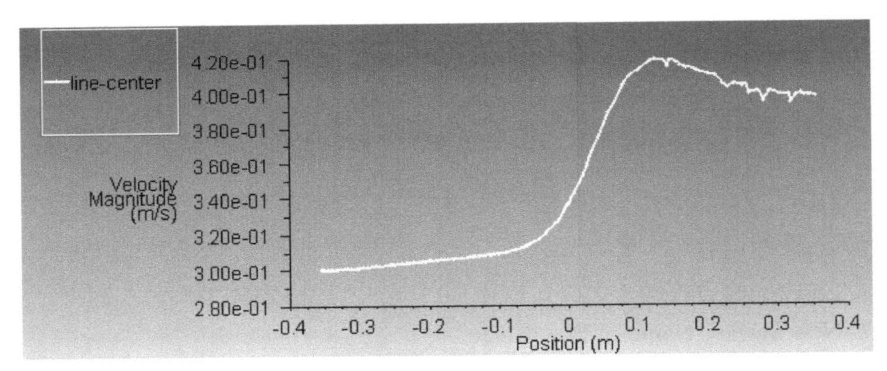

图 5-120　速度沿直线分布

5.11　案例 2：Tesla 阀门内流场计算

5.11.1　案例描述

本案例利用 FLUENT 计算 Tesla 阀的内部流场特征。Tesla 阀是一种没有运动部件的微型阀门，通常用于微机电系统，其操作原理基于流体流动的方向，在相同的压力降下，正向流动的流量大于逆向流动的流量，换句话说，在相同流量情况下，正向压降要远小于逆向压降。本案例的研究正是基于此原理，研究的阀门形式如图 5-121 所示，给定正向或反向流动速度为 10m/s，考察在此速度条件下，正向流动与逆向流动的压力降。

本案例采用的模型几何尺寸如图 5-121 所示，采用三维模型进行计算（见图 5-122），流动介质为水，其密度为 $1000kg/m^3$，粘度 0.001Pa·s。

流动雷诺数：

$$Re=\frac{\rho uL}{\mu}=\frac{1000\times10\times120\times10^{-6}}{0.001}=1200$$

计算采用层流模型。

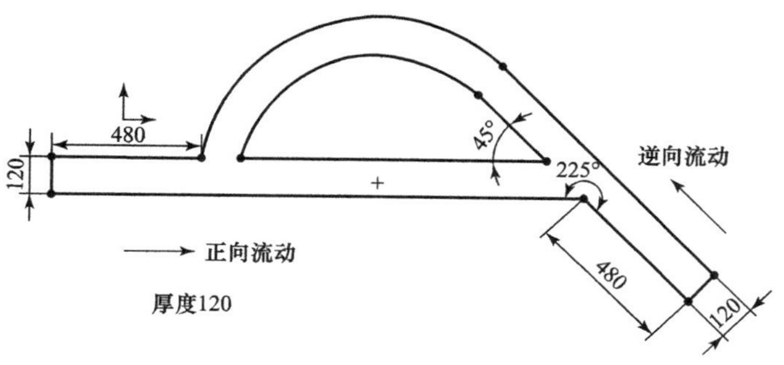

图 5-121 阀门几何模型（单位：μm）

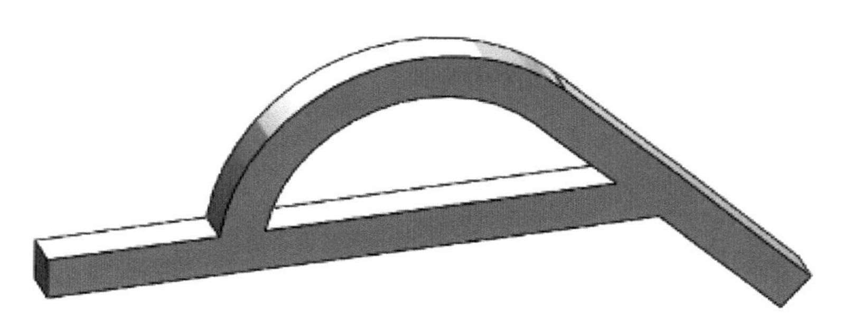

图 5-122 三维模型

案例网格模型如图 5-123 所示，总网格数量 93482。

图 5-123 网格模型

5.11.2 Fluent 设置

Step 1： 启动 Fluent

启动 Fluent。

利用菜单 File → Read → Mesh…，选择网格文件 EX5-2\Tesla.msh

Step 2： 缩放网格

按以下步骤操作：

■ 鼠标选择模型操作树节点 General 右侧面板中的 Scale… 按钮，如图 5-124 所示

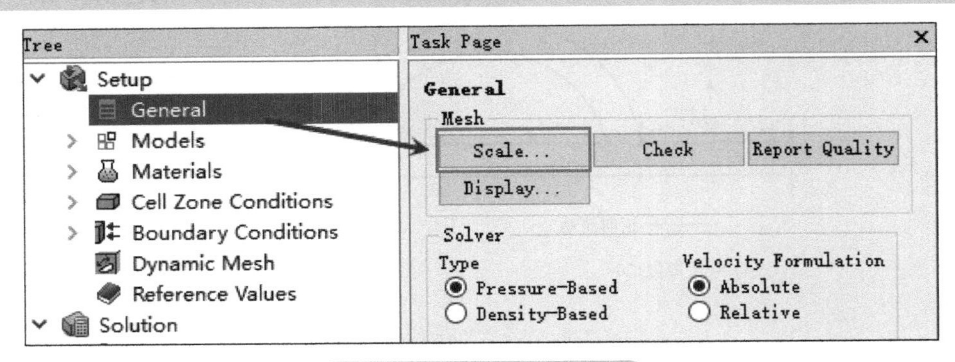

图 5-124 选择 Scale 按钮

Scale Mesh 对话框显示的模型尺寸范围如图 5-125 所示。可以看到模型尺寸与实际几何尺寸存在偏差。实际几何 Z 方向厚度为 120μm，而对话框显示尺寸为 0.12m，相差了 1000 倍，在 X、Y 方向同样如此，因此需要将模型在 X、Y、Z 三方向同时缩小为原来的 $\frac{1}{1000}$。

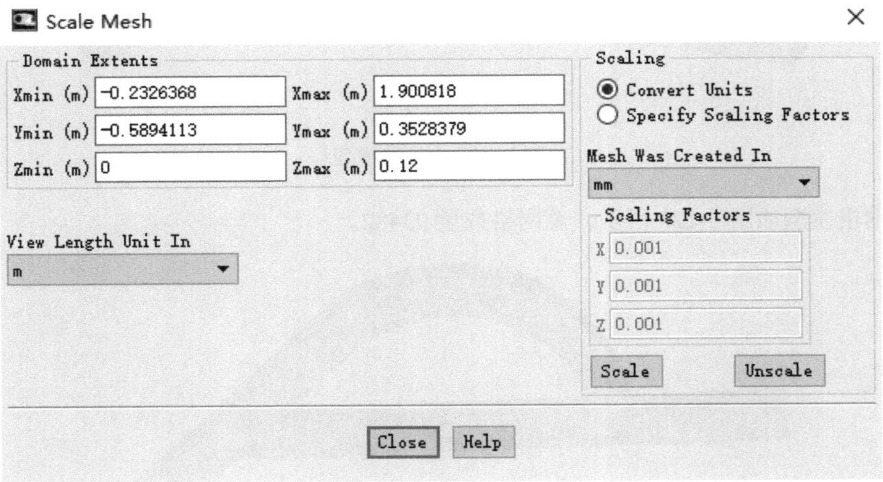

图 5-125 模型尺寸范围

■ 选择 Mesh Was Created In 下拉框为 mm，单击 Scale 按钮，按如图 5-126 所示进行操作

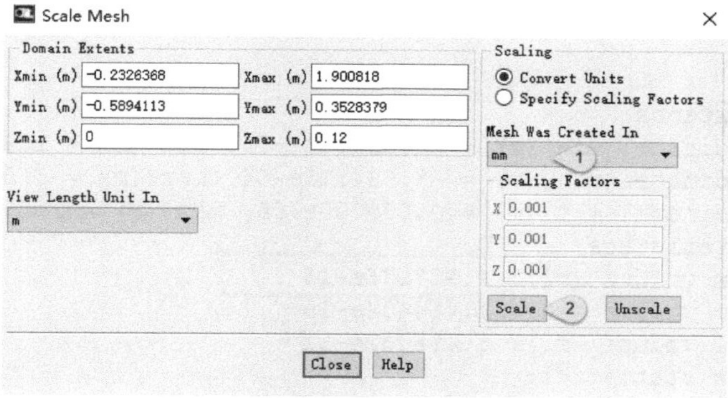

图 5-126　进行缩放操作

注意： 对于用于 CFD 计算的几何建模，在建模的时候根本不需要关注模型尺寸及单位，只需要按照几何比例创建模型即可，在求解器导入模型后通常需要确认导入的模型是否与实际几何尺寸一致。

缩放后几何尺寸如图 5-127 所示。可以更改 View Length Unit In 下拉框中的选项为 mm，这样看起来更顺眼一些，当然也可以不选，此选项只是方便查看而已，并不会影响几何的尺寸。

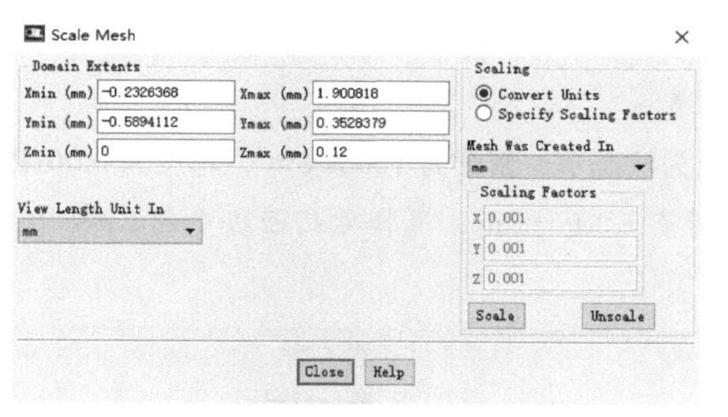

图 5-127　缩放后的几何尺寸

Step 3： 检查网格

按以下步骤操作：

■ 鼠标选择模型操作树节点 General 右侧面板中的 Check 按钮，如图 5-128 所示

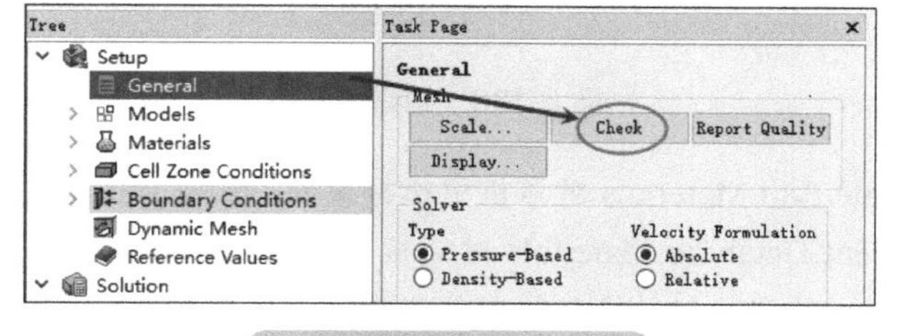

图 5-128　Check 网格

之后在 TUI 窗口出现如图 5-129 所示的提示。重点关注 minimum volume 的值，确保该值为正。

```
Domain Extents:
  x-coordinate: min (m) = -2.326368e-04, max (m) = 1.900818e-03
  y-coordinate: min (m) = -5.894113e-04, max (m) = 3.528379e-04
  z-coordinate: min (m) = 0.000000e+00, max (m) = 1.200000e-04
Volume statistics:
  minimum volume (m3): 9.987176e-16
  maximum volume (m3): 1.464484e-15
    total volume (m3): 5.496032e-11
Face area statistics:
  minimum face area (m2): 9.943689e-11
  maximum face area (m2): 1.464484e-10
Checking mesh.........................
Done.
```

图 5-129 网格检查信息

Step 4: General 面板其他设置

其他采用默认设置。

Step 5: Models 设置

本案例湍流计算采用默认的层流模型，不考虑温度变化，没有其他的额外模型需要选择，因此该模型节点无须进行额外设置。

Step 6: Material 设置

案例采用的流动介质为液态水，密度为 1000kg/m^3，粘度为 0.001Pa · s。

■ 鼠标单击模型树节点 Materials，选择右侧面板中的 Create/Edit... 按钮，如图 5-130 所示

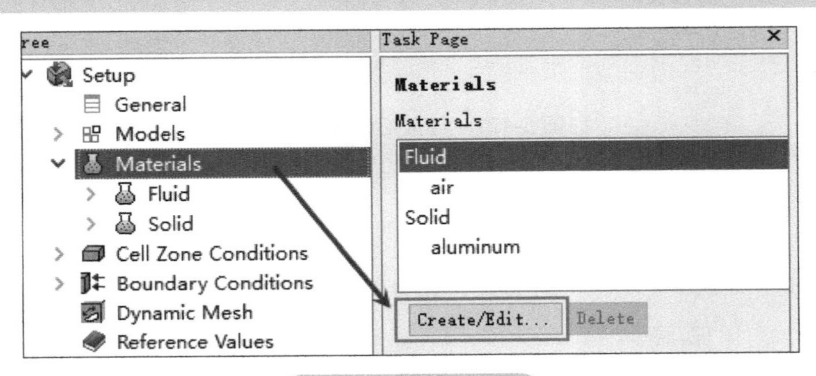

图 5-130 创建材料

■ 在弹出的 Create/Edit Materials 对话框中选择按钮 Fluent Database...

■ 在弹出的 Fluent Database Materials 对话框中选择材料 water-liquid（h2o<l>），如图 5-131 所示，单击 Copy 按钮将材料添加到当前工程中，之后单击 Close 按钮关闭此对话框

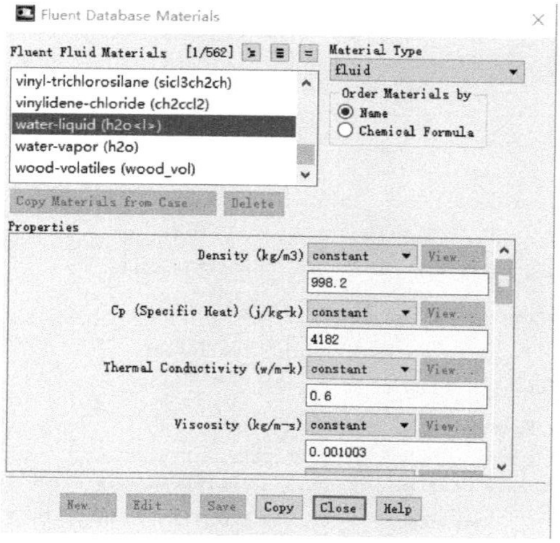

图 5-131　添加材料

■ 如图 5-132 所示，在 Create/Edit Materials 对话框中修改材料密度为 1000，粘度为 0.001，单击 Change/Create 按钮确认修改，之后单击 Close 按钮关闭对话框

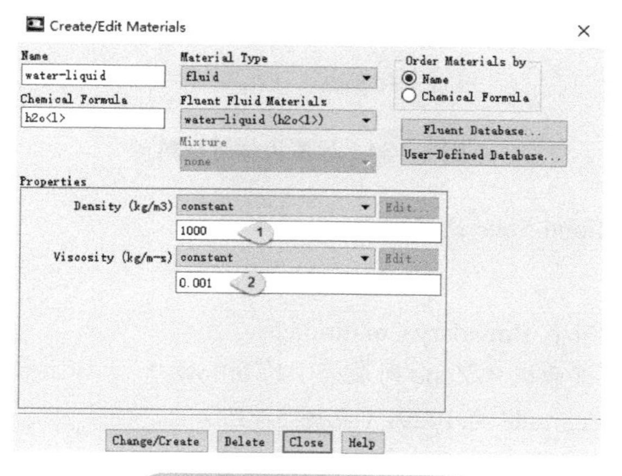

图 5-132　修改材料属性

Step 7：Cell Zone Conditions 设置

设置计算域中介质属性。

■ 鼠标双击模型树节点 Cell Zone Conditions → fluid（fluid），如图 5-133 所示

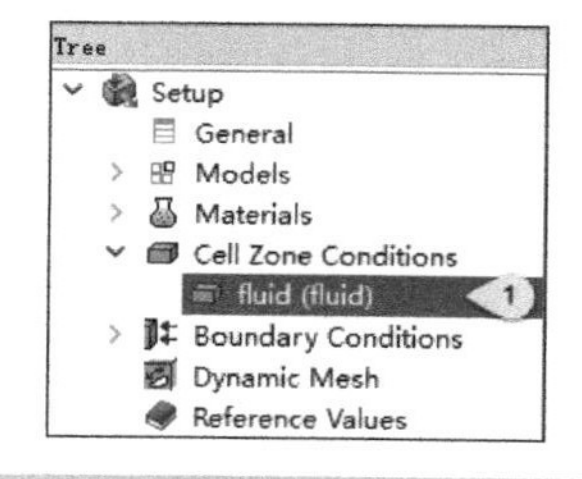

图 5-133　设置计算域流体属性

■ 在弹出的流体域介质属性设置对话框中设置 Material Name 为 water-liquid，如图 5-134 所示

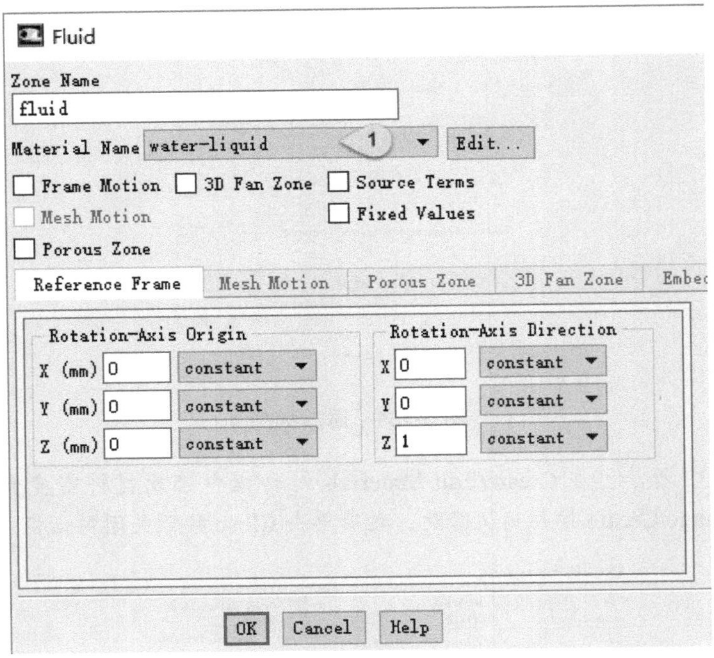

Fluid
Zone Name
fluid
Material Name water-liquid 1 Edit...
Frame Motion 3D Fan Zone Source Terms
Mesh Motion Fixed Values
Porous Zone
Reference Frame Mesh Motion Porous Zone 3D Fan Zone Embed
Rotation-Axis Origin
X (mm) 0 constant
Y (mm) 0 constant
Z (mm) 0 constant
Rotation-Axis Direction
X 0 constant
Y 0 constant
Z 1 constant
OK Cancel Help

图 5-134　设置流体域材料

Step 8: Boundary Conditions 设置

设置步骤：

■ 鼠标单击模型树节点 Boundary Conditions
■ 鼠标双击右侧设置面板中 Zone 列表框下的 inflow
■ 设置 Velocity Magnitude 为 10m/s（见图 5-135）

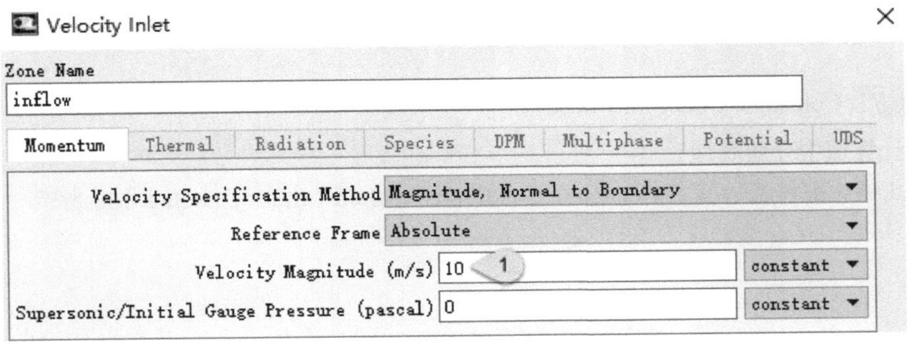

Velocity Inlet
Zone Name
inflow
Momentum Thermal Radiation Species DPM Multiphase Potential UDS
Velocity Specification Method Magnitude, Normal to Boundary
Reference Frame Absolute
Velocity Magnitude (m/s) 10 1 constant
Supersonic/Initial Gauge Pressure (pascal) 0 constant

图 5-135　设置 inflow 边界速度

■ 设置 outflow 边界的类型为 pressure-outlet，其他采用默认设置（见图 5-136）

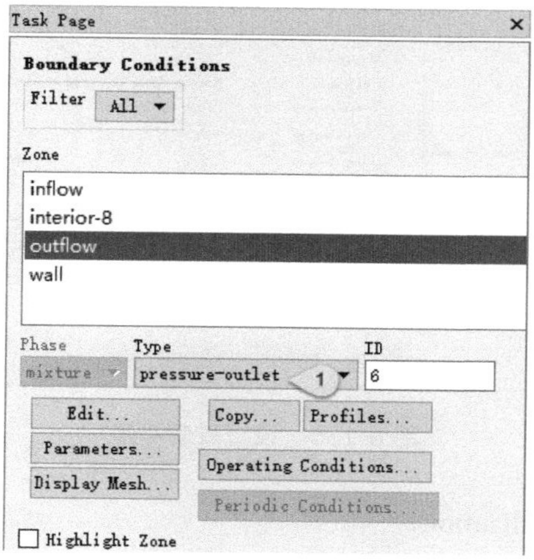

Task Page
Boundary Conditions
Filter All
Zone
inflow
interior-8
outflow
wall
Phase
Type
ID
mixture
pressure-outlet
1
6
Edit...
Copy...
Profiles...
Parameters...
Operating Conditions...
Display Mesh...
Periodic Conditions...
Highlight Zone

图 5-136 设置边界类型

Step 9: Solution Methods

设置步骤包括：

■ 鼠标选择模型树节点 Solution Methods，按如图 5-137 所示设置

Solution Methods
Pressure-Velocity Coupling
Scheme
Coupled
1
Spatial Discretization
Gradient
Least Squares Cell Based
Pressure
Second Order
Momentum
Second Order Upwind
Transient Formulation
Non-Iterative Time Advancement
Frozen Flux Formulation
Pseudo Transient
Warped-Face Gradient Correction
2
High Order Term Relaxation
Options...

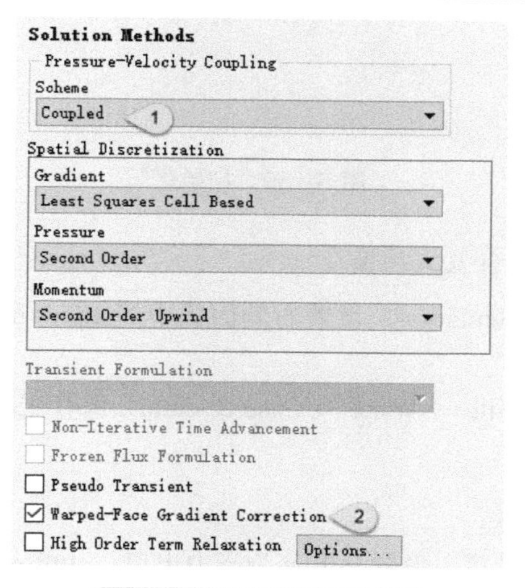

图 5-137 求解方法设置

Step 10: Monitors 设置

设置残差精度标准。

■ 鼠标单击模型树节点 Monitors

■ 鼠标选择右侧面板中 Residuals 下方的 Edit... 按钮

■ 在弹出的 Residual Monitors 对话框中设置所有方程的 Absolute Criteria 为 1×10^{-5}（见图 5-138）

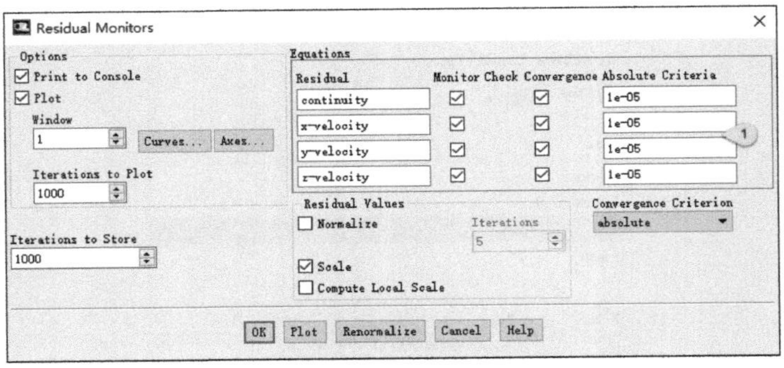

图 5-138　设置残差精度

Step 11： Solution Initialization

鼠标单击模型树节点 Solution Initialization，采用默认的 Hybrid Initialization 进行初始化，单击右侧设置面板中的 Initialize 按钮进行初始化，如图 5-139 所示。

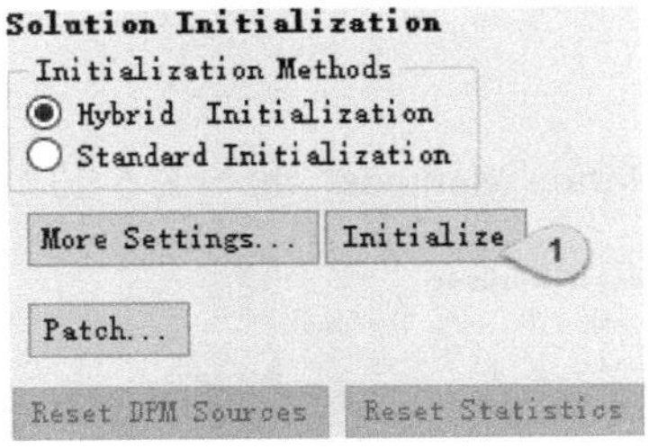

图 5-139　初始化

Step 12： Run Calculation 及文件保存

单击模型树节点 Run Calculation，设置右侧面板中 Number of Iterations 为 500，单击按钮 Calculate 进行计算。

计算完毕后，利用菜单 File → Write → Case & data... 保存工程文件为 Tesla_forward.cas 及 Tesla_forward.dat。

Step 13： 修改边界条件

利用逆流边界进行设置计算。设置 inflow 为压力出口，outflow 为速度入口。

■ 鼠标单击模型树节点 Boundary Conditions

■ 鼠标选择列表框中边界 inflow，设置其 Type 为 pressure-outlet，在弹出的边界值设置对话框中采用默认的边界值，即静压为 0，单击 OK 按钮关闭对话框

■ 鼠标选择列表框边界 outflow，设置其 Type 为 velocity-inlet，在弹出的边界值设置对话框中设置其速度值为 10m/s，单击 OK 按钮关闭对话框

Step 14： Run Calculations 及文件保存

单击模型树节点 Run Calculation，设置右侧面板中 Number of Iterations 为 500，单击按钮 Calculate 进行计算。

计算完毕后，利用菜单 File → Write → Case & data... 保存工程文件为 Tesla_backward.cas

及 Tesla_backward.dat。

5.11.3　计算后处理

Step 1： 启动 CFD-Post 并导入数据

本案例涉及两个 case 的比较，后处理在 CFD-Post 中进行。关于 CFD-Post 的介绍在后文中进行。

> **小技巧：** CFD-Post 是专业的后处理软件，所有的 CFD-Post 计算结果建议在 CFD-Post 中进行，这样能够获得比 Fluent 自身后处理更好的效果。

CFD-Post 能够导入 Fluent 的计算结果文件。

■ 启动 CFD-Post，选择菜单 File → Load Results…，在打开的文件选择对话框中，按住键盘 Ctrl 键同时选择前面计算后保存的文件 tesla_forward.cas 及 tesla_backward.cas，单击 Open 按钮打开文件

结果文件导入过程如图 5-140 所示。文件导入后，CFD-Post 会自动将两个 case 并排放置在图形窗口中，在进行多案例比较时非常方便。

> **小技巧：** 在同时导入多个结果文件到 CFD-Post 中时，通常导入的是 cas 文件，而 dat 文件软件会自动读取。不过需要保证 cas 文件与 dat 文件在同一路径下，且文件名一致。导入瞬态序列数据时，情况与此类似，在后续的瞬态结果后处理时再介绍瞬态序列数据的导入方法。

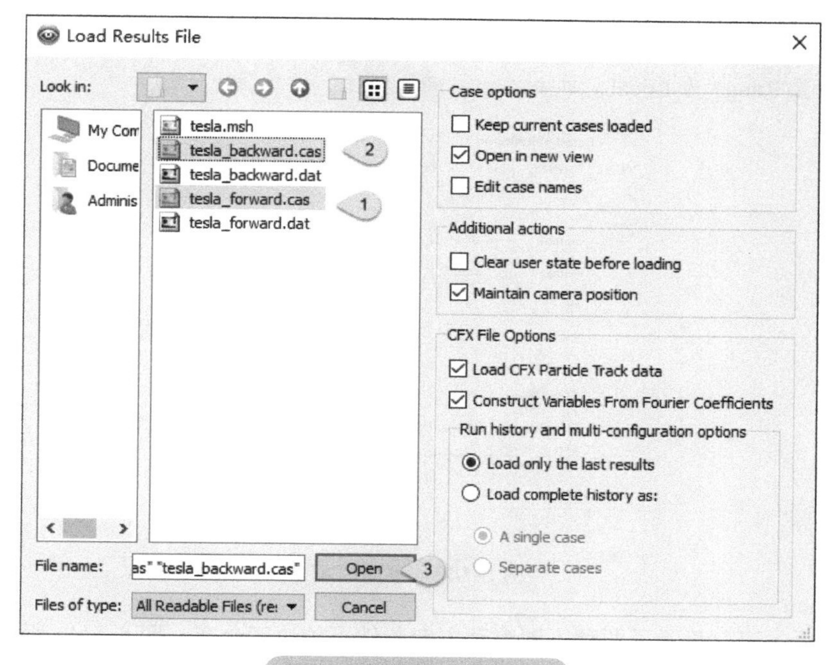

图 5-140　导入结果文件

Step 2：创建截面

创建中面观察比较两个 case 的流场分布。该中面为 z=0.06mm。

■ 利用菜单 Insert → Location → Plane 创建平面，在弹出的平面创建对话框中输入平面名称 Z006mm，单击 OK 按钮创建平面，如图 5-141 所示

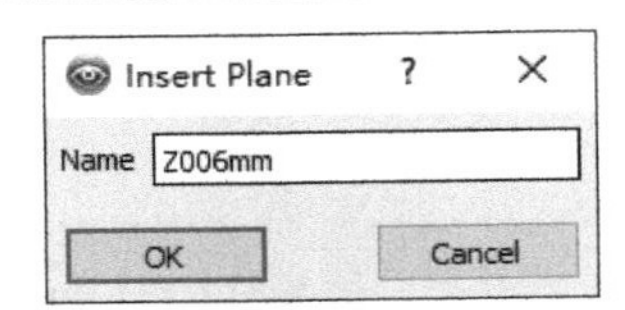

图 5-141　创建平面

■ 在左下方的平面细节设置面板中，Geometry 选项卡下设置 Method 为 XY Plane，设置 Z 为 0.06[mm]，如图 5-142 所示

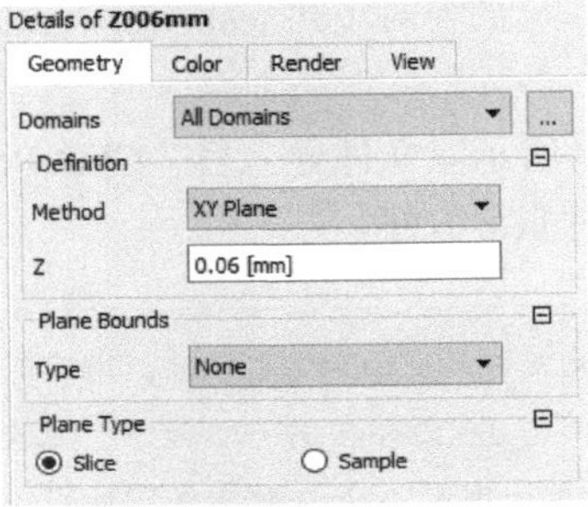

图 5-142　创建平面

■ 切换到 Color 标签页，如图 5-143 所示，设置 Mode 为 Variable，设置 Variable 为 Velocity，设置 Range 为 Local，单击 Apply 确认操作

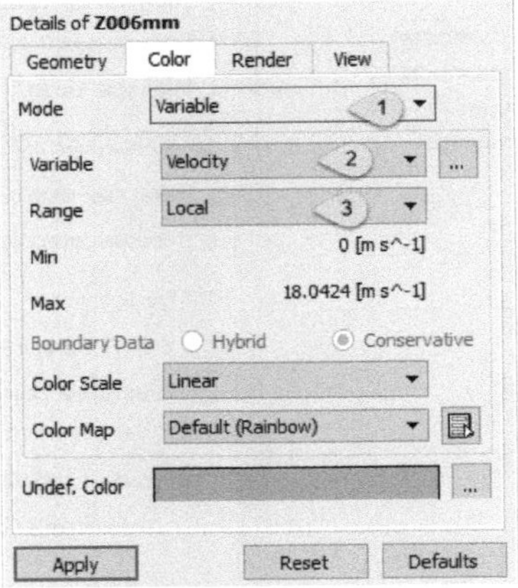

图 5-143　平面显示

图 5-144 所示窗口显示了两种不同流动方向条件下的速度分布。图 5-144a 所示为正向流动条件下的流动速度分布，图 5-144b 所示为逆向流动条件下的流动速度分布。

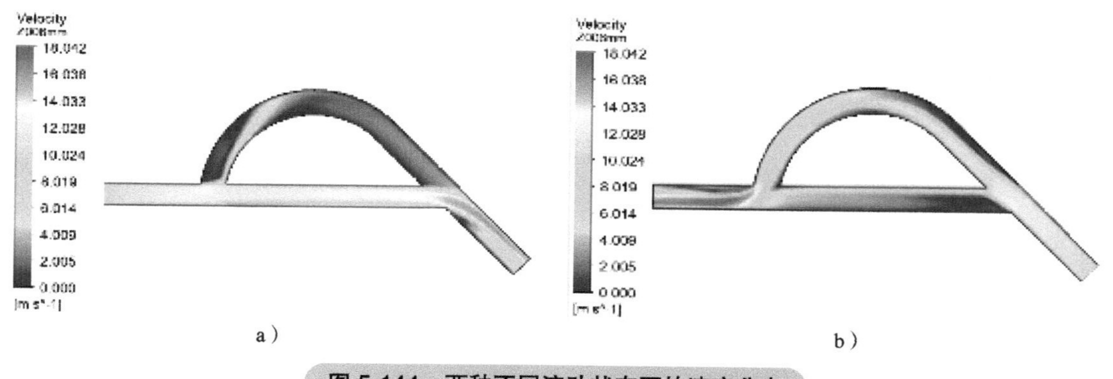

图 5-144　两种不同流动状态下的速度分布

a）正向流动　b）逆向流动

Step 3： 压降分析

分析两种不同流动条件下各自的压降。

■ 选择菜单 Insert → Expression，如图 5-145 所示，在弹出的对话框中输入名称 PressureDrop，单击 OK 按钮确认

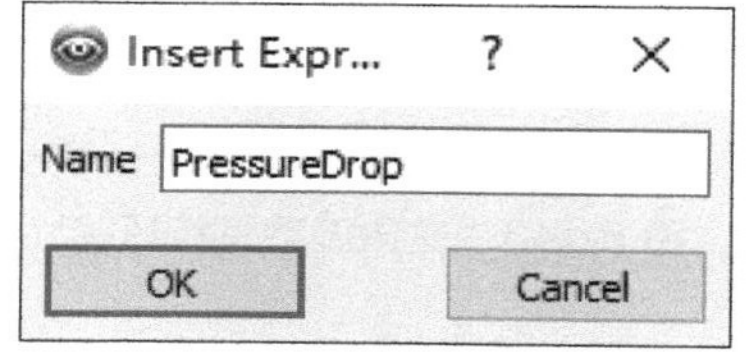

图 5-145　输入名称

■ 如图 5-146 所示，在左下角的表达式定义面板中输入 areaAve（Pressure）@outflow-areaAve（Pressure）@inflow

此表达式意义为：出口压力减去入口压力。

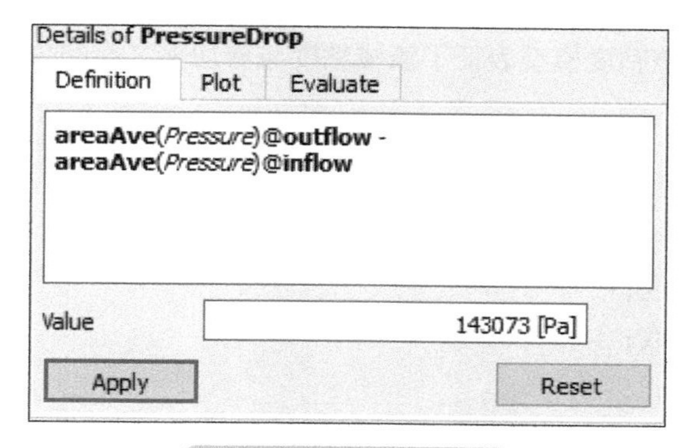

图 5-146　定义表达式

■ 选择菜单 Insert → Table 插入表格，在 A1 单元格输入文本 PressureDrop，激活 B1 单元格，在上方文本框中输入 =PressureDrop，此 PressureDrop 即定义的表达式

■ 选择 Default Case 为 tesla_forward

此时 B1 单元格内容为 −9.87e4Pa（见图 5-147），表示正向流动系统压降为 9.87×10^4Pa。

■ 选择 Default Case 为 tesla_backward

Table 1

B1 =PressureDrop Default Case tesla_forward

	A	B	C	D
1	preesureDrop	-9.874e+04 [Pa]		
2				
3				
4				

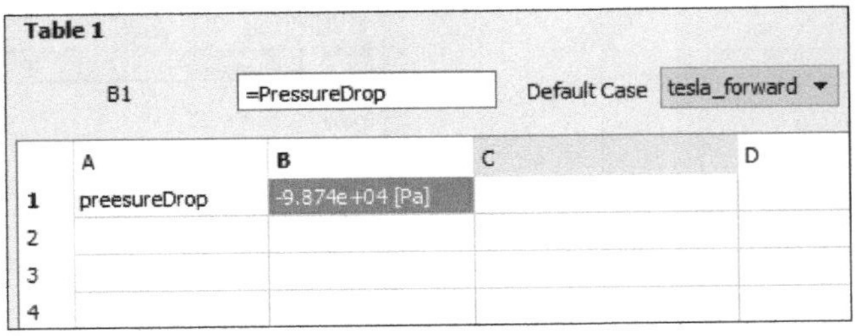

图 5-147　正向流动系统压降

此时 B1 单元格显示内容为 1.43e5Pa（见图 5-148），表示逆向流动系统压降为 1.43×10^5Pa。

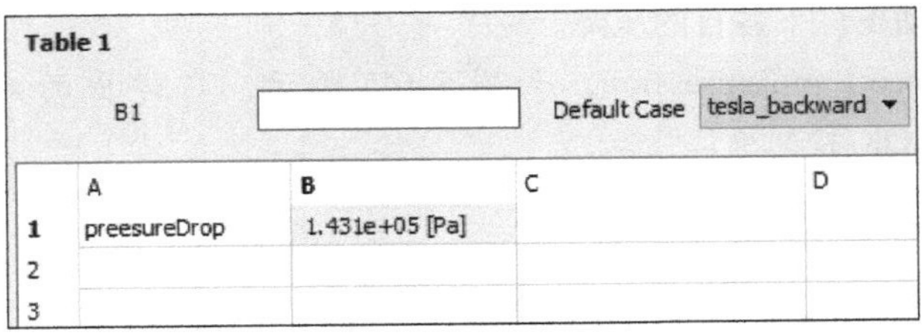

Table 1

B1 Default Case tesla_backward

	A	B	C	D
1	preesureDrop	1.431e+05 [Pa]		
2				
3				

图 5-148　逆向流动系统压降

两种不同流动方式的系统压降相差较大，约为（$1.43\times10^5-9.87\times10^4$）Pa=44300Pa。

5.12　案例 3：非牛顿流体流动计算

5.12.1　案例描述

本案例演示如何利用 Fluent 求解非牛顿流体流动问题。案例中流动介质密度为 450kg/m^3，粘度采用 Carreau 模型，该粘度模型表征了流体粘度与剪切率之间的关系。可表示为

$$\mu=\mu_\infty+(\mu_0-\mu_\infty)[1+(\lambda\dot{\gamma})^2]^{\frac{n-1}{2}}$$

式中　μ_∞——无穷大剪切率粘度；

μ_0——零剪切率粘度；

λ——单位时间参数；

n——无量纲参数；

$\dot{\gamma}$——剪切率，圆柱坐标系下剪切率可写为

$$\dot{\gamma}=\sqrt{\frac{1}{2}\left[(2u_r)^2+2(u_z+u_r)^2+(2v_r)^2+\left(\frac{u}{r}\right)^2\right]}$$

案例中 Carreau 模型各参数见表 5-5。

表 5-5 Carreau 模型参数

参数	参数值
μ_∞	0
μ_0	166Pa.s
λ	1.73×10^{-2} s
n	0.538

本案例的计算几何可简化为 2D 轴对称几何，如图 5-149 所示。

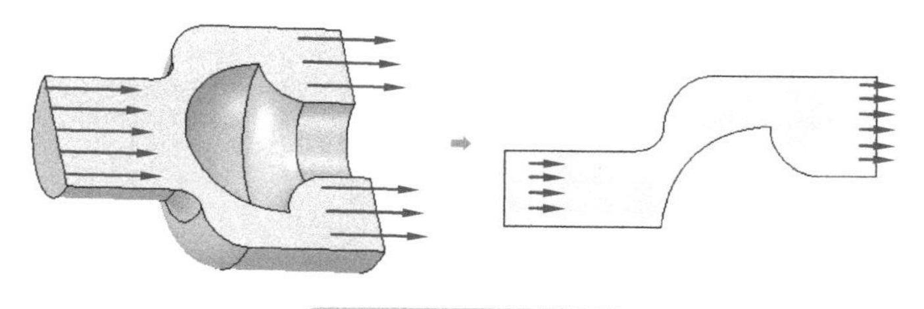

图 5-149 计算几何

5.12.2 Fluent 设置

Step 1： 启动 Fluent

以 2D 方式启动 Fluent。

■ 利用菜单 File → Read → Mesh... 读入网格文件 EX5-3\ex5-3.msh

网格读入后自动显示在图形窗口。

Step 2： 检查网格

主要检查计算域尺寸，并根据尺寸缩放网格。

■ 选择模型树节点 General

■ 单击右侧操作面板中的 Scale... 按钮，弹出 Scale Mesh 对话框

如图 5-150 所示，可以看出计算域尺寸不满足真实几何要求，需要进行缩放。

■ 选择 Mesh Was Created In 下拉框内容为 mm，单击 Scale 按钮进行缩放，缩放后单击 Close 按钮关闭对话框

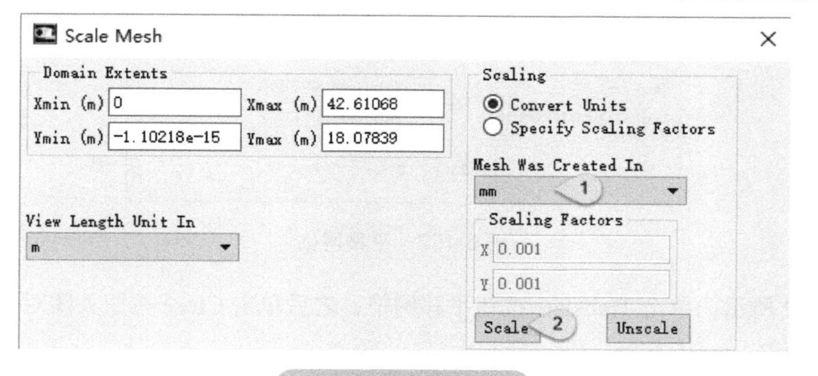

图 5-150 缩放网格

■ 单击操作面板上 Check 按钮，检查 TUI 信息，结果如图 5-151 所示

```
 Domain Extents:
   x-coordinate: min (m) = 0.000000e+00, max (m) = 4.261068e-02
   y-coordinate: min (m) = -1.102182e-18, max (m) = 1.807839e-02
 Volume statistics:
   minimum volume (m3): 4.949248e-11
   maximum volume (m3): 5.916518e-09
     total volume (m3): 2.347255e-05
   minimum 2d volume (m3): 1.556140e-08
   maximum 2d volume (m3): 7.177068e-08
 Face area statistics:
   minimum face area (m2): 1.075750e-04
   maximum face area (m2): 2.775504e-04
 Checking mesh.........
WARNING: left-handed faces detected on zone  12:    53 right-handed,    18 left-handed.
Info: Used modified centroid in 53 cell(s) to prevent left-handed faces.....
WARNING: Invalid axisymmetric mesh with nodes lying below the x-axis.....
WARNING: The mesh contains high aspect ratio quadrilateral,
         hexahedral, or polyhedral cells.
         The default algorithm used to compute the wall
         distance required by the turbulence models might
         produce wrong results in these cells.
         Please inspect the wall distance by displaying the
         contours of the 'Cell Wall Distance' at the
         boundaries. If you observe any irregularities we
         recommend the use of an alternative algorithm to
         correct the wall distance.
         Please select /solve/initialize/repair-wall-distance
         using the text user interface to switch to the
         alternative algorithm.
........
Done.
```

图 5-151　网格信息

图 5-151 中发现了警告信息，出现此类警告信息原因在于：案例网格采用 2D 轴对称网格，而 FLUENT 对于 2D 轴对称的要求是对称轴必须为 X 轴，且网格位于 X 轴上方。从图 5-150 可看出 Y 轴最小值为 -1.10218e-15，位于 X 轴下方（此微小的值为建模误差所致）。因此需将网格向上平移，平移量无限制，但要确保 Y 轴最小值大于零。此处将网格向上平移 1mm。

■ 鼠标单击 Setting Up Domain 标签页下的 Transform 按钮，选择其中的 Translate 按钮，弹出 Translate Mesh 对话框，设置 Translation Offsets 下的 Y 为 1mm（见图 5-152）

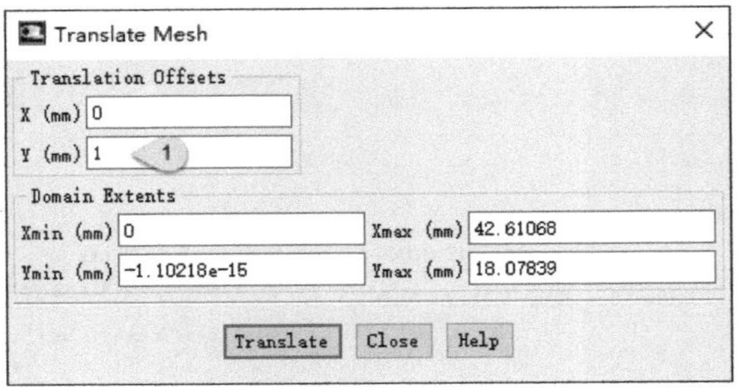

图 5-152　平移网格

如图 5-152 所示，单击 Translate 按钮平移网格，之后单击 Close 按钮关闭对话框。

■ 再次单击 Check 按钮

此时 TUI 窗口显示的网格信息如图 5-153 所示。没有出现任何警告或错误，问题解决。

```
Domain Extents:
  x-coordinate: min (m) = 0.000000e+00, max (m) = 4.261068e-02
  y-coordinate: min (m) = 1.000000e-03, max (m) = 1.907839e-02
Volume statistics:
  minimum volume (m3): 2.470457e-10
  maximum volume (m3): 6.253760e-09
    total volume (m3): 2.599380e-05
  minimum 2d volume (m3): 1.556140e-08
  maximum 2d volume (m3): 7.177068e-08
Face area statistics:
  minimum face area (m2): 1.075750e-04
  maximum face area (m2): 2.775504e-04
Checking mesh.........................
Done.
```

图 5-153 网格信息

Step 3： General 设置

设置一些常用项。

■ 选择模型树节点 General

■ 设置 2D Space 选项为 Axisymmetric（见图 5-154）

本案例采用轴对称模型，其他参数保持默认。

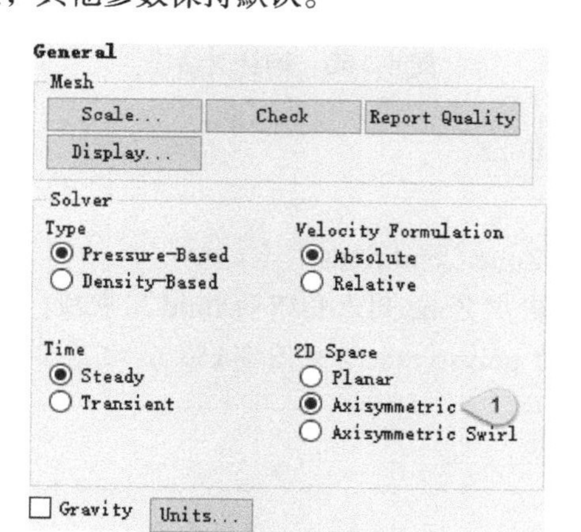

图 5-154 General 设置

Step 4： Models 设置

本案例的 Models 保持默认设置。

Step 5： Material 设置

修改材料属性。

■ 选择模型树节点 Materials，双击右侧面板中 Materials 列表项 air

■ 在弹出的 Create/Edit Materials 对话框中，设置 Name 为 polystyrene

■ 选择 Viscosity 下拉列表项 Carreau Model，弹出 Carreau Model 设置对话框，按如图 5-155 所示进行设置

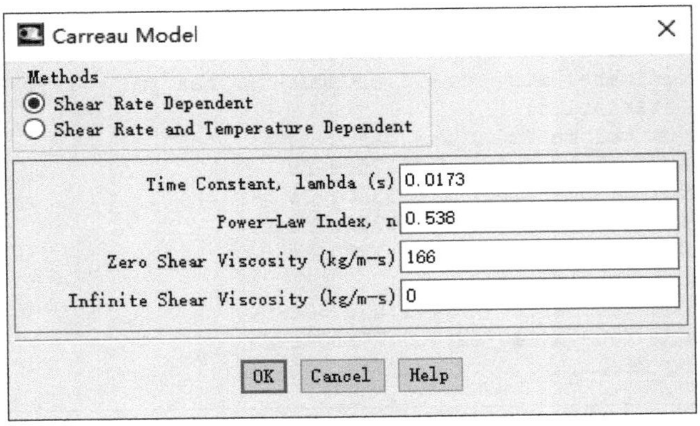

Carreau Model
Methods
Shear Rate Dependent
Shear Rate and Temperature Dependent
Time Constant, lambda (s) 0.0173
Power-Law Index, n 0.538
Zero Shear Viscosity (kg/m-s) 166
Infinite Shear Viscosity (kg/m-s) 0
OK
Cancel
Help

图 5-155 设置 Carreau 模型

单击 OK 按钮关闭设置框，软件弹出如图 5-156 所示提示对话框，单击 No 按钮。

Question
Change/Create mixture and Overwrite air?
Yes
No
1

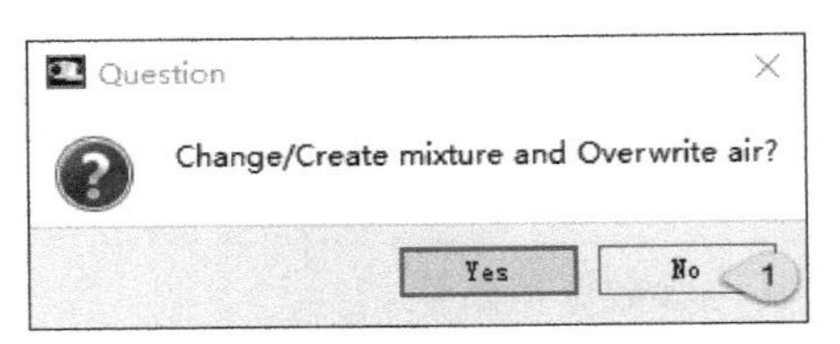

图 5-156 确认对话框

Step 6: Cell Zone Conditions

设置计算域材料介质。

- 选择模型树节点 Cell Zone Conditions
- 鼠标双击右侧设置面板中 Zone 列表框下的 fluid 列表项，弹出 Fluid 设置框
- 设置 Material Name 为 polystyrene（见图 5-157），之后单击 OK 按钮关闭对话框

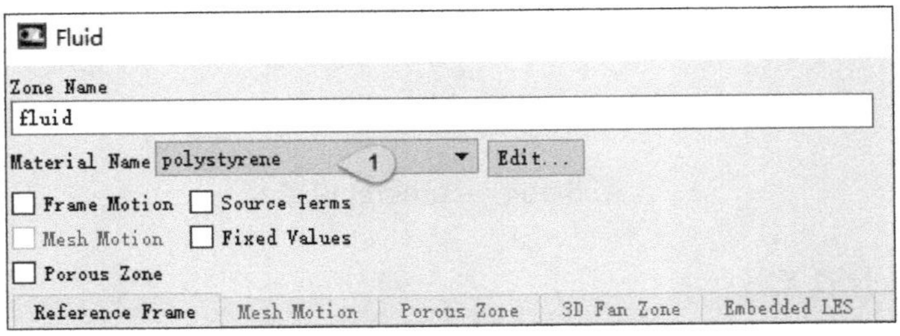

Fluid
Zone Name
fluid
Material Name polystyrene
1
Edit...
Frame Motion
Source Terms
Mesh Motion
Fixed Values
Porous Zone
Reference Frame
Mesh Motion
Porous Zone
3D Fan Zone
Embedded LES

图 5-157 设置计算域材料

Step 7: Boundary Conditions

设置边界条件。

- 选择模型树节点 Boundary Conditions
- 选择右侧设置面板中 Zone 列表框中的 inlet 列表项，设置其 Type 为 Pressure-inlet，设置 Gauge Total Pressure 为 210000（见图 5-158），之后单击 OK 按钮关闭对话框

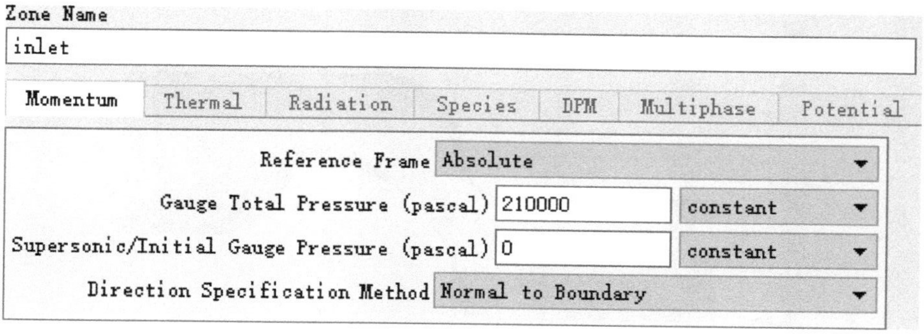

Zone Name
inlet
Momentum Thermal Radiation Species DPM Multiphase Potential
Reference Frame Absolute
Gauge Total Pressure (pascal) 210000 constant
Supersonic/Initial Gauge Pressure (pascal) 0 constant
Direction Specification Method Normal to Boundary

图 5-158 设置入口条件

■ 选择 Zone 列表框中的 outlet 列表项，设置其 Type 为 Pressure-outlet，弹出的对话框中保持参数值为默认，单击 OK 按钮关闭对话框

其他边界保持默认设置。

Step 8: Solution Methods

设置一些求解算法。

■ 选择模型树节点 Solution Methods

■ 设置右侧面板中的 Pressure-Velocity Coupling Scheme 为 Coupled

■ 激活选项 Wraped-Face Gradient Correction

其他参数保持默认设置。

Step 9: Solution Initialization

进行初始化。

■ 选择模型树节点 Solution Initialization

■ 选择右侧面板中初始化方法为 Standard Initialization，选择 Compute from 下拉项为 inlet，单击 Initialize 按钮进行初始化

也可以使用 Hybrid 方法进行初始化。

Step 10: Run Calculation

开始设置迭代计算。

■ 选择模型树节点 Run Calculation

■ 设置面板中 Number of Iterations 为 500

■ 单击 Calculate 按钮进行迭代计算

迭代计算完毕后，保存 Case 及 Data 文件。

Step 11: 计算后处理

查看速度分布。

■ 选择模型树节点 Graphics

■ 双击右侧面板中 Graphics 列表框中的 Contours 列表项，弹出的对话框中设置 Contours of 为 Velocity，单击 Display 按钮显示速度分布

速度分布如图 5-159 所示。

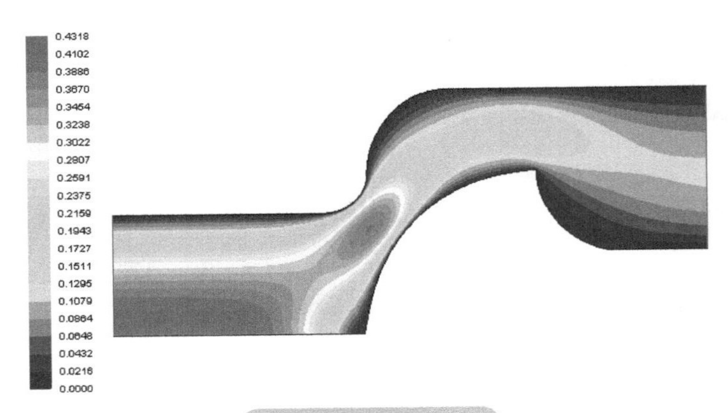

图 5-159　速度分布

采用同样的方法可以观察动力粘度分布，结果如图 5-160 所示。

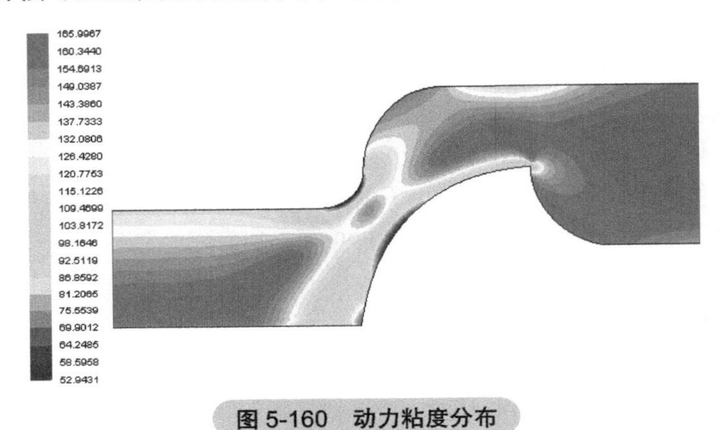

图 5-160　动力粘度分布

5.13　案例 4：风扇流场计算

5.13.1　案例描述

本案例演示在 Fluent 中利用 MRF 模型计算旋转区域的流动问题。案例几何如图 5-161 所示。几何中包含两个计算域：静止区域 Fluid 及旋转区域 Rotating，两个计算域采用 Interface 进行连接。

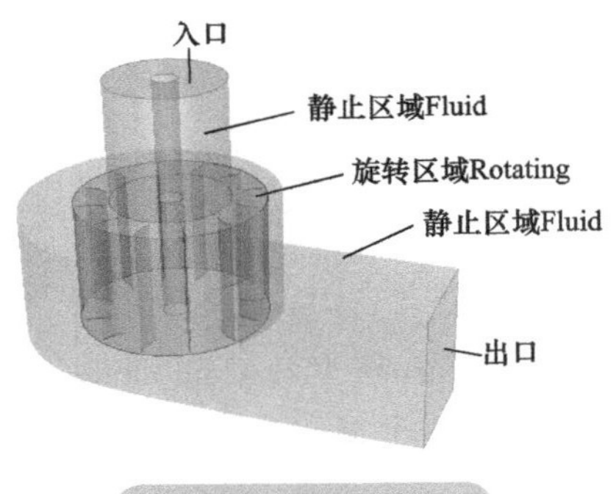

图 5-161　案例几何

5.13.2 Fluent 设置

Step 1: 启动 Fluent

以 3D 模式打开 Fluent 并读取网格。

■ 启动 Fluent，启动界面中设置 Dimension 为 3D

■ 利用菜单 File → Import → Tecplot... 读入文件 EX5-4\ex5-4.plt

网格将会显示在图形窗口中。

Step 2: 缩放网格并进行检查

导入网格后，首先要做的工作是检查计算域尺寸是否恰当。

■ 选择模型树节点 General，单击右侧面板中的 Scale... 按钮，弹出网格缩放对话框

如图 5-162 所示，很明显计算域尺寸不符合实际要求，需要进行缩放处理

■ 选择 Mesh Was Created In 为 mm

■ 单击按钮 Scale 进行网格缩放

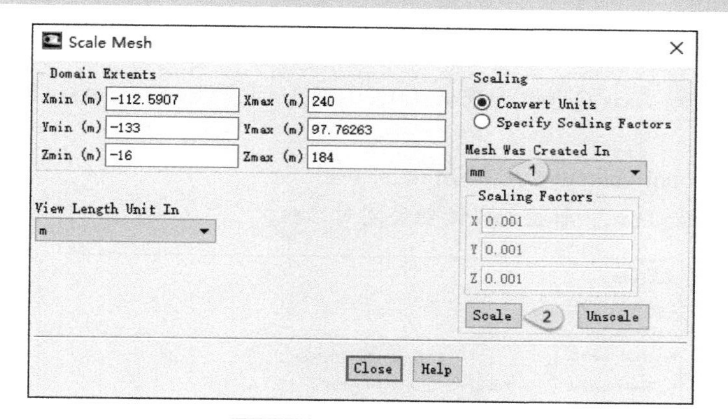

图 5-162 Scale 网格

■ 单击按钮 Check 按钮检查网格

网格信息显示在 TUI 窗口中，如图 5-163 所示，确保 minimum volume 值大于零。

```
Domain Extents:
  x-coordinate: min (m) = -1.125907e-01, max (m) = 2.400000e-01
  y-coordinate: min (m) = -1.330000e-01, max (m) = 9.776263e-02
  z-coordinate: min (m) = -1.600000e-02, max (m) = 1.840000e-01
Volume statistics:
  minimum volume (m3): 5.016292e-08
  maximum volume (m3): 1.704043e-06
    total volume (m3): 5.575692e-03
Face area statistics:
  minimum face area (m2): 5.016292e-06
  maximum face area (m2): 1.769122e-04
Checking mesh.........................
Done.
```

图 5-163 网格信息

■ 单击 General 面板中按钮 Units...，在弹出的对话框中设置 angular-velocity 的单位为 rpm

其他参数保持默认。

Step 3: Models 设置

采用 RNG k-epsilon 湍流模型进行计算。

■ 选择模型树节点 Models

■ 鼠标双击右侧面板中列表项 Viscous，在弹出的湍流模型设置对话框中选择 RNG k-epsilon 模型

建议：RNG k-e 模型适合于计算旋转流动。

Step 4: Cell Zone Conditions 设置

设置区域运动。

■ 选择模型树节点 Cell Zone Conditions，鼠标双击右侧面板中列表项 rotating，弹出区域设置对话框

■ 激活选项 Frame Motion（见图 5-164）

■ 设置 Rotation-Axis Origin 为默认（0，0，0），设置 Rotation-Axis Direction 为默认的（0，0，1）

■ 设置 Rotational Velocity 为 2000rpm

■ 其他参数保持默认，单击 OK 按钮关闭对话框

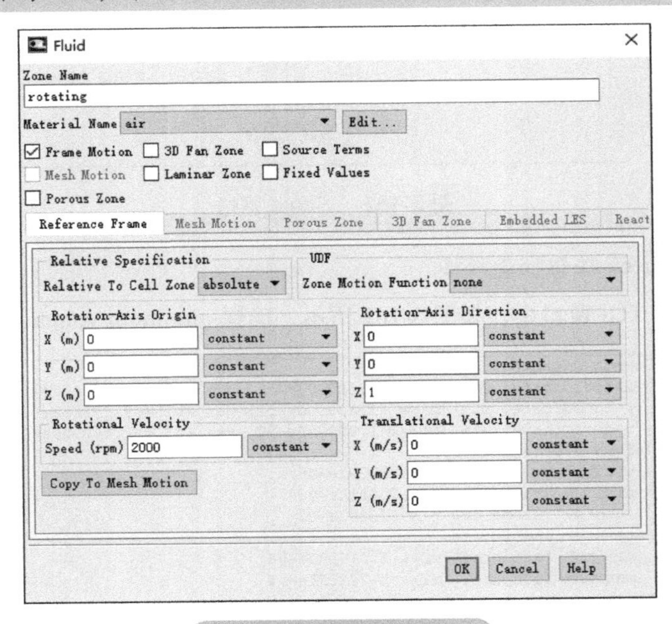

图 5-164 设置区域运动

区域 Fluid 保持默认设置，为静止域。

Step 5: Boundary Conditions 设置

区域设置包含进出口以及壁面设置。

1. 设置入口条件

■ 选择模型树节点 Boundary Conditions

■ 鼠标选择右侧面板中的 fluid:inlet 列表项（见图 5-165），改变 Type 为 velocity-inlet，系统自动弹出速度设置对话框，如图 5-166 所示

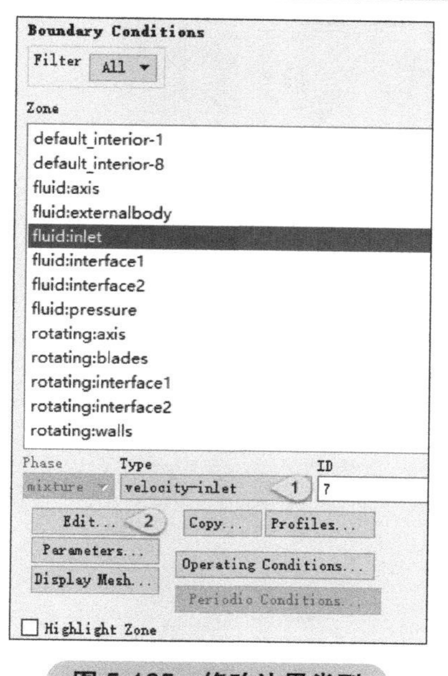

图 5-165 修改边界类型

■ 设置 Velocity Magnitude 为 5m/s

■ 其他参数保持默认，单击 OK 按钮关闭对话框

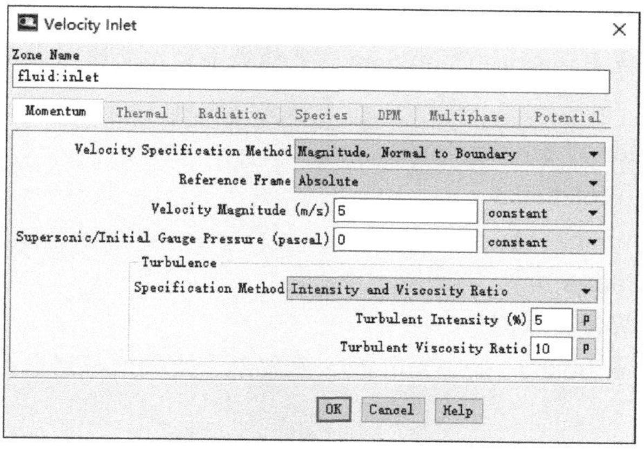

Velocity Inlet
Zone Name
fluid:inlet
Momentum | Thermal | Radiation | Species | DPM | Multiphase | Potential
Velocity Specification Method Magnitude, Normal to Boundary
Reference Frame Absolute
Velocity Magnitude (m/s) 5 constant
Supersonic/Initial Gauge Pressure (pascal) 0 constant
Turbulence
Specification Method Intensity and Viscosity Ratio
Turbulent Intensity (%) 5 P
Turbulent Viscosity Ratio 10 P
OK Cancel Help

图 5-166 设置速度入口

2. 设置出口边界 fluid:pressure

■ 选择模型树节点 Boundary Conditions，选择右侧面板列表项 fluid:pressure

■ 修改边界类型 Type 为 pressure-outlet，系统弹出边界设置对话框

■ 采用默认设置，单击 OK 按钮关闭对话框

3. 设置壁面边界 fluid:axis

Fluid:axis 壁面属于静止域，但该壁面是旋转的，其旋转速度为 2000rpm。

■ 选择模型树节点 Boundary Conditions，鼠标双击右侧面板列表项 fluid:axis，弹出壁面设置对话框，如图 5-167 所示

■ 选择 Wall Motion 为 Moving Wall

■ 设置 Motion 为 Rotational

■ 设置 Speed 为 2000rpm

其他参数保持默认设置，单击 OK 按钮关闭对话框。

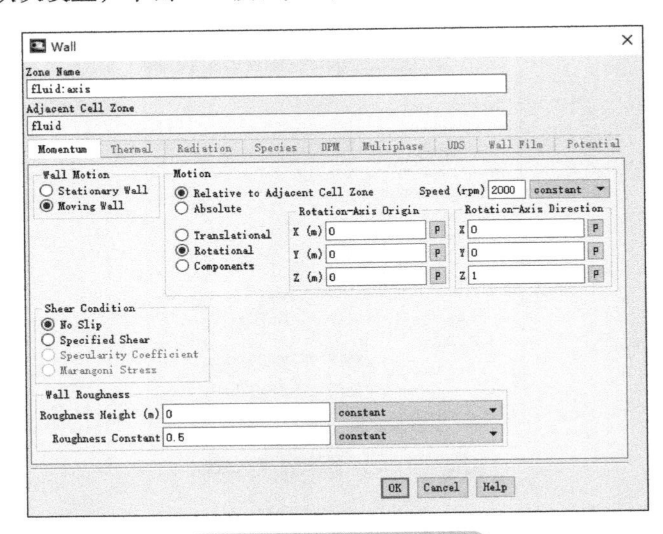

图 5-167　设置壁面旋转

4. 设置 Rotating:axis 边界

■ 选择模型树节点 Boundary Conditions，鼠标双击右侧面板列表项 Rotating:axis，弹出壁面设置对话框

■ 选择 Wall Motion 为 Moving Wall

■ 设置 Motion 为 Rotational

■ 设置 Speed 为 0rpm

5. 设置 Rotating:blades 边界

与 Rotating:axis 边界设置相同。

■ 选择模型树节点 Boundary Conditions，鼠标双击右侧面板列表项 Rotating:blades，弹出壁面设置对话框

■ 选择 Wall Motion 为 Moving Wall

■ 设置 Motion 为 Rotational

■ 设置 Speed 为 0rpm

6. 设置 fluid:interface1、fluid:interface2、rotating:interface1、rotating:interface2

■ 更改这些边界类型为 interface

更改为 interface 边界后，模型树节点自动添加 mesh interfaces 节点。

Step 6: 设置 interface 对

Interface 边界需要配对。

■ 鼠标选择模型树节点 Mesh Interfaces，单击右侧面板中 Create/Edit... 按钮，弹出 interface 创建对话框，如图 5-168 所示。

■ 在 Mesh Interface 文本框中输入 interface1

■ 在 Interface Zones Side 1 列表框中选择 fluid:interface1

■ 在 Interface Zones Side 2 列表框中选择 rotating:interface1

■ 其他保持默认，单击按钮 Create 创建 interface 对

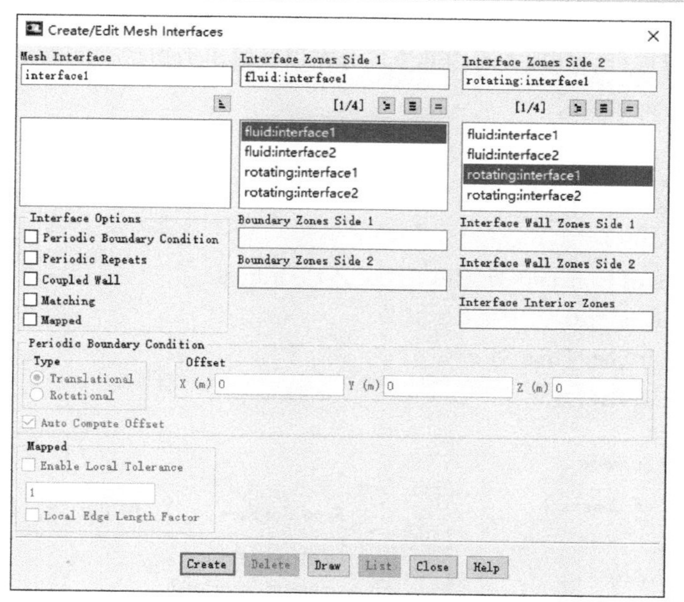

图 5-168 创建 interface 对

采用相同的方式创建第二对 interface。

■ 在 Mesh Interface 文本框中输入 interface2

■ 在 Interface Zones Side 1 列表框中选择 fluid:interface2

■ 在 Interface Zones Side 2 列表框中选择 rotating:interface2

■ 其他保持默认，单击按钮 Create 创建 interface 对

Step 7: Solution Methods 设置

设置求解算法。

■ 选择模型树节点 Solution Methods

■ 设置右侧面板中 Pressure-Velocity Coupling Scheme 为 Coupled

■ 激活选项 Warped-Face Gradient Correction 及 High Order Term Relaxation

其他选项保持默认设置。

Step 8: Solution Initialization 设置

采用默认的 Hybrid 方法进行初始化。

■ 选择模型树节点 Solution Initialization
■ 右侧面板中选择选项 Hybrid Initialization
■ 单击按钮 Initialize

此处也可以采用 Standard 方法进行初始化。

Step 9： Run Calculation 设置

设置迭代参数进行计算。

■ 选择模型树节点 Run Calculation
■ 右侧面板中设置参数 Number of Iterations 为 300
■ 单击按钮 Calculate 进行计算

计算完毕后可以进行后处理查看内部流场分布以及输出力矩。

Step 10： 查看内部流场

1. 创建 z=0 面

■ 选择 Setting Up Domain 标签页下 Create 按钮下的子按钮 Iso-Surface，弹出等值面定义对话框（见图 5-169）
■ 选择 Surface of Constant 为 Mesh... 及 Z-Coordinate
■ 设置 Iso-Values 为 0
■ 设置 New Surface Name 为 z=0
■ 单击 Create 按钮创建面

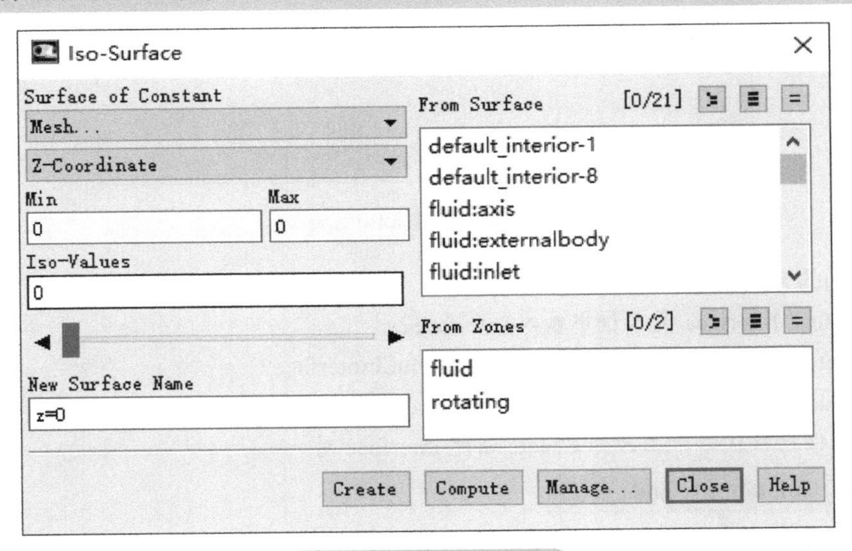

图 5-169 创建 Z=0 面

2. 显示面上矢量分布

■ 鼠标双击模型树节点 Result → Graphics → Vectors，弹出设置对话框（见图 5-170）
■ 取消选择 Global Range，选择 Auto Range
■ Surfaces 列表框中选择列表项 z-0
■ 其他参数保持默认，单击 Display 按钮

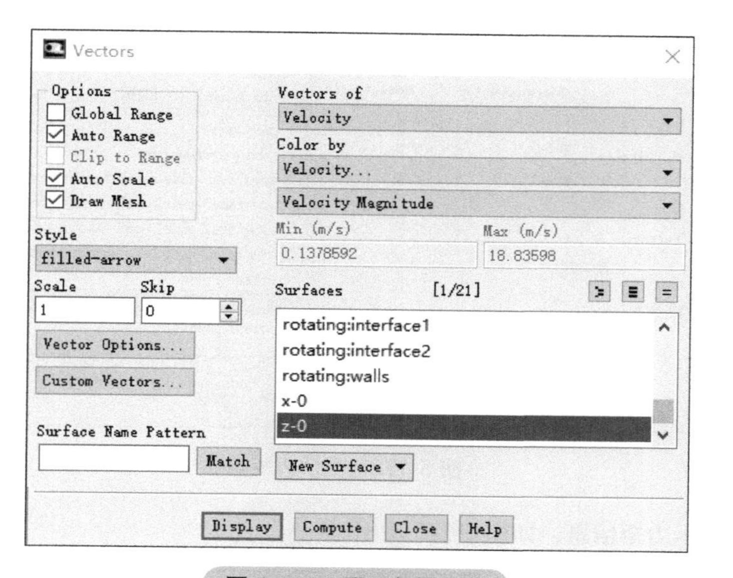

图 5-170　显示矢量分布

如图 5-171 所示为 z=0 面上速度矢量分布。

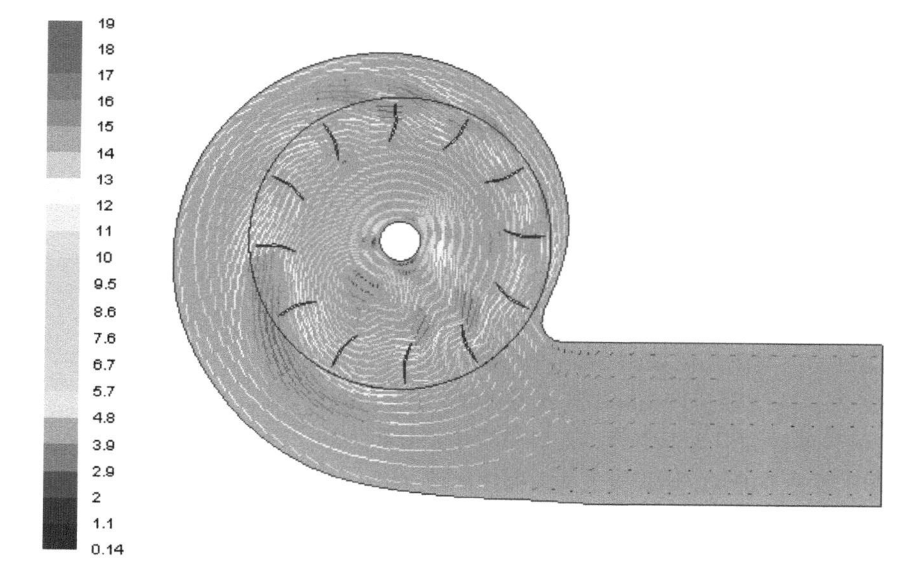

图 5-171　z=0 面上速度矢量分布

Step 11：查看叶片力矩

■ 选择模型树节点 Result → Reports

■ 鼠标双击右侧面板中列表项 Forces，弹出 Force Reports 对话框（见图 5-172）

■ 设置 Options 为 Moments，设置 Moment Center 为（0，0，0），设置 Moment Axis 为（0，0，1），选择 Wall Zones 为 rotating:blades

■ 单击 Print 按钮

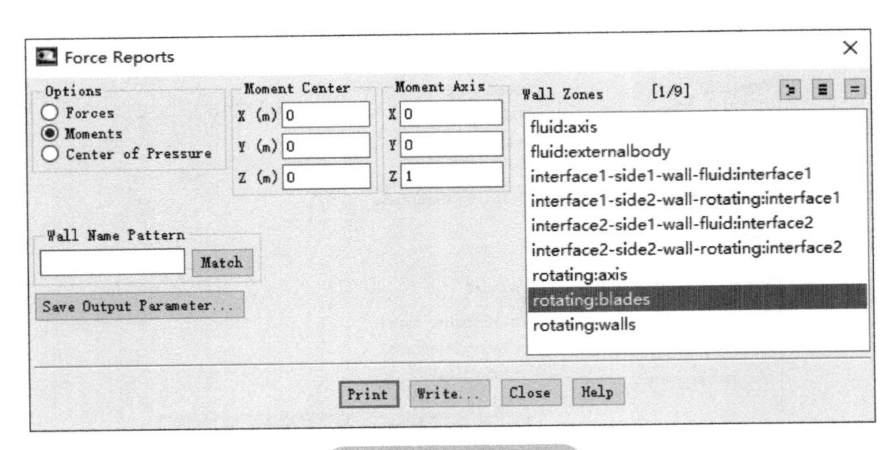

图 5-172 显示力矩

TUI 窗口中显示力矩信息，如图 5-173 所示。

```
Moments - Moment Center (0 0 0) Moment Axis (0 0 1)
                          Moments (n-m)                                              Coefficients
Zone                      Pressure         Viscous          Total            Pressure         Viscous          Total
rotating:blades           -0.055440531     -3.7343349e-05   -0.055477875     -0.090515153     -6.0968733e-05   -0.090576122
------------------------- ---------------- ---------------- ---------------- ---------------- ---------------- ----------------
Net                       -0.055440531     -3.7343349e-05   -0.055477875     -0.090515153     -6.0968733e-05   -0.090576122
```

图 5-173 力矩信息

从图 5-173 中可以看出，作用在叶片上的总力矩为 0.091N·m。

5.14 案例 5：颗粒负载流动

5.14.1 案例描述

本案例介绍利用 Fluent 中的 DPM 模型计算颗粒在方形弯管中的流动行为。案例几何如图 5-174 所示。

计算条件为：空气以速度 10m/s 进入计算域，出口相对压力为 0Pa，流体属性假设为恒定值。入口位置颗粒分布为均匀分布，体积浓度为 0.01%，体积流量为 $6.4516 \times 10^{-7} m^3/s$，质量流量 $7.741 \times 10^{-4} kg/s$，颗粒粒径 $4 \times 10^{-5} m$，密度 1200 kg/m^3，初始颗粒速度 10m/s。

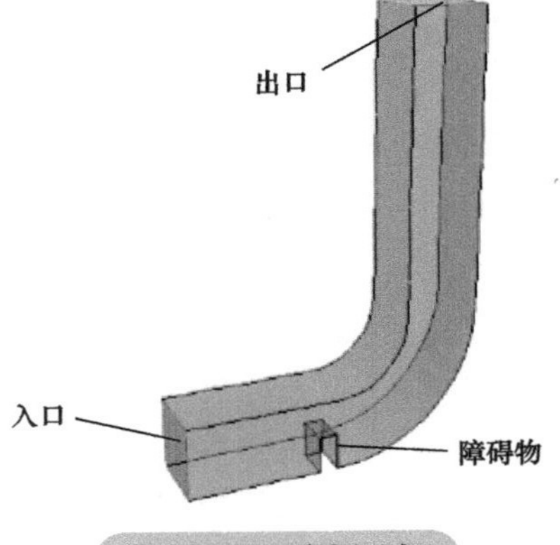

图 5-174 案例几何

5.14.2 Fluent 设置

Step 1： 启动 Fluent 并读取网格

以 3D 模式启动 Fluent。

- 启动 Fluent，选择 Dimension 为 3D
- 利用菜单 File → Import → Tecplot... 打开文件 EX5-5\ex5-5.plt

网格导入后显示在图形窗口内，此时可以通过 Scale 检查计算域尺寸是否符合要求，并检查网格质量。

Step 2: General 设置

General 面板采用默认设置。

Step 3: Models 设置

设置湍流模型及 DPM 模型。

1. 设置湍流模型

- 选择模型树节点 Models，鼠标双击右侧面板中列表项 Viscous
- 在弹出对话框中选择 Realizable k-epsilon 湍流模型
- 采用 Standard Wall Functions 壁面函数
- 单击 OK 按钮关闭对话框

2. 设置 DPM 模型参数

- 选择模型树节点 Models，鼠标双击右侧面板列表项 Discrete Phase 激活离散相设置对话框
- 激活选项 Interaction with Continuous Phase（见图 5-175）
- 设置 Number of Continuous Phase Interations per DPM Iteration 为 5
- 切换到 Physical Models 标签页，激活选项 Saffman Lift Force、Virtual Mass Force 及 Pressure Gradient Force
- 其他参数默认，单击 OK 按钮关闭对话框

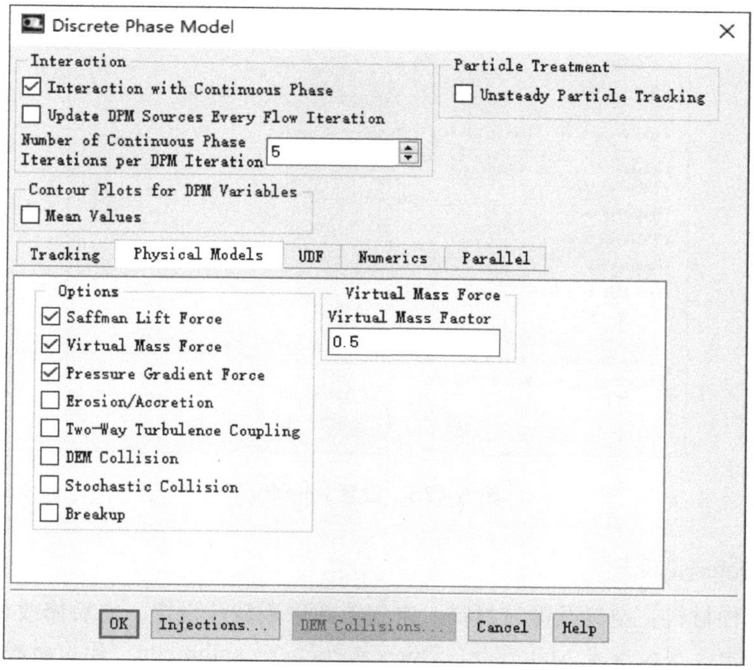

图 5-175 离散相模型

Step 4: 设置 Injections

设置粒子入射条件。

■ 双击模型树节点 Models → Discrete Phase → Injections 弹出粒子入射设置对话框

■ 在弹出的 Injections 对话框中单击 Create 按钮，弹出 Set Injection Properties 对话框（见图 5-176）

■ 设置 Injection Type 为 surface

■ 选择 Release From Surfaces 为 fluid:inlet

■ 选择 Point Properties 标签页，设置 X-Velocity 为 10m/s

■ 设置 Diameter 为 4e-5 m

■ 设置 Total Flow Rate 为 7.741e-4 kg/s

■ 切换到 Turbulent Dispersion 标签页，激活选项 Discrete Random Walk Model，其他参数保持默认

■ 单击 OK 按钮关闭对话框

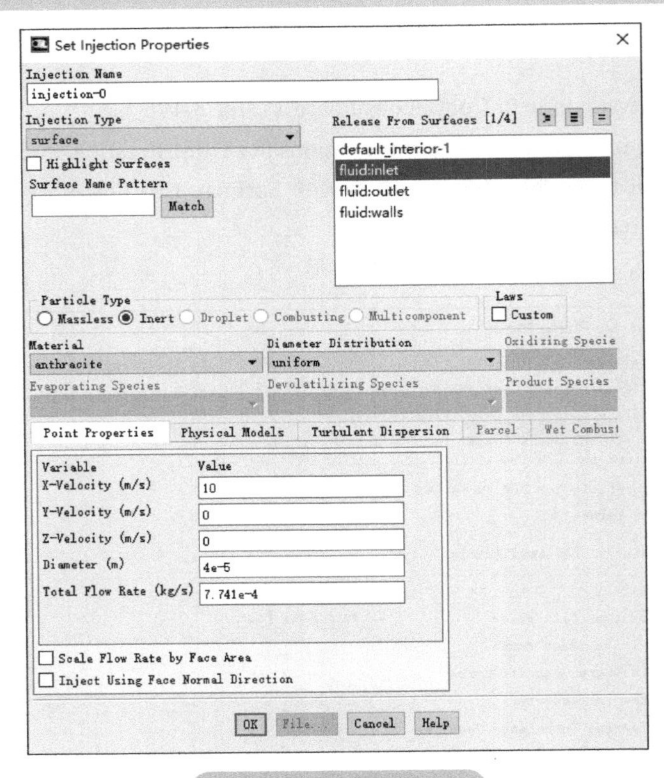

图 5-176　设置 Injector

Step 5: Material 设置

案例涉及两种材料：空气及颗粒材料。空气参数采用默认设置，之后修改颗粒材料属性。

■ 鼠标双击模型树节点 Materials → Inert Particle → anthracite，弹出材料属性定义对话框

■ 设置 Density 为 1200kg/m^3（见图 5-177）

■ 单击按钮 Change/Create 修改材料

■ 单击 Close 按钮关闭对话框

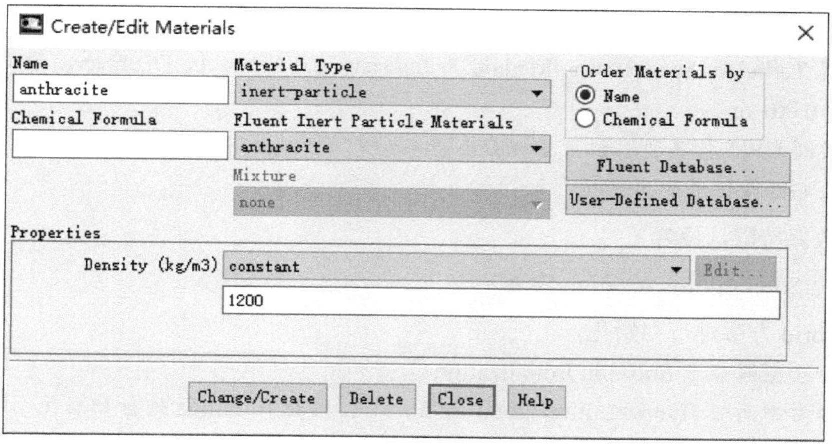

图 5-177 修改材料属性

Step 6: Boundary Conditions 设置

1. 设置入口边界条件

- 选择模型树节点 Boundary Conditions，鼠标单击右侧面板中 fluid:inlet 列表项
- 设置 Type 为 velocity-inlet，弹出速度入口设置对话框（见图 5-178）
- 设置 Velocity Magnitude 为 10m/s，设置 Turbulence Specification Method 为 Intensity and Hydraulic Diameter，设置 Hydraulic Diameter 为 0.001m

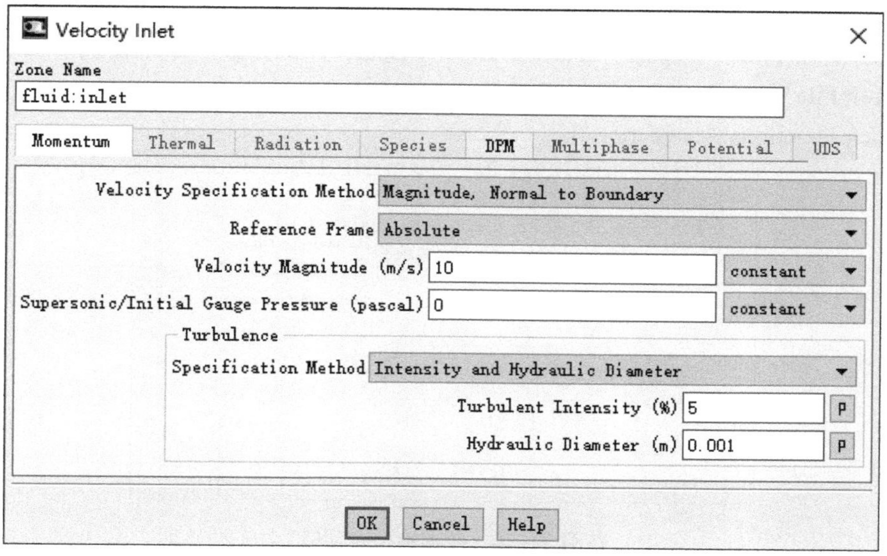

图 5-178 设置速度

- 切换到 DPM 标签页，设置 Discrete Phase BC Type 为 escape
- 单击 OK 按钮关闭对话框

2. 设置出口边界条件

- 选择模型树节点 Boundary Conditions，鼠标单击右侧面板中 fluid:outlet 列表项

■ 设置 Type 为 pressure-outlet，弹出压力出口设置对话框

■ 设置 Turbulent Specification Method 为 Intensity and Hydraulic Diameter，设置 Hydraulic Diameter 为 0.001 m

■ 切换到 DPM 标签页，设置 Discrete Phase BC Type 为 escape

■ 单击 OK 按钮关闭对话框

其他参数保持默认设置。

Step 7： Solution Initialization 设置

选用 Hybrid 方法进行初始化。

■ 选择模型树节点 Solution Initialization

■ 选择右侧面板 Hybrid Initialization 选项，单击按钮 Initialize 进行初始化

也可以采用 Standard 方法进行初始化。

Step 8： Run Calculation

设置迭代参数进行计算。

■ 选择模型树节点 Run Calculation

■ 设置右侧面板中 Number of Iterations 为 100

■ 单击按钮 Calculate 进行计算

计算大约 40 步后收敛。

Step 9： 输出颗粒数据到 CFD-Post

采用 CFD-Post 进行后处理，需要将颗粒数据导出到 CFD-Post 中。

■ 选择菜单 File → Export → Particle History Data，弹出数据导出数据库

■ 选择 File Type 为 CFD-Post（见图 5-179）

■ 选择 Injections 为 injection-0

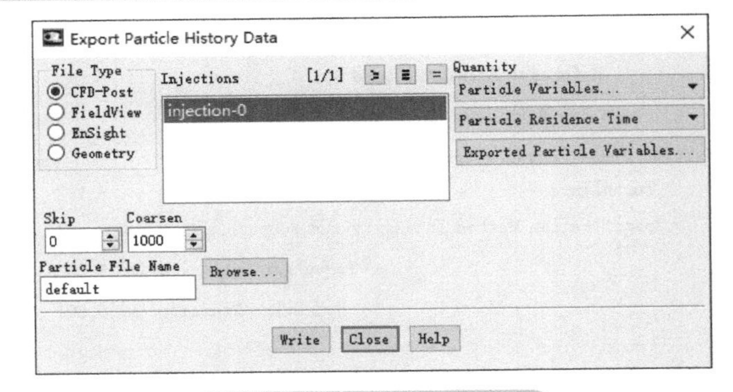

图 5-179 数据输出对话框

■ 选择按钮 Exported Particle Variables，弹出颗粒输出变量选择对话框

■ 选择 Available Particle Variables 列表框中的所有列表项（见图 5-180）

■ 单击按钮 Add Variables 添加变量

■ 单击 OK 按钮关闭对话框返回至 Export Particle History Data 对话框

■ 单击 Write 按钮输出数据，单击 Close 关闭 Export Particle History Data 对话框

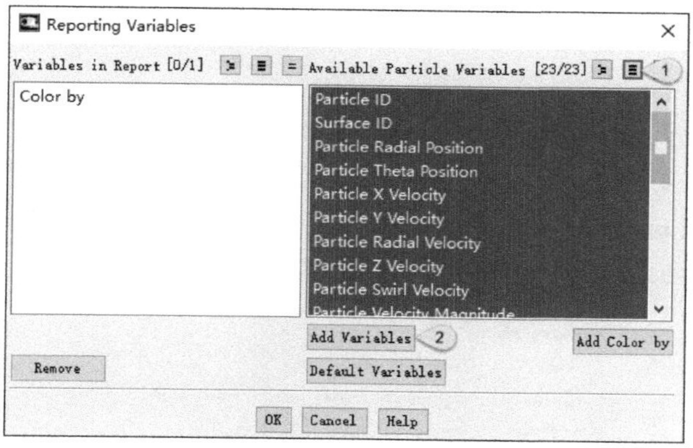

图 5-180　添加输出变量

Step 10: CFD-Post 后处理

启动 CFD-Post 并导入颗粒数据。

■ 启动 CFD-Post

■ 选择菜单 File → Load Results... 读取文件 ex5-5.cas

■ 选择菜单 File → Import → Import FLUENT Particle Track File... 读取上一步保存的粒子数据 default.xml

读取粒子数据后，将会在树形菜单中添加节点。

Step 11: 查看粒子轨迹

查看颗粒轨迹分布。

■ 双击属性菜单节点 FLUENT PT for Anthracite

■ 设置属性窗口 Geometry 标签页下 Max Tracks 为 50

■ 切换至 Color 标签页，设置 Mode 为 Variable，设置 Variable 为 velocity，设置 Range 为 Local

■ 切换至 Symbol 标签页，激活选项 Show Tracks，设置 Track Type 为 Tube，设置 Tube Width 为 0.5

■ 单击 Apply 按钮

图 5-181 所示为粒子轨迹。

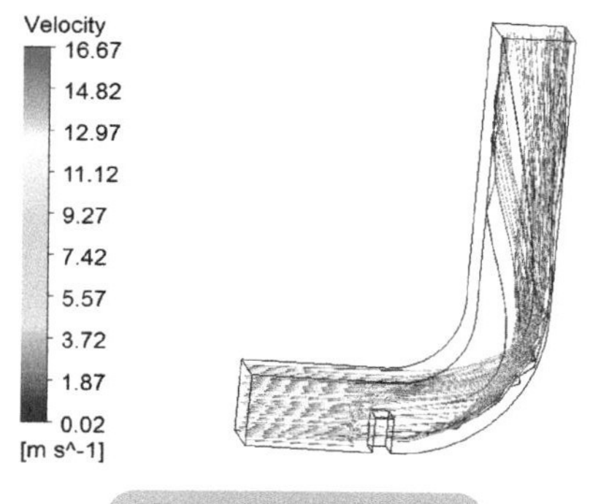

图 5-181　粒子轨迹

Step 12： 创建平面

创建 Z=0.02m 的平面。

■ 选择菜单 Insert → Location → Plane，采用默认名称 Plane 1

■ 属性窗口中设置 Method 为 XY Plane（见图 5-182）

■ 设置 Z 为 0.02 m

■ 单击 Apply 按钮创建平面

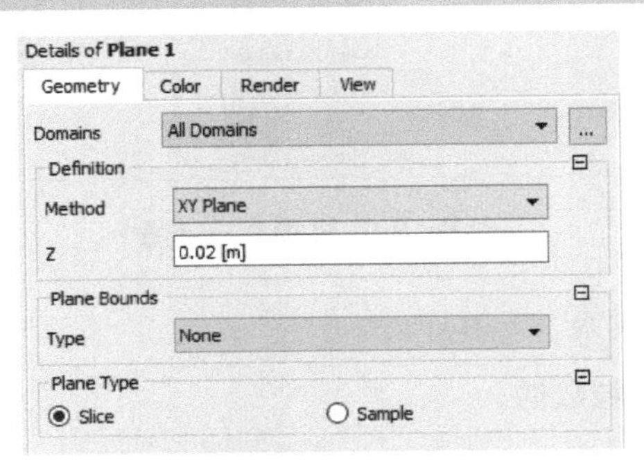

图 5-182　创建平面

Step 13： 显示平面上矢量分布

查看 Z=0.02m 平面上的速度矢量分布。

■ 选择菜单 Insert → Vector，采用默认名称 Vector 1

■ 属性窗口中，选择 Geometry 标签页，设置 Location 为 Plane，设置 Variable 为 velocity

■ 切换到 Color 标签页，设置 Mode 为 Constant，选择 Color 为红色

■ 切换到 Symbol 标签页，设置 Symbol 为 Arrow2D，设置 Symbol Size 为 0.7

■ 其他参数保持默认，单击 Apply 按钮

矢量图如图 5-183 所示。

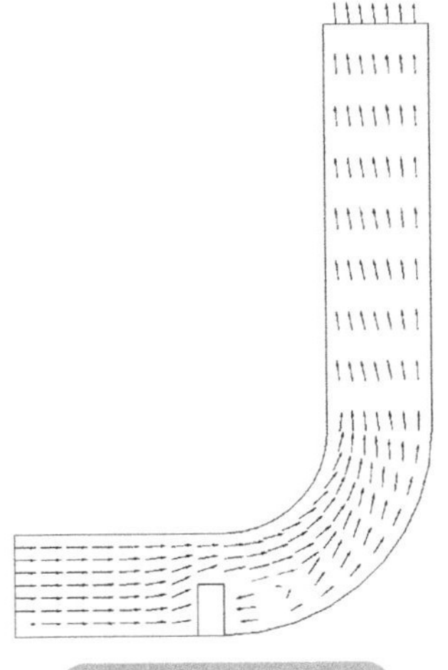

图 5-183　矢量图

Step 14: 查看壁面颗粒浓度

可以查看壁面上颗粒质量浓度。

■ 激活树形菜单节点 Walls，并双击该节点

■ 属性窗中选择 Color 标签页，选择 Mode 为 Variable，设置 Variable 为 Particle Mass Concentration，设置 Range 为 Local

■ 其他参数保持默认，单击 Apply 按钮

结果如图 5-184 所示。

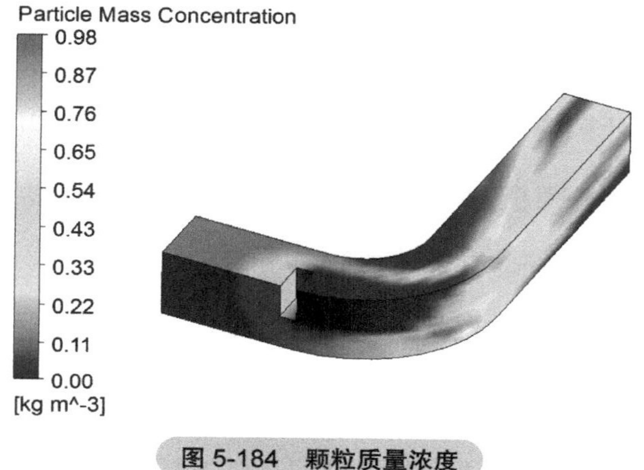

图 5-184　颗粒质量浓度

本案例完毕。

5.15　本章小结

本章从 Fluent 常用的应用领域出发，对 Fluent 的各种功能项进行了描述。主要包括 Fluent 使用的一般流程、湍流模型、传热计算、多相流计算、组分输运模型、动网格及动区域计算等。并通过典型案例详细讲解了这些模型的设置方式。

第 6 章 计算后处理基础

利用 CFD 软件计算得到的数值结果实际上是存储在硬盘中的数据文件，其对应着计算域中每一个计算网格中的物理量。如果用户直接读取这些数据，很难对流场有感官上的认识。而借助后处理工具，则可以以图形图像方式显示数据，更加直接。而且，后处理工具还可以对计算数据进行进一步加工，衍生出更加有价值的结论，直接指导产品设计。

本章主要讲述流体计算后处理及常用的后处理工具所具有的特色和优势。

6.1 流体计算后处理概述

计算后处理是将计算数据视觉化并对计算数据做进一步加工处理，从而指导用户进行产品设计的方法或工具。

在后处理过程中可以生成点、切平面、点样本、等值面、表面、边界以及与表面相交形成的体、多段线、表面组、表面偏移或外部数据形成的表面等位置；位置本身可以表征变量的大小，也可以通过在位置上插入流线、云图、矢量图等方法等表征变量的大小或方向；通过注释功能，可以生成图例和文本标记；通过动画功能可以绘制关键图形对象的快速动画、帧动画等。

6.2 CFD-Post 软件介绍

6.2.1 CFD-Post 软件工作界面

CFD-Post 采用 Windows 风格界面，整体操作界面如图 6-1 所示。包括以下一些区域：

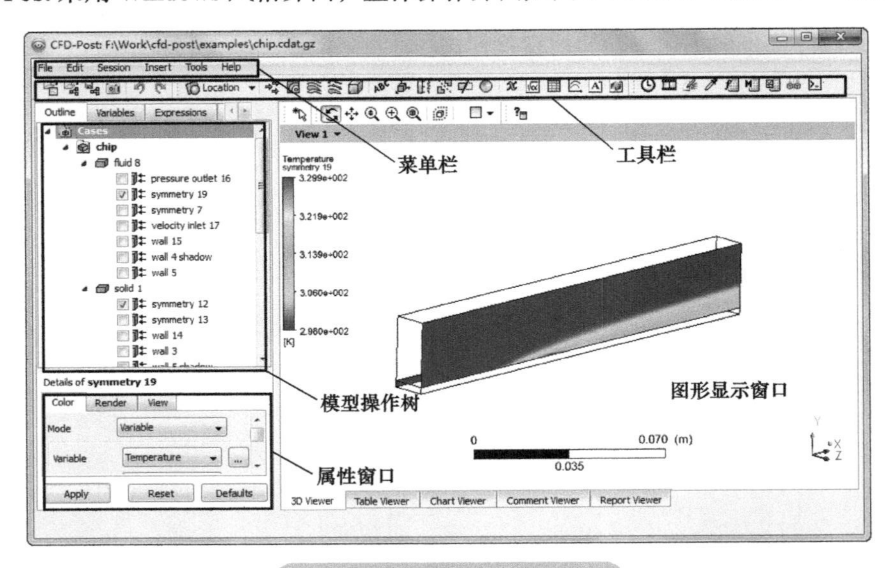

图 6-1 CFD-Post 操作界面

1）菜单栏。包含了 CFD-Post 后处理的大部分操作。
2）工具栏。包括一些常用操作按钮，如文件打开、输出、后处理控制等。
3）图形显示窗口。显示几何、表格、曲线、报告等。
4）模型操作树。所有操作均作为节点添加到模型操作树上。
5）属性窗口。设置操作项的属性。

6.2.2　CFD-Post 的菜单项

CFD-Post 的 File 菜单如图 6-2 所示。

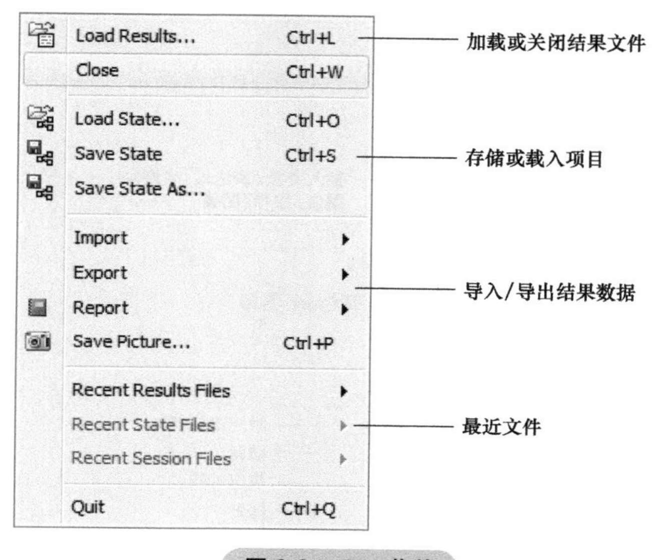

图 6-2　File 菜单

Edit 菜单项如图 6-3 所示。

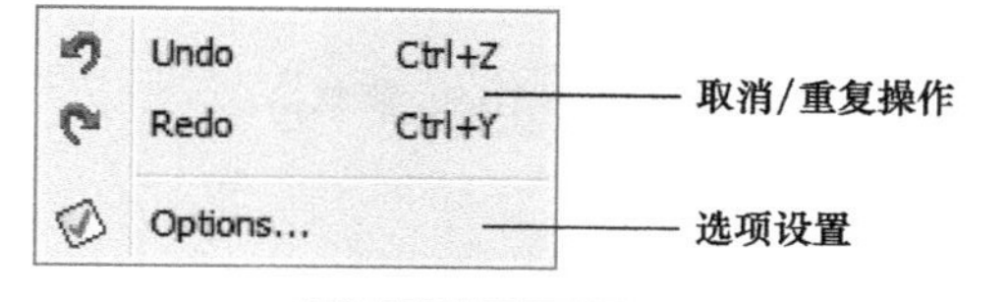

图 6-3　Edit 菜单

Session 菜单项内容如图 6-4 所示。

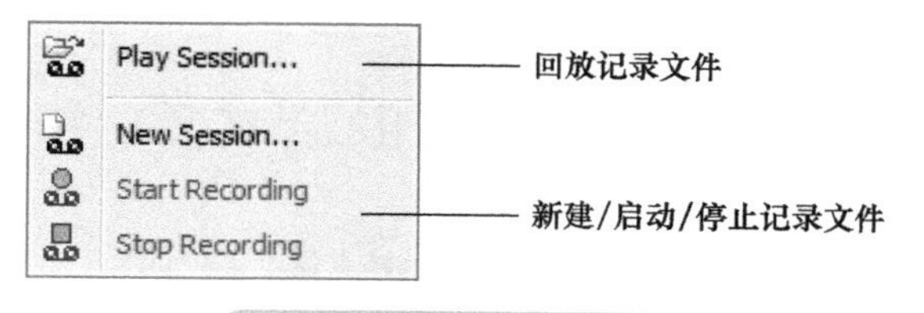

图 6-4　Session 子菜单

Insert 菜单项内容如图 6-5 所示。

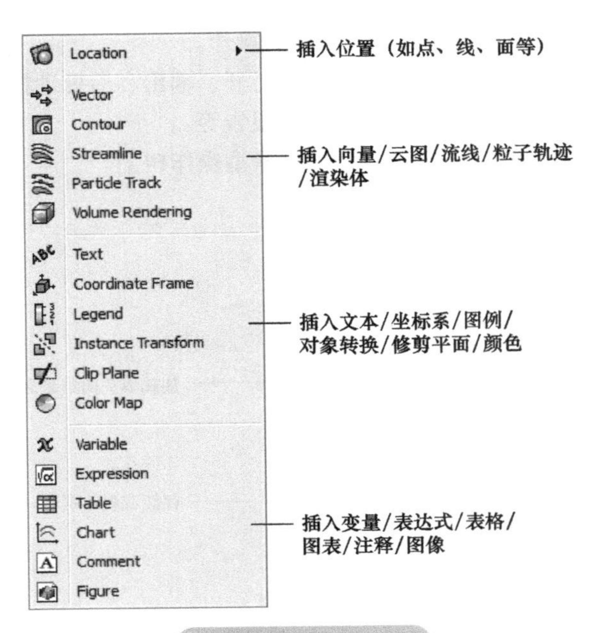

图 6-5　Insert 菜单

Tools 菜单如图 6-6 所示。

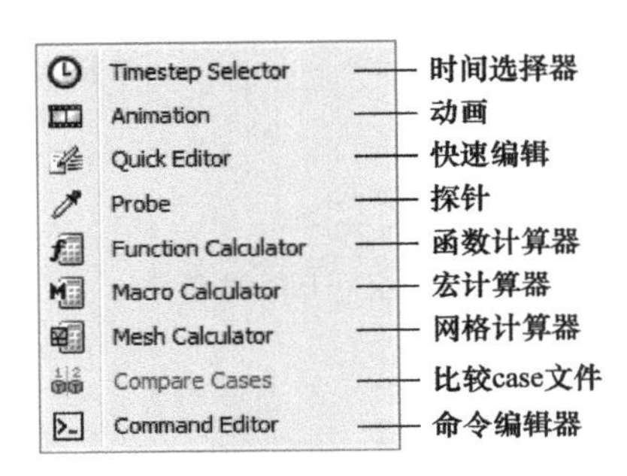

图 6-6　Tools 菜单

6.2.3　工具栏按钮

CFD-Post 的工具栏按钮如图 6-7 所示。

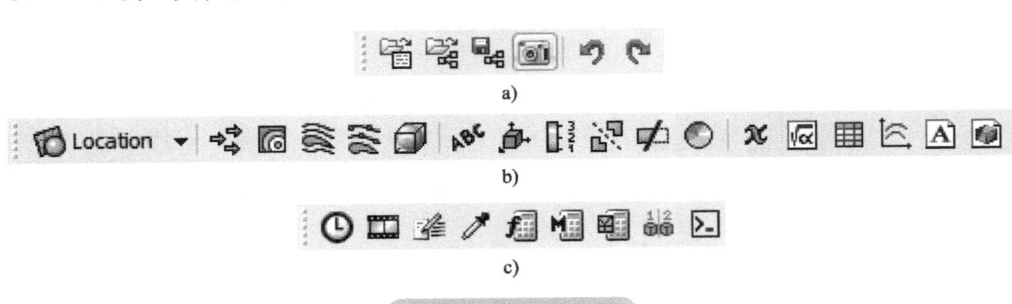

图 6-7　工具栏按钮

a) 输入输出功能按钮　b) 后处理功能按钮　c) 其他功能按钮

1. 输入输出功能按钮

如图 6-7a 所示，从左至右依次为：

Load Result：加载结果文件。选择该项后将会弹出结果文件选择对话框，用户可以选择 CFD-Post 兼容的结果文件。

Load State：加载 CST 文件，CST 文件中保存了用户进行后处理的所有操作。

Save State as：保存 CST 文件。

Save Picture：将图形显示区域输出为图片。

Undo：撤销操作。

Redo：重复操作。

2. 后处理功能按钮

如图 6-7b 所示，这一部分工具按钮几乎包含了后处理的所有操作，其对应着 Insert 菜单中的菜单项。稍后将对这部分工具按钮进行详细描述。

3. 其他功能按钮

如图 6-7 所示，该部分工具按钮对应 Tools 菜单中的菜单项。

6.2.4　CFD-Post 计算后处理一般流程

采用 CFD-Post 进行流体计算后处理的一般流程为：

1）启动 CFD-Post。

2）加载一个或多个结果文件。

3）创建表达式。

4）创建用于量化显示的新变量。

5）检查已存在的位置（线框或面边界），创建任何需要的额外位置。

6）对于所有的位置，选择可见性、颜色显示方法、渲染以及变换。

7）创建额外的对象（如线、矢量、云图等）。

8）对于每一个对象，选择可见性、颜色显示方法、渲染以及变换。

9）使用 3D View 显示图形对象以及创建动画。

10）创建表格数据。

11）创建并显示曲线。

12）生成或编辑图例以及标签。

13）需要的话，保存 3D 视图中的图形。

14）显示报告以及修改报告。

15）输出报告为 HTML 文件。

16）保存动画。

6.2.5　CFD-Post 的启动方式

CFD-Post 有三种启动方式：

1）直接启动。

2）从 Workbench 中以模块方式启动。

3）直接从计算软件中启动。

1. 直接启动 CFD-Post

在开始菜单中 ANSYS 安装文件夹下找到 CFD-Post，鼠标单击即可启动 CFD-Post。需要注意的是，只有在 ANSYS 安装过程中选择了独立 CFD-Post 才会出现该选项。

2. 从 Workbench 中启动 CFD-Post

在 Workbench 中，CFD-Post 是以模块方式存在的。用户可以直接从组建库中将 Result 模型拖拽至工程窗口中，即可使用 CFD-Post，如图 6-8 所示。

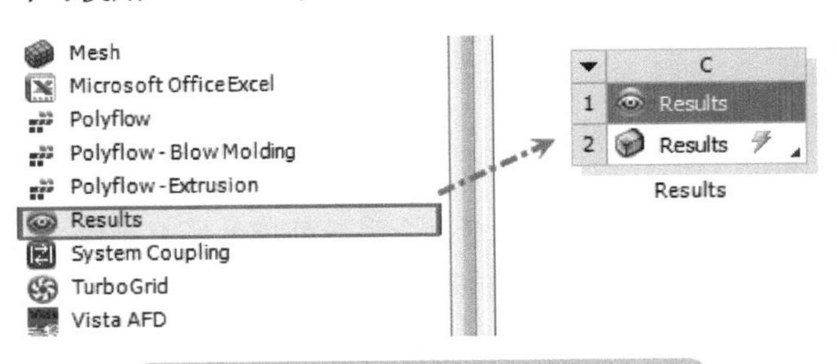

图 6-8　Workbench 中启动 CFD-Post

3. 从计算软件中启动 CFD-Post

目前 CFX 及 Fluent 软件中均具有直接 CFD-Post 的命令接口，用户可以在这些求解器计算完毕后，直接进入 CFD-Post 进行后处理。其中从 CFX-solver Manager 中进入 CFD-Post 的位置如图 6-9 所示。

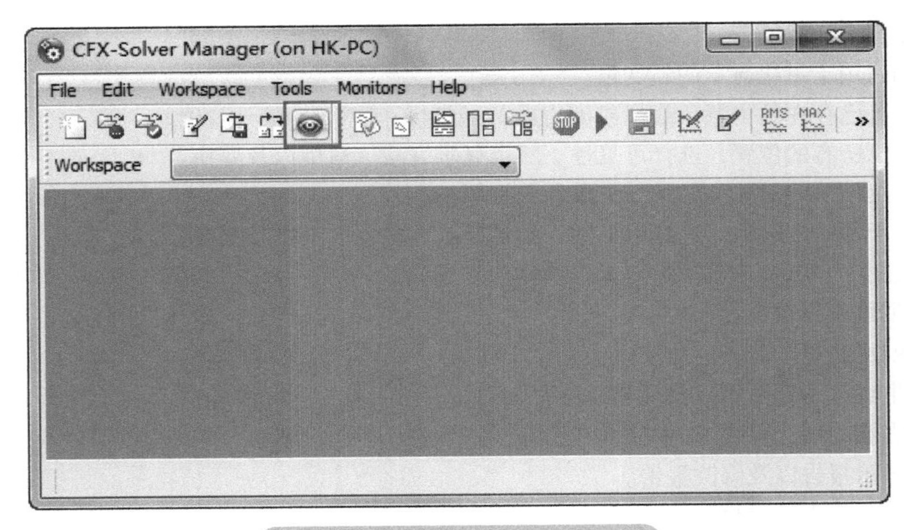

图 6-9　从 CFX 中启动 CFD-Post

6.3　CFD-Post 后处理功能

6.3.1　创建后处理位置

利用 CFD-Post 可以创建数据所在的位置。在工具栏按钮 Location 上单击鼠标左键，弹出创建位置菜单，如图 6-10 所示。

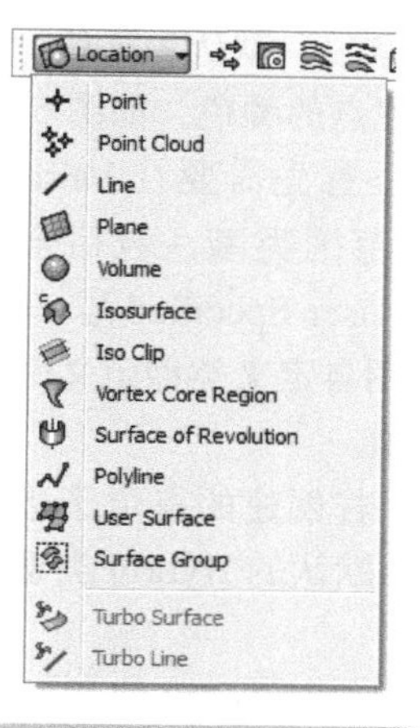

图 6-10　创建位置菜单

在 CFD-Post 中可创建的位置类型包括：点（Point）、点云（Point Cloud）、线（Line）、平面（Plane）、体（Volume）、等值面（Isosurface）、等值切片（Iso Clip）、涡核区域（Vortex Core Region）、旋转面（Surface of Revolution）、多义线（Polyline）、自定义表面（User Surface）、面组（Surface Group）、旋转机械面（Turbo Surface）及旋转机械线（Turbo Line）等。

1. Point

单击 Location 按钮下的点生成按钮 Point，即可设置参数在计算域中生成点。

单击该命令按钮后，弹出如图 6-11 所示对话框，用户可以在该对话框中为所要创建的点命名。单击 OK 按钮确认后将会弹出如图 6-12 所示的点属性设置面板。

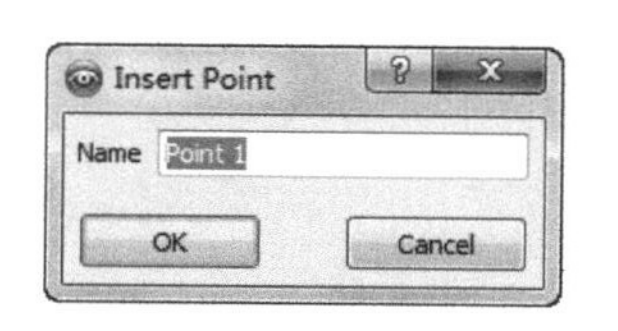

图 6-11　设置点的名称

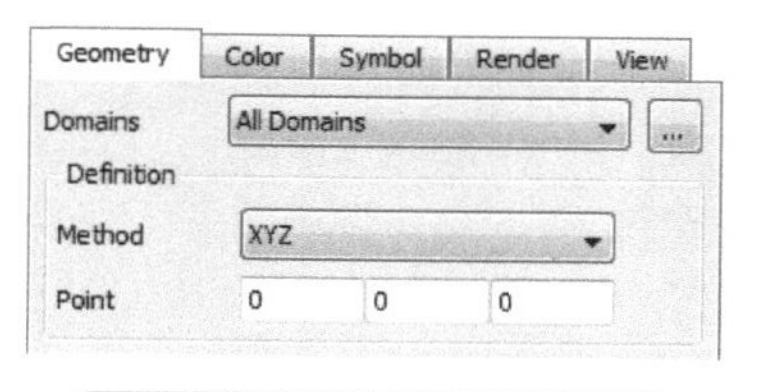

图 6-12　点属性设置面板

在图 6-15 中，首先设置点所在的计算域，可以通过下拉列表进行选择。然后选择点定义方式，主要有以下几种方式：

1）XYZ。通过输入点的 XYZ 坐标值确定点的位置。

2）Node Number。通过节点编号确定点的位置。

3）Variable Minimum 及 Variable Maximum。通过变量的最小值或最大值指定点的位置。

注意： 在利用变量最大值或最小值定位点时，需要选择变量的类型，变量类型分为 Hybrid（混合型）与 Conservative（守恒型）两种。混合型变量的值为其真实值，而守恒型数据值为网格节点内的平均值，在壁面位置守恒型变量比混合型变量更准确，该选项默认为混合型。

除了指定点的位置外，用户还可以指定点的颜色、标志以及显示等。

单击 Color 标签页，可以对点的颜色进行设置。设置点的颜色主要有两种方式：

1）Constant。用户可以为点指定颜色，默认为黄色。

2）Variable。以变量值的方式设置点的颜色，如图 6-13 所示。

利用变量对点的颜色进行设置，首先需要在 Variable 中选择变量，其次需要设置变量的范围类型，包括全局（Global）、局部（Local）及自定义（User Specified）。其中用得较多的是局部与自定义类型。使用自定义类型定义变量范围时，用户可以指定变量的上下限值。

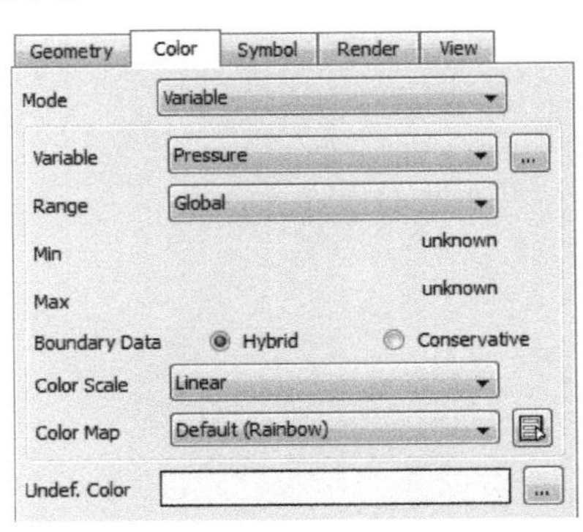

图 6-13 点的颜色设置

另外还需要选择边界数据类型，若创建的点位于边界上，建议使用 Conservative，否则使用默认的 Hybrid 类型即可。

可以对颜色范围进行缩放处理，通常可以使用线性（Linear）及对数（Logarithmic）方式。对于变量值分布较为集中的情况下可以使用默认的线性方式，而对于所选变量值分布尺度较宽（如横跨几个数量级）时，可以使用对数方式进行显示。

在 Symbol 标签页下，用户可以设置点的形状及大小。可选的点形状包括 Crosshair、Octahedron、Cube 及 Ball 型。通过设置 Symbol Size 的数值大小可以控制点的显示大小，如图 6-14 所示。

在 View 标签页下可以进行点的变换操作，包括旋转、平移、镜像、缩放等，如图 6-15 所示。

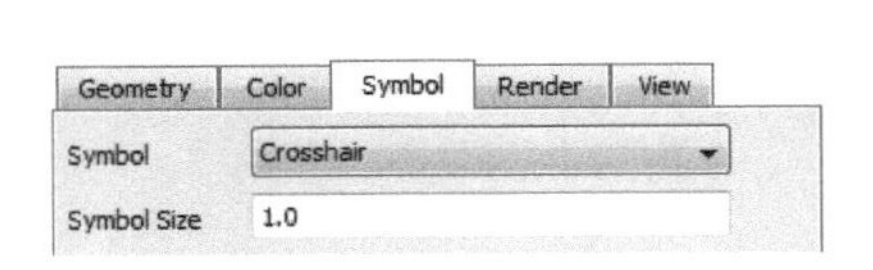

图 6-14 设置点的形状

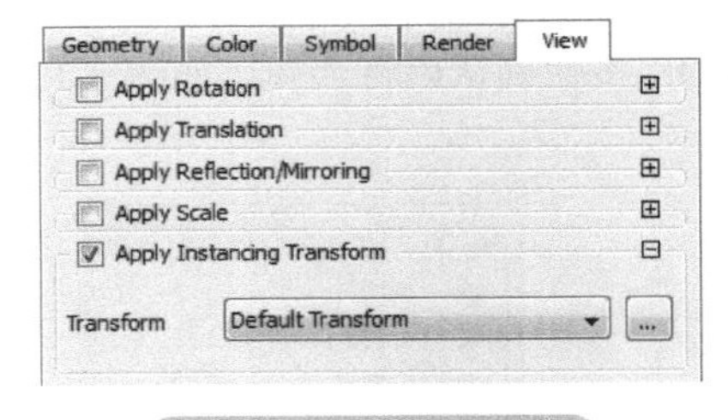

图 6-15 点变换操作

2. Point Cloud

点云属性设置面板如图 6-16 所示。

首先选择创建的点云所在的计算域，其次选择点云所在的位置，同时选择点云的取样方式。CFD-Post 中提供了 6 种点云的生成方式：

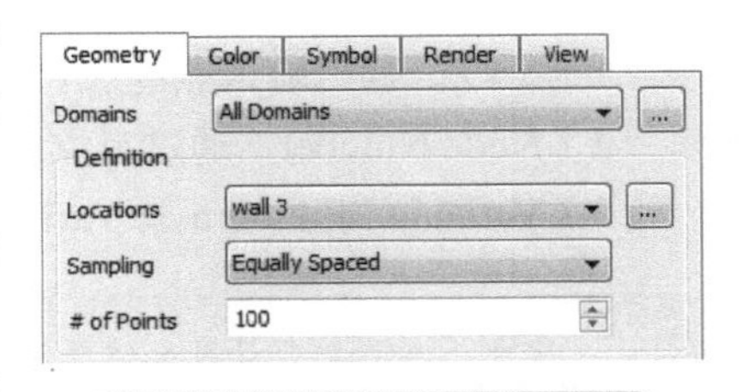

图 6-16 点云属性设置面板

1）Equally Spaced（等空间）。点云在所选的位置均匀分布，选择此种方式只需要设置所生成的点云数量即可。

2）Rectangular Grid（矩形网格）。按设定间隔、设定比率及角度生成点云。

3）Vertex（顶点）。将点生成在所选位置网格的顶点。

4）Face Center（面心）。将点生成在所选位置网格面的中心处。

5）Free Edge（自由边）。将点生成在线段中心的外边缘位置。

6）Random（随机）。生成随机点。

3. Line

单击 Line 按钮即可在计算域内生成线，其属性设置面板如图 6-17 所示。

CFD-Post 中利用两点确定线，用户需要设定两个点的坐标。线的生成类型有两种：

1）Cut。采用该方法生成的线自动延伸到计算域边界上，线上的点在线与网格节点的交点位置。

2）Sample。默认选项，用户可以设置线上的取样点数量。一般来说取样点越多越精确，但内存耗费也更大。

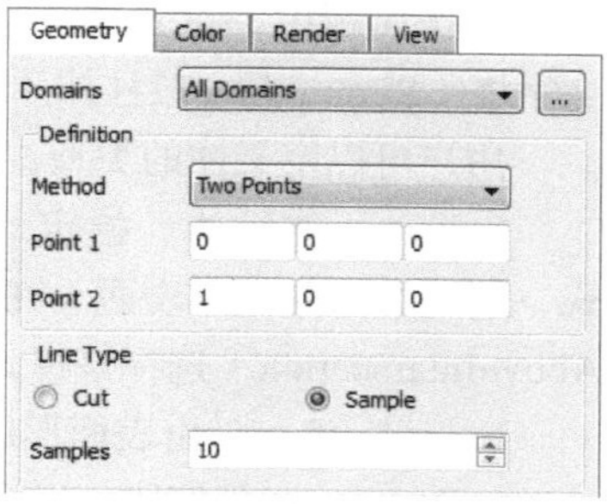

图 6-17　线属性设置面板

4. Plane

通过鼠标单击 Location 工具下的 Plane 按钮，可进行平面创建。

如图 6-18 所示为平面属性设置面板。首先设定面所在的计算区域，然后指定面定义方式，主要包括以下几种定义方式：

1）切平面。包括 ZX、ZY、XY 三种类型平面。

2）点与法向。指定一个点的坐标及法向向量确定平面。

3）三点。指定三个点的坐标确定平面。

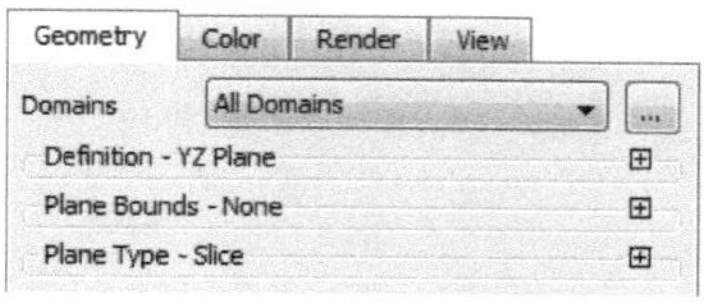

图 6-18　平面属性设置面板

确定了面的位置之后，可以对面边界进行修剪，主要包括以下几种方式：

1）None。不进行限制，生成的面将会横截整个计算域。

2）Circle。面边界为圆形。

3）Rectangular。指定 XYZ 三方向的尺寸修剪面的横纵长度。

CFD-Post 中创建的平面有两种类型：

1）Slice。平面边界由面边界与计算域边界决定。

2）Sample。平面边界由指定的长度决定。

相较创建点与线来说，创建平面可以设置平面的渲染，如图 6-19 所示。

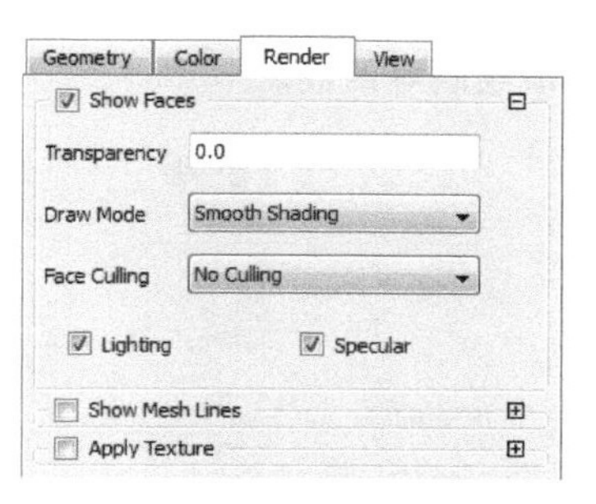

图 6-19　平面渲染

对于一般工程来说，平面渲染选项采用默认值即可。

小技巧：可以在渲染标签页下的 Draw Mode 选项中选择 Draw as Line 项来显示边界面上网格，对于计算域内部则显示为网格被切割后的线。

5. Volume

CFD-Post 中可以生成体，以便在体上显示物理量数据。如图 6-20 所示为体属性设置面板。在该操作面板中，首先选择体生成的区域位置，然后选择体的网格类型，包括四面体（Tet）、金字塔（Pyramid）、棱柱体（Wedge）、六面体（Hex）以及多面体（Polyhedron）。

用户可以定义体的类型，包括以下几种类型：

Sphere：球形体。指定球心坐标及半径。共有三种体定义模式：Intersection（选择此模式，创建的体为球形表面）、BlowIntersection（选择此模式，创建的体为球形表面以下的整体）、AboveIntersection（选择该模式，创建的体为球形表面以上的整体）。

From Surface：由表面形成体。从所选择的平面上节点生成体。

IsoVolume：等值体。以设定的变量值生成体。

Surrounding node：围绕节点。指定节点编号、节点处的网格生成体。

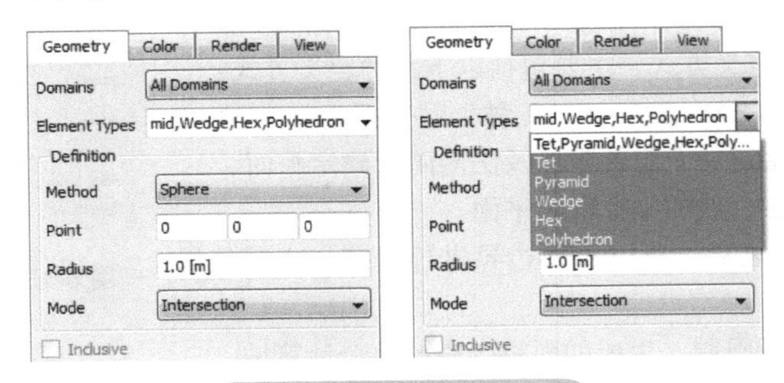

图 6-20 体属性设置面板

6. Isosurface

利用等值面可以观察某取值区间的物理量在计算域内的分布。

利用 Location 工具按钮下的等值面创建按钮 Isosurface 可以创建等值面。

如图 6-21 所示，在创建等值面时，需要先选择 Domains，然后选择用于创建等值面的物理量，用户可以选择边界数据类型为 Hybrid 或 Conservative，同时指定物理量的值。此时单击 Apply 按钮后会以设定的物理量的值绘制等值面。

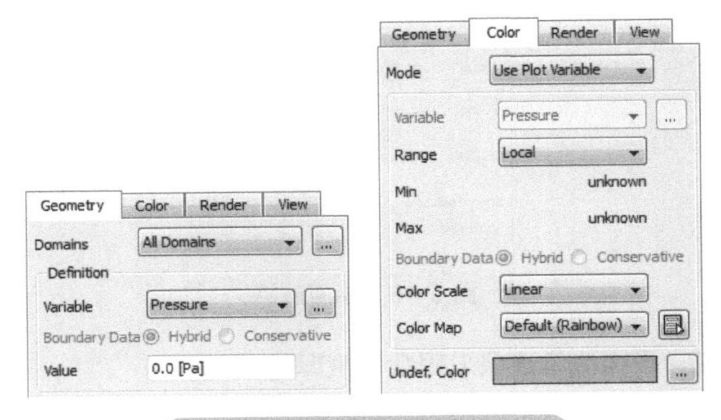

图 6-21 等值面属性设置面板

用户可以指定等值面的颜色，主要有三种模式：Constant、Variable 及 Use Plot Variable。指定物理量的范围为 Global、Local 或 User Specified。

Color Scale 设置与其他 Location 设置含义相同，此处不再赘述。

Color Map 设定了颜色所定义的物理量模式，主要有以下几种：

1）Default（Rainbow）：标准绘图模式，蓝色表示物理量的最小值，红色为最大值。

2）Rainbow 6：扩展彩虹模式。蓝色为最小值，紫红色为最大值。

3）GreyScale：黑色为最小值，白色为最大值。

4）Blue to White：蓝色为最小值，白色为最大值。

5）White to Blue：白色为最小值，蓝色为最大值。

6）Zebra：将指定的范围划分为 6 个部分，每一部分均为黑色向白色过渡，此模式适合描述变化极大的物理量。

7）FLUENT Rainbow：以 Fluent 的色条显示。

8）Transparency：完全透明为最小值，白色为最大值。

7. Iso Clip

利用等值切片功能，用户可以创建以自定义的范围区间所形成的区域。利用 Location 工具按钮下的按钮 Iso Clip 可以创建等值切片。

如图 6-22 所示为等值切片属性设置面板，先选择区域，然后选择要在其上创建切片的位置，之后可以通过单击图 6-22 左侧图中的新建按钮，创建切片条件，如图 6-22 右侧图所示，创建的条件即为在位置 pressure outlet 7 上创建 Pressure >=0 的切片。

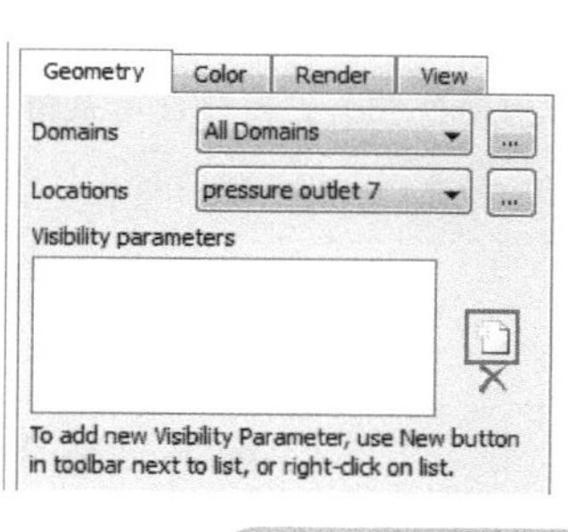

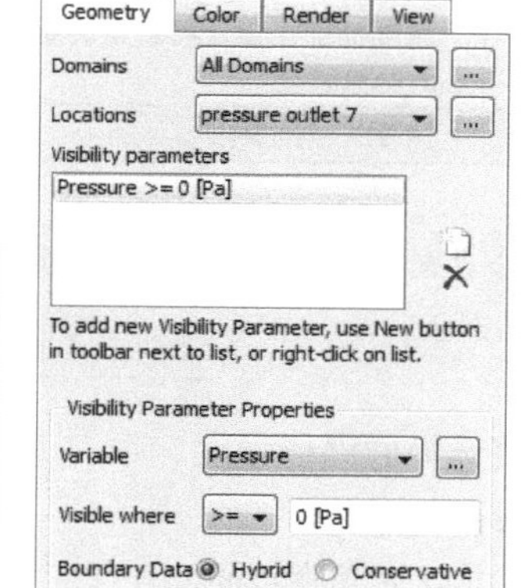

图 6-22 等值切片属性设置面板

注意：

1）Iso Clip 位置插值使用的方法没有 slice plane 及 isosurface 精确。

2）Iso Clip 只能在面上创建切片，无法在体上创建切片。

3）Iso Clip 不能既存在线也存在面，即其切片要么是线，要么是面。

4）当设置 Visible where[value] 为 = 时，所选择的 Location 只能是线。

5）当设置 Visible where[value] 为 > 或 < 时，所选择的 Location 只能是面。

8. Vortex Core Region

通过创建涡核区域，用户可以更加方便地观察及定位涡流区域。在 CFD-Post 中可以通过以下几种方式插入 Vortex Core Region：

1）在菜单栏中选择菜单 Insert → Location → Vortex Core Region。

2）在工具栏中，选择 Location → Vortex Core Region。

3）在模型操作树 User Location and Plots 上右键单击，选择上下文菜单 Insert → Location → Vortex Core Region。

涡核区域属性设置面板如图 6-23 所示。

在创建涡核区域面板中，先要选择 Domains，即所要创建的涡核区域。

其次要选择涡核定义方法，CFD-Post 提供的涡核定义方法见表 6-1。

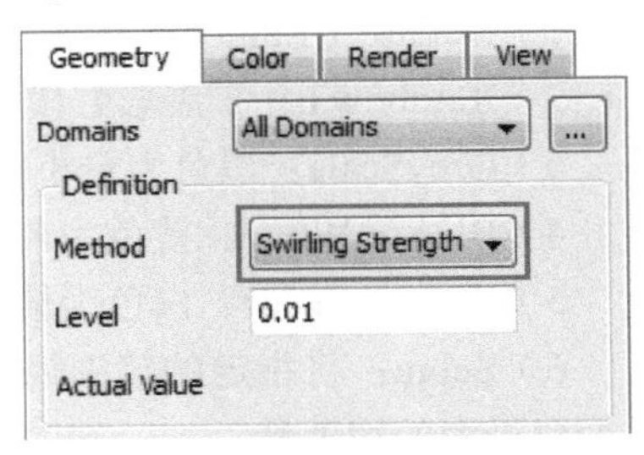

图 6-23　涡核区域属性设置面板

表 6-1　涡核定义方法

方法名称	方法描述
Absolute Helicity	速度向量与涡向量的点积绝对值
Eigen Helicity	涡向量与旋转平面法向量的点积
Lambda 2-Criterion	速度梯度张量对称平方的二阶特征值的负值
Q-Criterion	速度梯度张量的二阶不变量
Real Eigen Helicity	涡量和旋转矢量的点积，即速度梯度张量的实特征向量
Swirling Discriminant	复特征值的速度梯度张量判别式，该值为正值表示存在局部旋涡
Swirling Strength	速度梯度张量复特征值的虚部。该值为正值且仅当判别式为正时，其值代表围绕局部中心的涡流强度
Vorticity	速度矢量的旋度

注意： 通常最合适的涡核计算方法与所计算的问题值相关，因此没有最好的涡核计算方法，只有最合适的涡核计算方法。

Level：控制所要选择的涡核强度。

9. Surface of Revolution

通过多义线旋转可以生成旋转面。

在 CFD-Post 中可以通过以下几种方式插入旋转面：

1）在菜单栏中选择菜单 Insert → Location → Surface of Revolution。

2）在工具栏中，选择 Location → Surface of Revolution。

3）在模型操作树 User Location and Plots 上右键单击，选择上下文菜单 Insert → Location → Surface of Revolution。

如图 6-24 所示为旋转面属性设置面板。首先设置旋转面所在区域，然后指定旋转面的定义方式，主要有以下几种定义方式：

1）Cylinder：生成圆柱面。Point 1 用于设置底面位置及半径，Point 2 用于设置圆柱面的高度。of Sample 用于设

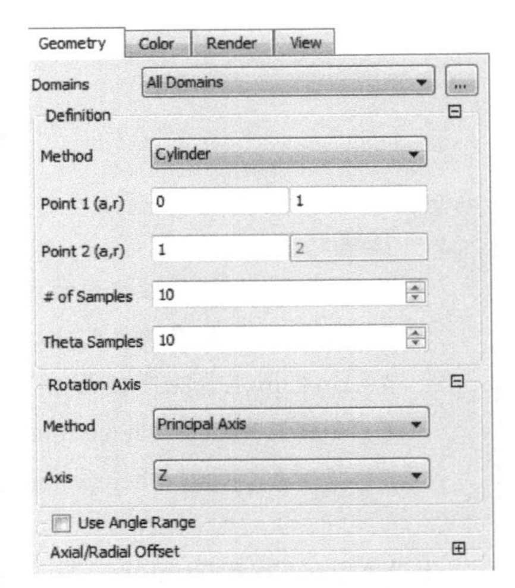

图 6-24　旋转面属性设置面板

置圆柱面上取样点的个数，Theta Sample 用于设置形成圆柱面轮廓数量，该数值越大，圆柱面越光滑。

2）Cone：生成圆锥面。Point 1 用于设置底面位置及半径，Point 2 用于设置顶面位置及半径，其他参数与 Cylinder 相同。

3）Disc：生成圆盘面。Point 1 用于设置圆盘位置及外径大小，Point 2 用于设置内径大小。

4）Sphere：生成球面。设置球心位置及半径大小。

5）From Line：利用已定义的 Line 绕轴旋转生成面。

用户可以设置 Rotation Axis，默认旋转轴为 Z 轴，用户可以将旋转轴设置为 X 轴或 Y 轴，也可以利用两点坐标自定义旋转轴。

激活 Use Angle Range 可以设定旋转角度，默认值为 −180°~180°。

可以通过 Axial/Radial Offset 选项设置轴向或径向的偏移量。

10. Polyline

在后处理过程中，有时需要查看沿某一特定路径上的物理量分布，此时就需要利用到多义线。在 CFD-Post 中可以很方便地定义多义线。可以利以下几种方式定义：

1）在菜单栏中选择菜单 Insert → Location → Polyline。

2）在工具栏中，选择 Location >Polyline。

3）在模型操作树 User Location and Plots 上右键单击，选择上下文菜单 Insert → Location → Polyline。

多义线属性设置面板如图 6-25 所示。用户首先需要指定多义线所在的区域，然后指定多义线的定义方法：

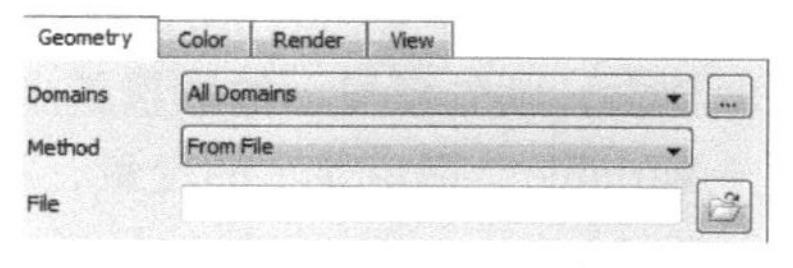

图 6-25　多义线属性设置面板

1）From File：从文件定义。可以导入包含有定义多义线的点数据信息的文件。

2）Boundary Intersection：利用边界交线作为多义线。

3）From Contour：以选定的云图边界作为多义线。

11. User Surface

在 CFD-Post 中，用户可以自定义表面以显示感兴趣区域的数据信息。如图 6-26 所示为自定义表面属性设置面板。

可以利用以下几种方式定义表面：

1）From File：从文件导入包含面信息的数据，文件格式为 CSV。

2）Boundary Intersection：利用边界相交形成面。

3）From Contour：首先生成云图，通过设定不同的云图等级生成不同的面。

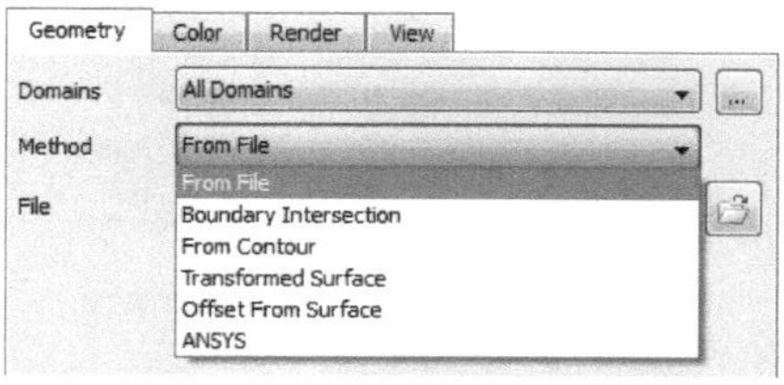

图 6-26　自定义表面属性设置面板

4）Transformed Surface：通过变换已有的面生成新的面。

5）Offset From Surface：偏移已有表面，形成新的表面。偏移类型包括沿法向（Normal）与平移（Translational）两种。当选择沿法向时，所选择的面将沿着法向偏移指定距离，当选择平移类型时，可以指定平移方向。

12. Surface Group

面组指的是一组面的集合，其属性设置面板如图 6-27 所示。

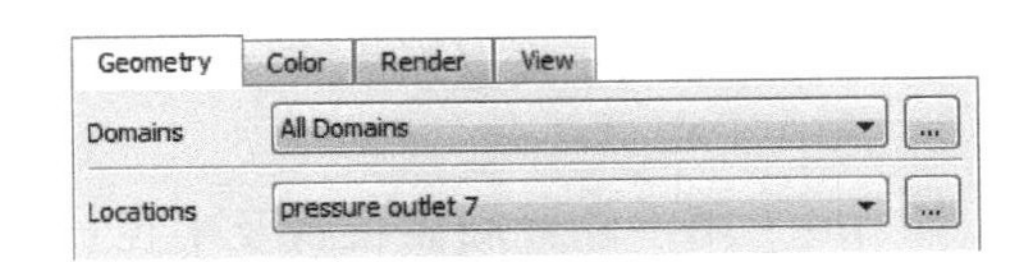

图 6-27 面组属性设置面板

如图 6-30 所示，先选择面所在的区域，然后按下 Ctrl 键，选择多个面形成面组。

6.3.2 生成后处理对象

除了生成位置外，CFD-Post 还可以生成流体后处理常用的对象，如矢量（Vector）、云图（Contour）、流线（Streamline）、粒子轨迹（Particle Track）、体渲染（Volume Rendering）、文本（Text）、坐标系（Coordinate Frame）、图例（Legend）、实例转换（Instance Transform）、面切片（Clip Plane）、颜色图（Color Map）等。

1. Vector

矢量是后处理中经常使用的对象，用于描述物理量在空间上大小与方向的分布。通过单击后处理功能按钮中的矢量创建按钮可以创建矢量。

图 6-28 所示为矢量创建设置面板。在创建矢量时，需要在 Domains 下拉框中选择矢量创建的区域，然后在 Location 下拉框中选择所在的位置。其位置类型可以是点、线、面、体等。

Sampling：该选项设定矢量在位置上的分布方式。其选项含义与点云相同。

Reduction：在矢量数量过多时，可以使用此参数减少矢量的显示数量，可以选择 Reduction Factor（缩减因子）或 Max Number of（最大点数量）。当使用缩减因子进行控制时，设置的值越大，则矢量显示的数量越少。当使用最大点数量时，可以指定显示的最大矢量点数量。

Variable：指定显示的变量，只有矢量才可以被选择。

Projection：设定矢量的投影方式。有几种方式可供选择：None（无投影，矢量方向为其本身方向）、Normal（矢量显示为与面垂直的方向分量）、Tangential（矢量显示为与面平行的方向分量）。

Details of **Vector 1**

Geometry	Color	Symbol	Render	View

Domains	All Domains
Definition	
Locations	wall
Sampling	Vertex
Reduction	Reduction Factor
Factor	1.0
Variable	Velocity
Boundary Data	Hybrid / Conservative
Projection	None

图 6-28 矢量创建设置面板

颜色标签页下的设置内容与 Location 中的变量定义相同，这里不再赘述。

在 Symbol 标签页下可以设置矢量的外观。Symbol 标签页下内容如图 6-29 所示。

Symbol 下拉框中可以选择的类型包括 Line Arrow（线性箭头）、Arrow 2D（二维箭头）、Arrow 3D（三维箭头）、Arrowhead（剑尖符号）、Arrowhead 3D（三维剑尖）、Fish 3D（三维鱼形）、Ball（球形）、Crosshair（十字架形）、Octahedron（八面体形）、Cube（立方体形）。

可以通过设置 Symbol Size 参数大小调整矢量显示的大小。

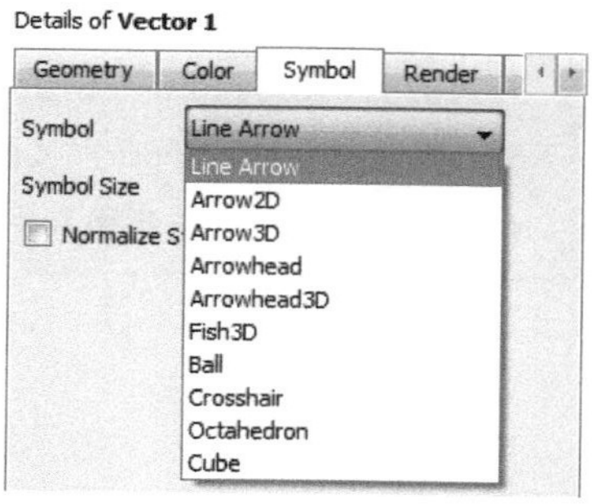

图 6-29 设置矢量外观

2. Contour

云图由某一变量的一系列等值线混合而成。在计算后处理过程中，云图是一种非常重要的数据呈现形式。

单击后处理按钮中的云图创建按钮可以创建云图。云图创建设置面板如图 6-30 和图 6-31 所示。

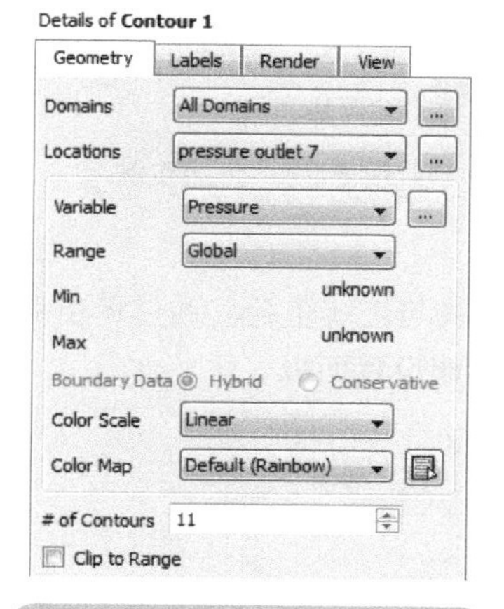

图 6-30 云图创建设置面板

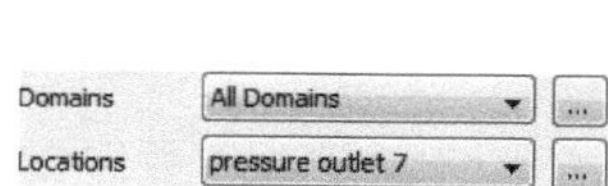

图 6-31 设置云图位置

在云图创建设置面板上，首先在 Domains 项下拉列表中选择所要生成的云图所在的区域，然后在 Locations 下拉列表中选择云图的生成位置，如图 6-31 所示。

在 Variable 项中选择云图所需要显示的变量，并在 Range 项中选择变量的范围，可以选择局部（Local）、全局（Global）、用户指定（User Specified）以及值列表（Value List），如图 6-32 所示。同时还可以通过 Color Scale 项设置云图的显示类型。

如图 6-33 所示，通过设置 of Contours 参数指定云图显示的级数，该值越大，显示的云图越精细。若激活了 Clip to Range 选项，则不显示用户指定范围外的值。

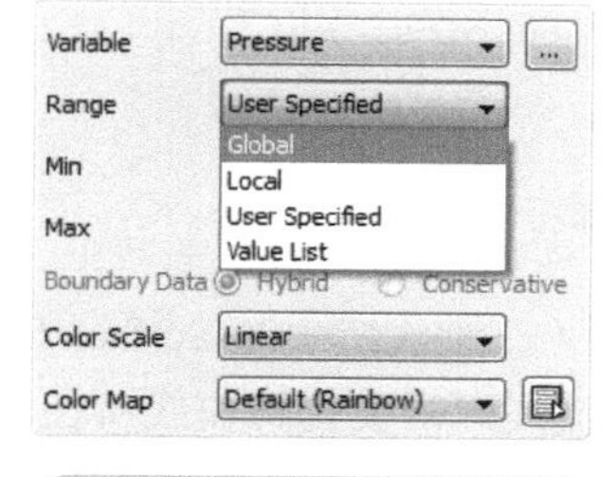

图 6-32 云图变量设置

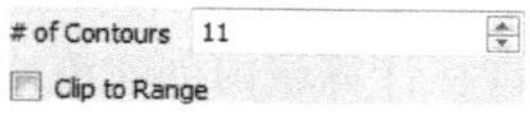

图 6-33 云图层数（Level）设置

在云图设置的 Labels 标签页中可以设置在云图中生成标志文字，文字对应着图例中的 Level 编号，如图 6-34 和图 6-35 所示。

> **提示：** 在 CFD-Post 中使用 Labels 并不能生成真正的等值线，要想生成真正的等值线图，只能借助更专业的 CFD 后处理工具。

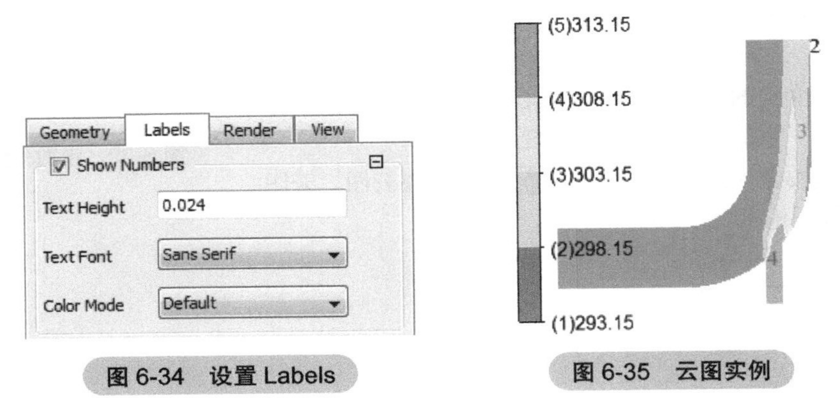

Geometry
Labels
Render
View
Show Numbers
Text Height
0.024
Text Font
Sans Serif
Color Mode
Default

图 6-34　设置 Labels

(5)313.15
(4)308.15
(3)303.15
(2)298.15
(1)293.15
2
3
4

图 6-35　云图实例

3. Streamline

流线主要用于显示流动轨迹，在稳态计算中，流线与迹线重合。通过单击后处理功能按钮中的流线创建按钮即可打开如图 6-36 所示的流线创建设置面板。

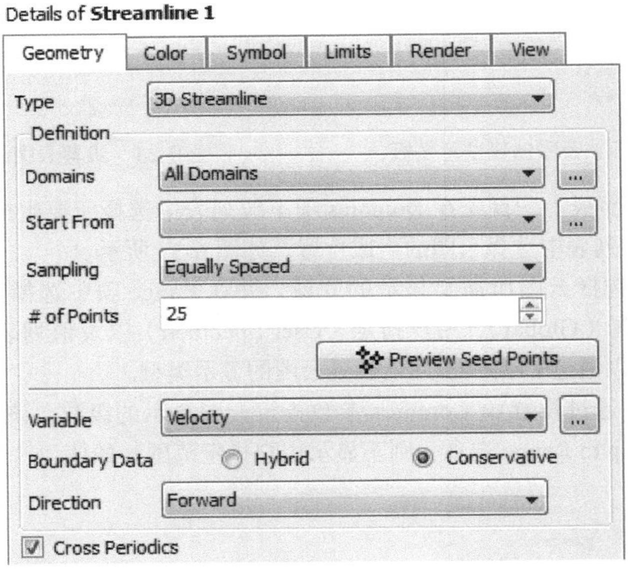

Details of Streamline 1
Geometry
Color
Symbol
Limits
Render
View
Type
3D Streamline
Definition
Domains
All Domains
Start From
Sampling
Equally Spaced
# of Points
25
Preview Seed Points
Variable
Velocity
Boundary Data
Hybrid
Conservative
Direction
Forward
Cross Periodics

图 6-36　流线创建设置面板

CFD-Post 中的流线主要有两种类型：3D Streamline（三维流线）与 Surface Streamline（面流线）。三维流线允许在计算域内创建流线，在创建此类流线时需要选择流线所在的域及流线的起始位置。面流线允许在面上创建流线，选择此类流线时需要选择流线所在的面，如图 6-37 所示。

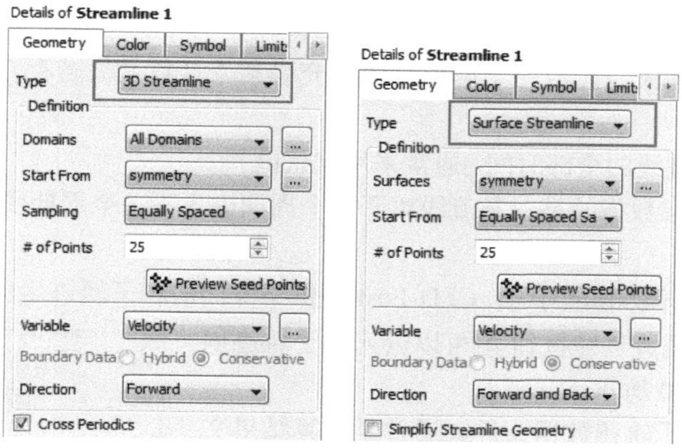

图 6-37 三维流线与面流线

选择三维流线时，先要指定流线所在的区域，然后在 start from 项中选择流线起始位置。而选择面流线时，则只需选择流线所在的面即可。

Variable：指定流线显示的物理量，通常都选择速度作为流线物理量。

Direction：流线流动方向。Forward 表示向前，流线方向与矢量方向相同；Backward 表示向后，流线方向与矢量方向相反；或者使用 Forward and Backward，此时流线会根据矢量方向自动指定流线方向。

利用 Symbol 标签页可以设置流线样式，如图 6-38 所示。在此标签页下可以设置最小时间、最大时间以及时间间隔，同时可以设置 Symbol 的样式。

利用 Limits 标签页可以对流线进行一些限制，在该标签页中用户可以更改公差、分段数、最大时间及最大周期，如图 6-39 所示。

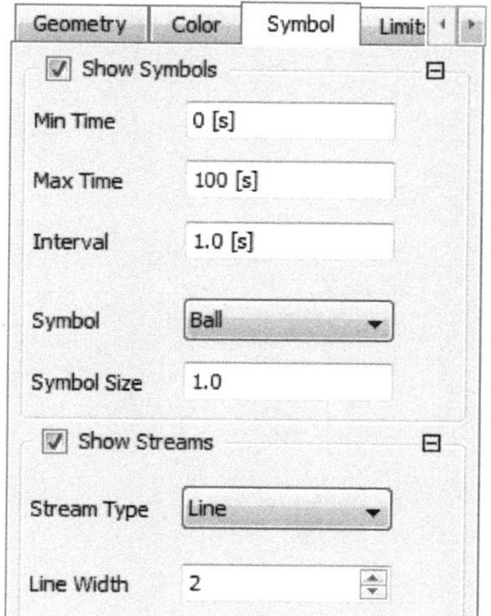

图 6-38 流线样式

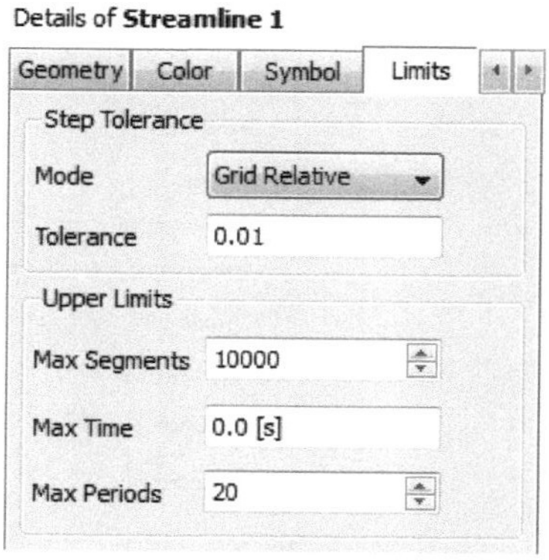

图 6-39 流线限制

Step Tolerance：该参数决定了流线的准确性。参数值越小，准确性越高，但是需要消耗更多的计算资源。公差模式包括网格相关（Grid Relative）与绝对值（Absolute）。当选择网格相关时，公差与网格尺寸相关，尺寸越小，公差越小。当选择绝对值时，所设定的参数值即为公差。

Max segments：最大线段数用于确保流线能充满整个计算域。若存在流线断开的情况，则需要增大此参数值。

Max time：绘制流线的全部时间，通常采用默认值

Max periods：该参数指的是一条流线离开一个周期进入下一个周期所用的最大次数。

4. Particle Track

对于模型中涉及离散相的问题，CFD-Post 提供了专门的粒子轨迹生成工具。通过单击后处理功能按钮中的粒子轨迹创建按钮可以进入粒子轨迹创建设置面板，如图 6-40 所示。

Method：指定粒子轨迹数据文件。通常是计算结果文件，扩展名为 trk。

Reduction Type：粒子缩减类型。与矢量创建相同。

Max Tracks：设置粒子轨迹的最大值。

Limits Option：限定粒子跟踪线开始的时间，设定方法主要包括：Up To Current Timestep（从当前时间步开始绘制）、Since Last Timestep（从当前时间步的前一个时间步开始绘制）、User Specified（自定义粒子线开始时间和截止时间）。

Filter：对粒子显示进行过滤。

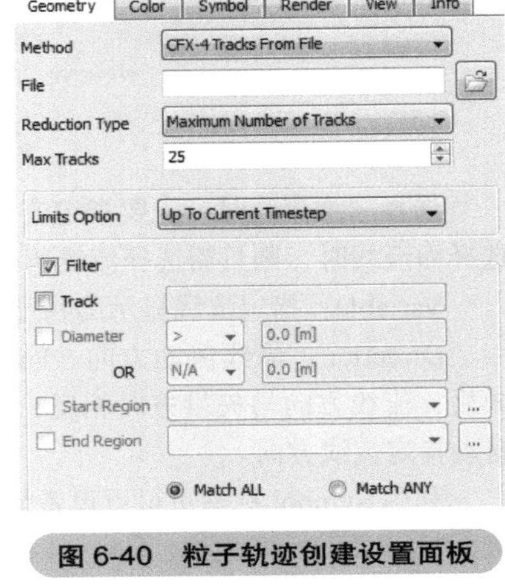

图 6-40　粒子轨迹创建设置面板

5. Volume Rendering

可以创建体积渲染，以某一变量对体进行渲染。通过单击后处理功能按钮中的体积渲染创建按钮创建体积渲染，如图 6-41 所示。

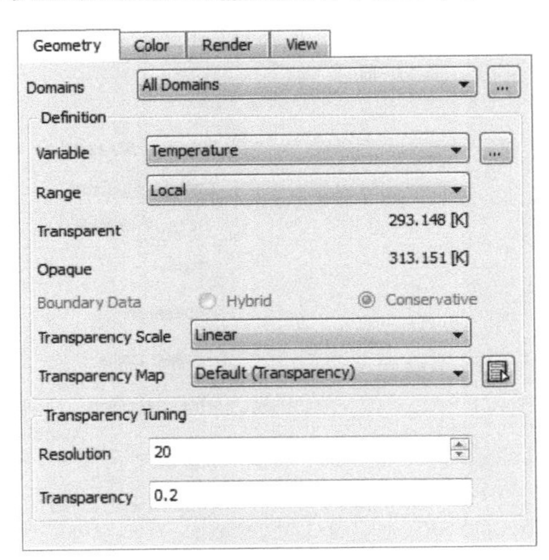

图 6-41　体积渲染创建设置面板

在该设置面板中，用户需要先在 Domain 选择项中选择要进行渲染的区域，然后在 Variable 项下拉框中选择进行渲染的变量，之后设定 Range 类型，变量值作为透明度显示，即变量值越小，透明度越高。

6. Text

用户可以在图形显示窗口中插入文本，通过单击后处理功能按钮中的 Text 创建按钮即可进入 Text 创建设置面板，如图 6-42 和图 6-43 所示。

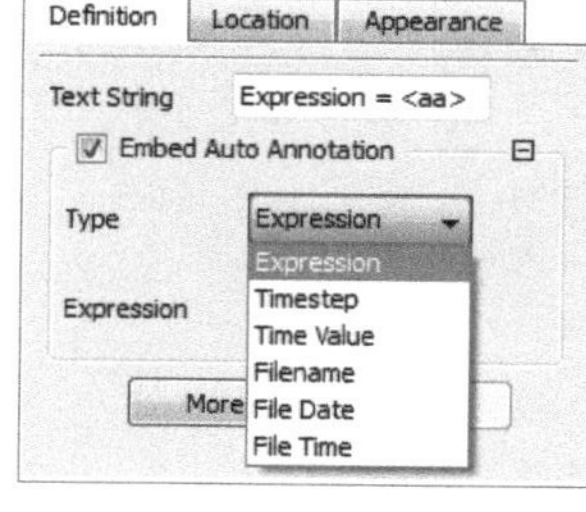

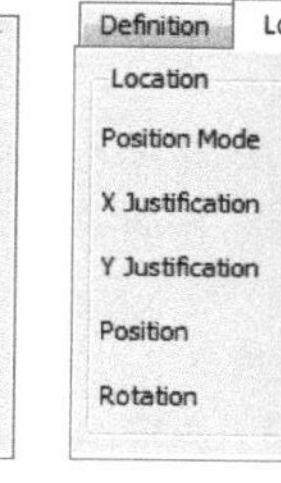

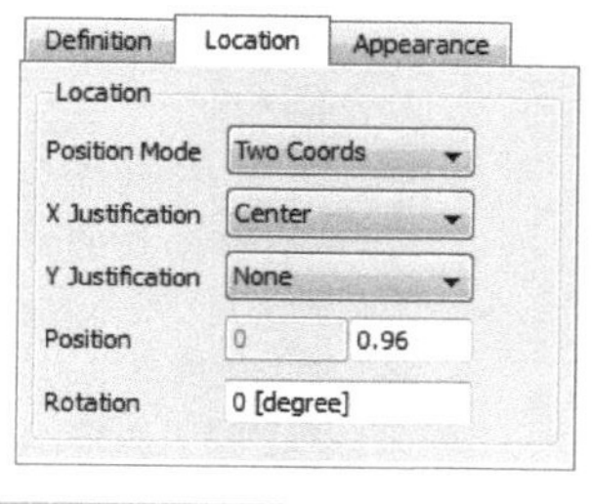

图 6-42　Text 创建设置面板

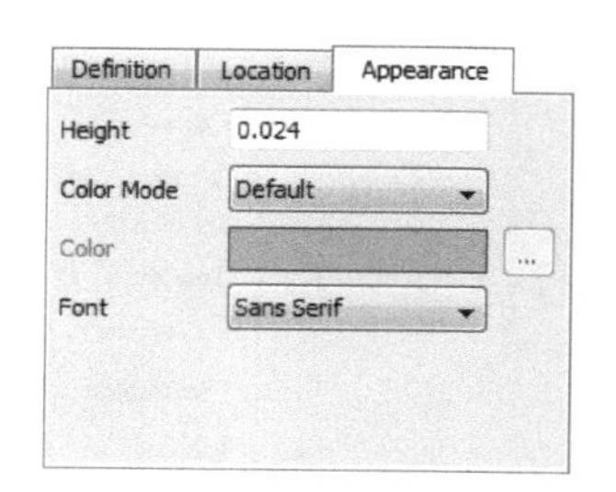

图 6-43　Text 创建设置面板

Text String：输入的字符串将会被显示到图形窗口的标题位置。

Embed Auto Annotation：嵌入自动注释，可以选择需要添加的注释。

Type：注释类型，CFD-Post 提供了以下几种注释类型：① Expression(表达式)，用户定义的表达式可以在此处添加，在标题位置会显示为表达式的值。② Timestep（时间步）在标题处显示时间步长。③ Time Value，在标题处显示时间值。④ Filename（文件名），在标题处显示文件名。⑤ File Date（文件创建日期），在标题处显示文件创建的日期。⑥ File Time（文件创建时间），在标题处显示文件创建的时间

More：单击该按钮可添加更多的注释内容。

使用 Location 标签页可以设定文本放置的位置。

使用 Appearance 标签页可以设置文本高度、颜色以及字体等。

7. Coordinate Frame

可以在 CFD-Post 中新建直角坐标系。单击后处理功能按钮中的坐标系创建按钮可以打开坐标系创建设置面板，如图 6-44 所示。

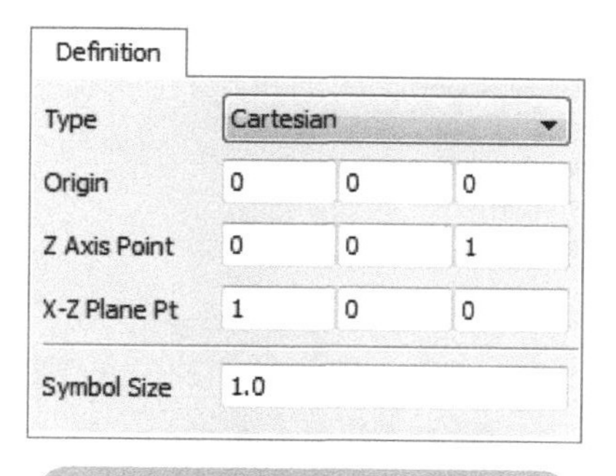

图 6-44　坐标系创建设置面板

目前只能创建笛卡儿坐标系，通过指定原点坐标、Z 轴上的点以及 X-Z 平面上的点来确定坐标系。Symbol Size 用于设定显示的坐标系大小。

8. Legend

用户可以自定义图例外观，单击后处理功能按钮中的按钮可以进行图例定义。图例定义设置面板如图 6-45 所示。

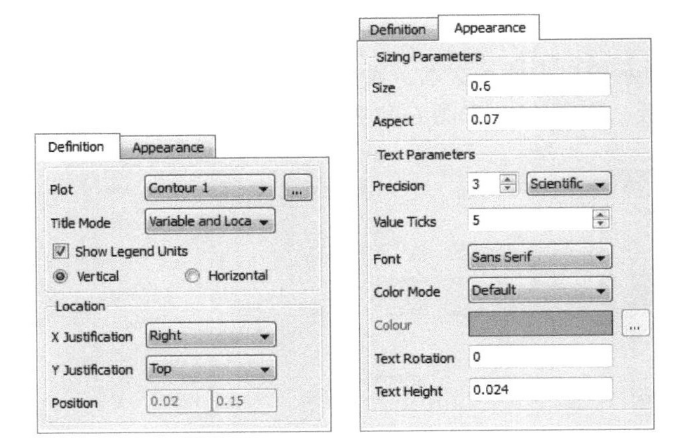

图 6-45　图例定义设置面板

图例定义中包括两个标签页，Definition 用于定义图例的位置，Appearance 用于定义图例的外观。

在 Definition 标签页中，Plot 用于选择图例所附加的位置，Title Mode 用于定义图例的模式（如显示变量及位置、只显示变量等），Show Legend Units 用于设置是否显示单位，Vertical 与 Horizontal 用于设置 Legend 的放置方式，Location 用于设置图例的放置位置。

在 Appearance 标签页中，Size Parameters 用于设置图例的大小，Text Parameters 用于设置图例上文本类型（可以选择用科学计数法或是浮点数），Value Ticks 用于设置图例上数字的个数（默认值为 5 个），Font 用于设置图例中文本的字体，Text Rotation 用于设置文本的旋转角度，Text Height 用于设置文本的高度。

9. Instance Transform

场景变换可以对对象进行旋转、移动、镜像等操作，适用于在前处理中使用了对称面、周期面或旋转对称面的情况，场景变换设置面板如图 6-46 所示。

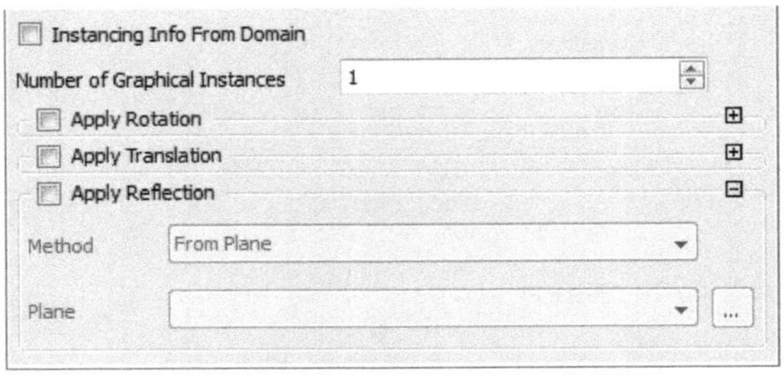

图 6-46　场景变换设置面板

10. Clip Plane

单击后处理功能按钮中的平面切片创建按钮可以打开平面切片创建设置面板，如图 6-47 所示。利用平面切片可以隐藏图形显示区的部分内容，隐藏的部分可以是生成面前面部分，也可以是生成面后面部分。通过翻转状态选项（Flip Normal）可以调整隐藏的区域。平面切片可以通过坐标轴的方式生成，也可以通过设定面上点与法线的方式生成，还可以通过三点创建平面。

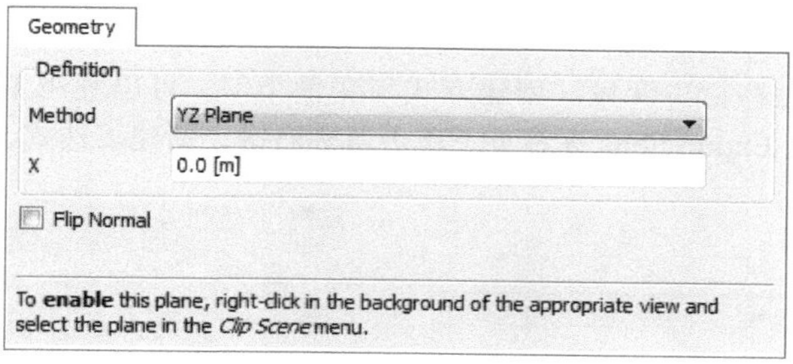

图 6-47　修剪平面创建

在平面切片生成之后，默认情况下并不能隐藏几何体任何部分，需通过在图形显示区域空白位置单击鼠标右键，在上下文菜单中选择生成的平面切片来使平面切片生效。

11. Color Map（颜色映射）

单击后处理功能按钮中的颜色创建按钮可以打开颜色映射创建设置面板，如图 6-48 所示。

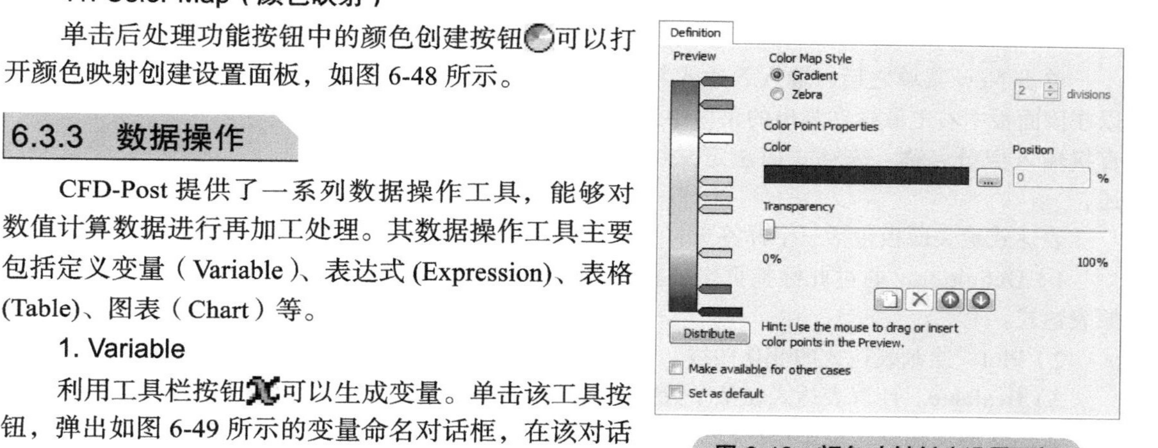

图 6-48　颜色映射创建设置面板

6.3.3　数据操作

CFD-Post 提供了一系列数据操作工具，能够对数值计算数据进行再加工处理。其数据操作工具主要包括定义变量（Variable）、表达式 (Expression)、表格 (Table)、图表（Chart）等。

1. Variable

利用工具栏按钮可以生成变量。单击该工具按钮，弹出如图 6-49 所示的变量命名对话框，在该对话框中可以给即将创建的变量命名。

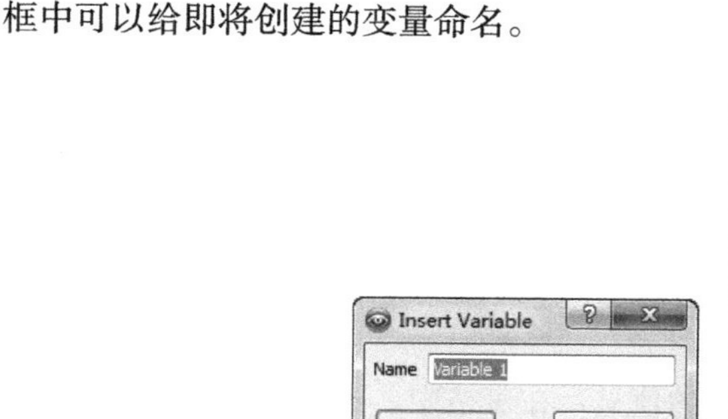

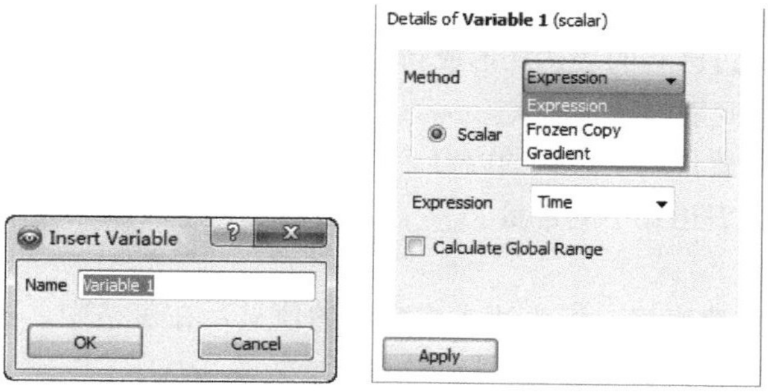

图 6-49　定义变量

Method：选择变量定义的方法，可以通过三种方式定义变量：Expression、Frozen Copy 以及 Gradient。

可以选择的变量类型是 Scalar 和 Vector。

若选择通过表达式创建变量，则需要在 Expression 项中选择所创建的表达式。

除了利用上述方式创建变量之外，用户还可以在模型树窗口中的 Variables 标签页中单击右键，选择 New 菜单新建变量，如图 6-50 所示。

2. Expression（表达式）

表达式用于描述一些衍生变量。创建方式与变量类似。可以利用工具栏按钮新建表达式，也可以在模型树的 Expressions 标签页下单击鼠标右键，新建表达式，如图 6-51 所示。

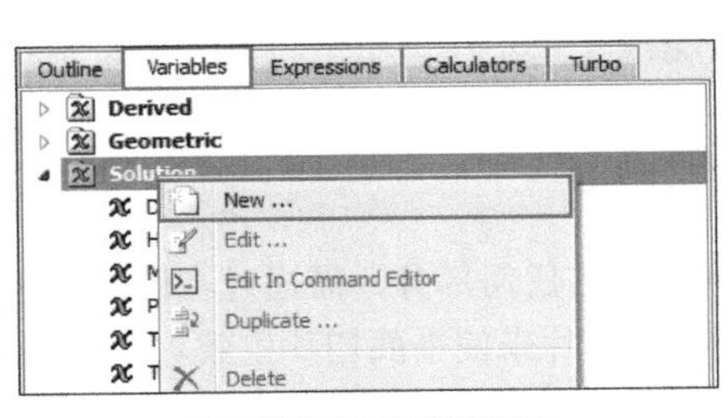

图 6-50　创建变量

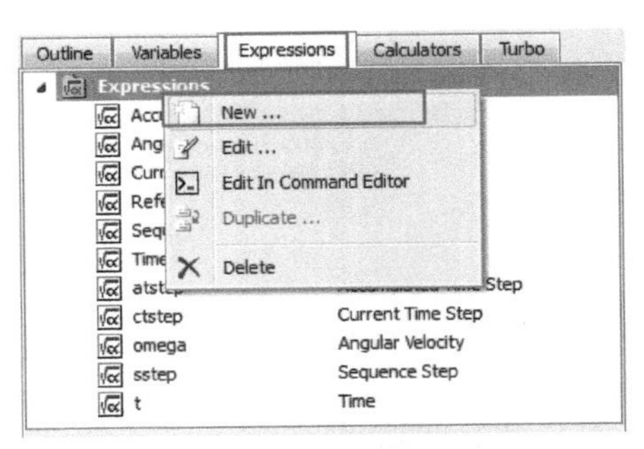

图 6-51　新建表达式

单击 New 菜单之后，输入表达式名称，即出现如图 6-52 所示的表达式定义面板。用户可以在该面板中右击鼠标在弹出的菜单中选择变量，也可以直接输入变量名称。表达式语法定义将在下文中进行讲述。

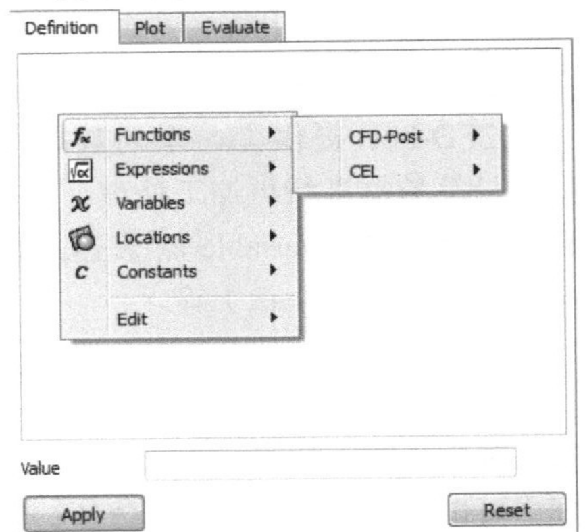

图 6-52　表达式定义面板

表达式定义面板包括三个标签页：

1）Definition。通过此标签页生成新的表达式或修改原表达式。

2）Plot。绘制表达式的变化曲线。

3）Evaluate。计算表达式在某个数据点上的值。

表达式的创建方式主要包括以下几种：

1）Functions。选用 CFD-Post 提供的函数或自定义函数编写表达式。

2）Expressions。通过已有的表达式形成新的表达式。

3）Variables。利用变量构建表达式。

4）Locations。以位置作为表达式的内容。

5）Constants。设置表达式中的常量。

3. Table

在 CFD-Post 可以创建表格，将表达式或变量的值显示在表格中。在工具栏按钮上单击表格创建按钮即可进行表格的创建，如图 6-53 所示。

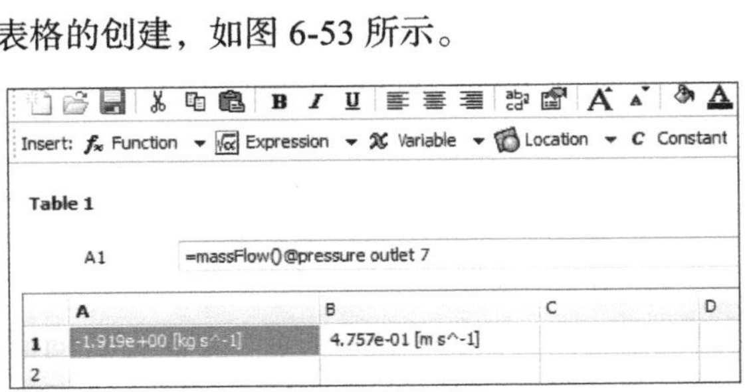

图 6-53　创建表格

首先在表格中选择需要放置数据的单元格，然后在表头文本框中利用鼠标右键选择函数及变量，定义完毕后按 Enter 键即将函数值放置在选择单元格中。如图 6-51 所示，pressure outlet 7 的质量流量值放置在 A1 单元格中，其值为 −1.919kg/s，此处负值表示流出。

4. Chart

Chart 在后处理中应用较多，主要用于将多义线或直线上的变量间的关系绘制成曲线，或将某一变量与时间的关系绘制成曲线。利用工具栏按钮可定义图表。

如图 6-54 所示，图表定义窗口中包括 6 个标签页：

1）General。用于定义图表类型及标题。

2）Data Series。用于定义显示图表的数据系列。

3）X Axis。用于定义 X 轴属性及外观。

4）Y Axis。用于定义 Y 轴属性及外观。

5）Line Display。用于定义线条外观。

6）Chart Display。用于定义图表外观。

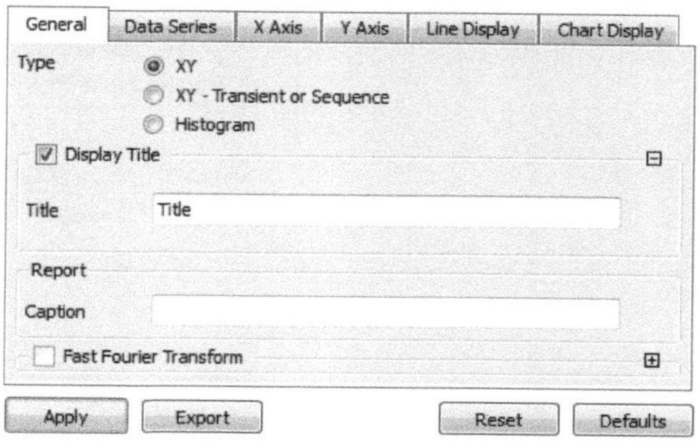

图 6-54 定义图表

图 6-54 所示为 General 设置面板，面板中的一些选项介绍如下：

Type：设置曲线类型，包括 XY、XY-Transient or Sequence 以及 Histogram 类型。其中 XY 为常规曲线图，需要选择 X 与 Y 坐标变量。XY-Transient or Sequence 为瞬态曲线图，X 轴坐标为时间变量。Histogram 为直方图，常用于 DPM 模型中的粒径分布统计。

Display Title：激活此项则在图表上显示标题，用户可以在 Title 文本框中输入标题内容。

Report：定义报告中图表标题，在 Caption 文本框中进行定义。

Fast Fourier Transform：是否进行快速傅里叶变换，在气动声学后处理时可能会用到。

选择了曲线类型之后，即可定义 Data Series，打开 Data Series 标签页，如图 6-55 所示。首先新建一个数据系列，然后为在 Name 文本框中定义数据系列的名称，同时在 Location 中选择位置，或者利用 File 导入位置。

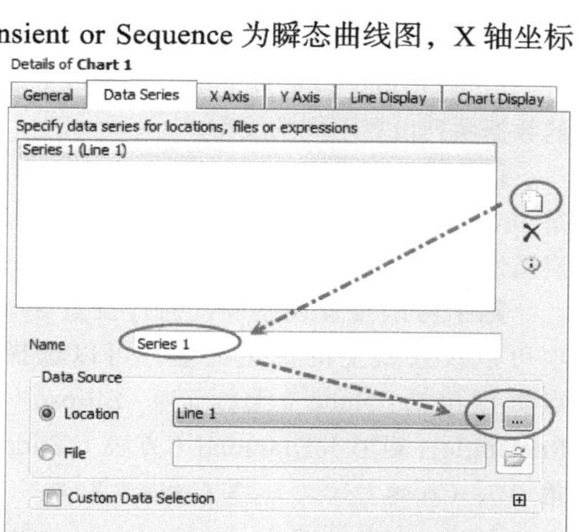

图 6-55 数据系列设置

提示：若想定义多个数据系列，可以使用 Custom Data Selection。

坐标轴设置如图 6-56 所示，最主要设置的部分包括：

1）选择坐标轴变量。在 Variable 下拉列表中选择该坐标轴所表征的物理量。

2）设置坐标轴上数据范围。在 Axis Range 中设置坐标轴的最大值、最小值，或者使用变量值自动确定。

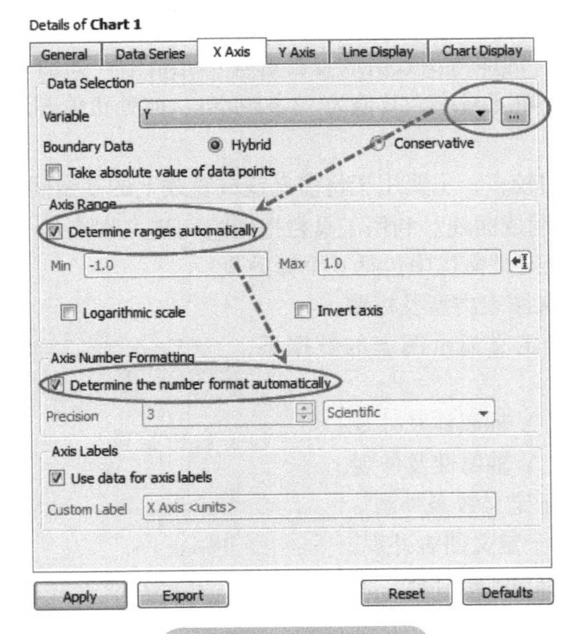

图 6-56 设置坐标轴

3）可以设置坐标轴上的数据形式，如科学计数法、浮点数等。

Y Axis 标签页下设置与 X Axis 标签页相同。

Line Display 标签页下主要进行线型设置。如图 6-57 所示，在该设置面板中，可以对不同的数据系列设置不同的线型。

Line Style：设置线型。默认为程序自动选择，用户可以为不同的数据序列指定线型，可以是 None（无）、Solid（实线）、Dash（虚线）、Dot（点线）、Dash Dot（点画线）、Dash dot dot（双点画线）以及 Automatic（自动）等。

除了可以设置线型外，通过设置 Symbols 选项可以设置线上的标记类型，可以选择的标记点类型包括：None（无标记）、Ellipse（椭圆）、Rectangle（矩形）、Diamond（方块）、Triangle（三角形）、Cross（叉叉）、X Cross（X 叉叉）、Horizontal Line（水平线）、Vertical Line（竖直线）、Star 1（星形）、Star 2（星形）、Hexagon（六边形）等。设置了 Symbols 样式后，还可以设置颜色。

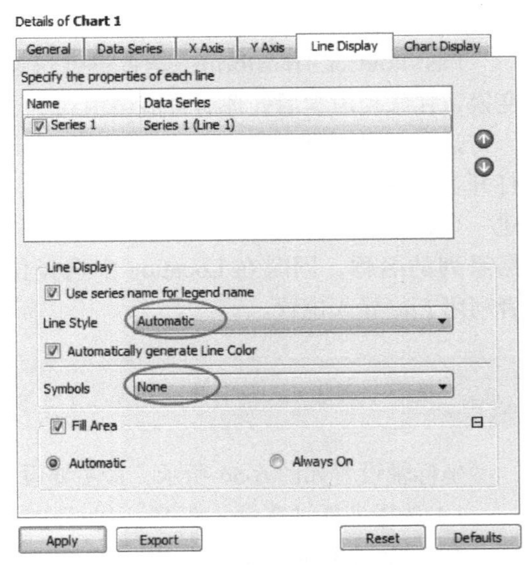

图 6-57 线显示选项

Chart Display 标签页下可以设置图表的外观，如字体、字号、图表所处的位置等。

单击 Apply 按钮可以生成图表，单击 Export 可以导出数据，然后可以利用第三方软件对导出的数据进行处理。

通过菜单 File → Save Picture… 可以输出图表，如图 6-58 所示。

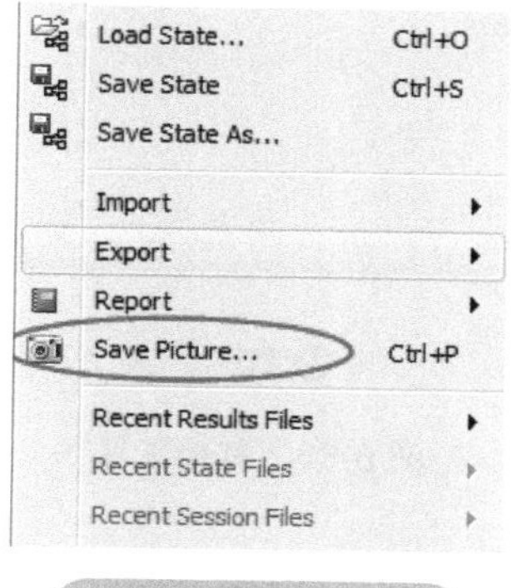

图 6-58　输出图表

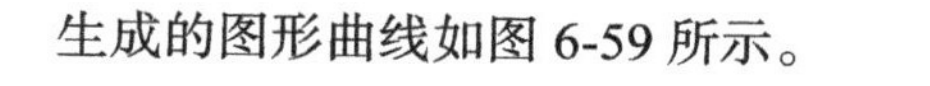

生成的图形曲线如图 6-59 所示。

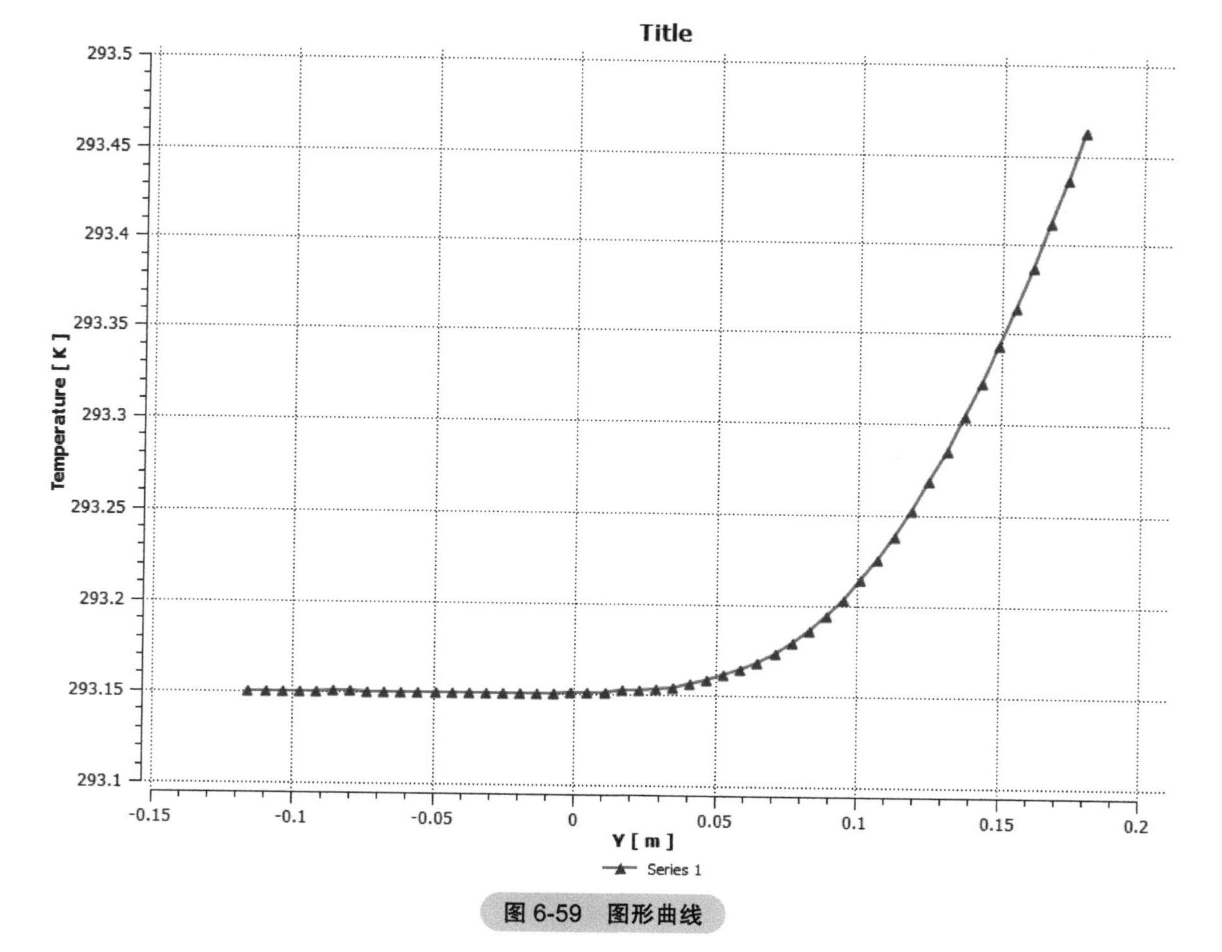

图 6-59　图形曲线

6.3.4　其他工具

CFD-Post 提供了一些工具方便进行后处理操作，这些工具位于菜单 Tools 下，或位于工具栏上，如图 6-60 所示。

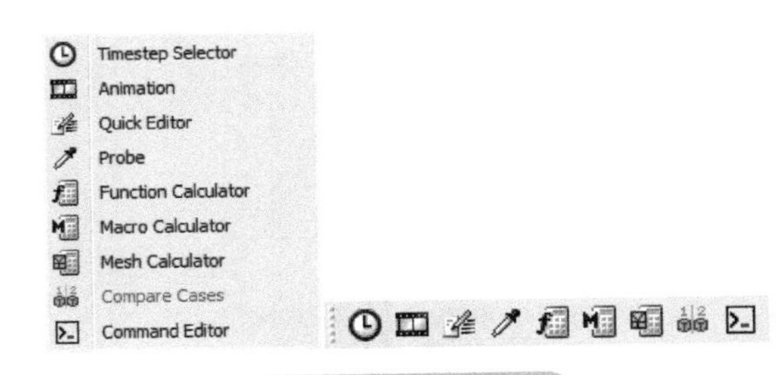

图 6-60 其他工具

这些工具包括：

Timestep Selector：时间步选择器。用于瞬态结果选择时间步。

Animation：动画创建。主要用于创建动画文件。

Quick Editor：快速编辑器，用于对对象的快速操作。

Probe：传感器。利用鼠标获取某一位置物理量的值。

Function Calculator：函数计算器。计算函数的值。

Macro Calculator：宏计算器。利用 CFD-Post 集成的宏计算一些衍生物理量的值。

Mesh Calculator：网格计算器。查看网格数据信息。

Compare Cases：案例比较。当导入多个案例数据时，可以进行比较。

Command Editor：CCL 编辑器。

这些工具的具体操作可以查看 CFD-Post 的用户文档，在此不进行详述。

6.4 案例 1：CFD-Post 基本操作

本例通过一个简单的后处理案例描述 CFD-Post 的基本操作及常用的后处理操作流程。

Step 1：导入结果数据文件

启动 CFD-Post，选择菜单 File → Load Results…，打开结果文件选择对话框。如图 6-61 所示，选择本例文件 Ex6-1\elbow1.cas，鼠标单击 Open 按钮导入结果文件。

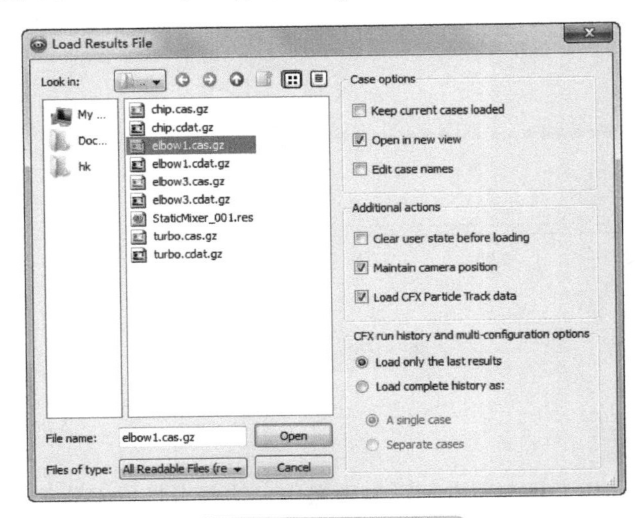

图 6-61 选择结果文件

Step 2： 观察图形显示窗口

结果数据文件导入完成后，图形显示窗口如图 6-62 所示。

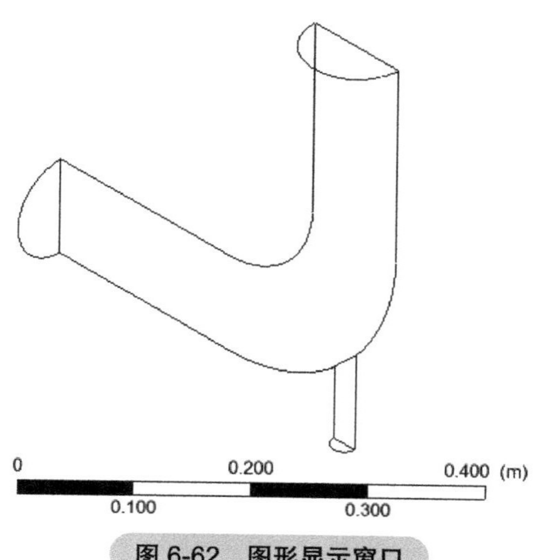

图 6-62 图形显示窗口

图形窗口中的鼠标操作：

拖动鼠标左键：视图旋转。

滚动鼠标中键：缩放视图。

拖动鼠标右键：局部缩放。

鼠标右键单击：弹出上下文菜单。

Ctrl+ 鼠标左键：拖动平移视图。

Shift+ 鼠标中键：拖动缩放视图。

除了可以使用快捷方式操作外，点选图形显示窗口上的工具按钮也可以进行视图操作。

图 6-63 中从左至右依次为：对象选择按钮、旋转视图、平移视图、缩放视图、局部缩放视图、全屏显示视图。

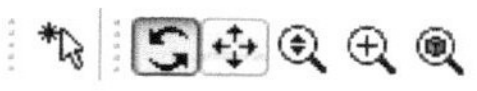

图 6-63 视图操作按钮

Step 3： 显示对称面速度云图

本例为对称几何，可以观察对称面上的云图分布。主要包括速度、压力以及温度分布。鼠标单击选择工具栏菜单上云图创建按钮，在弹出的云图命名对话框中输入速度云图名称 velocity，如图 6-64 所示。单击 OK 按钮进入云图属性设置，如图 6-65 所示。

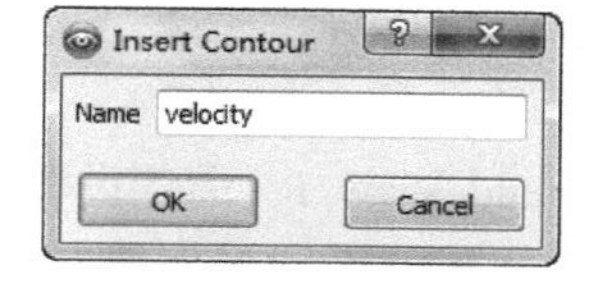

图 6-64 命名云图

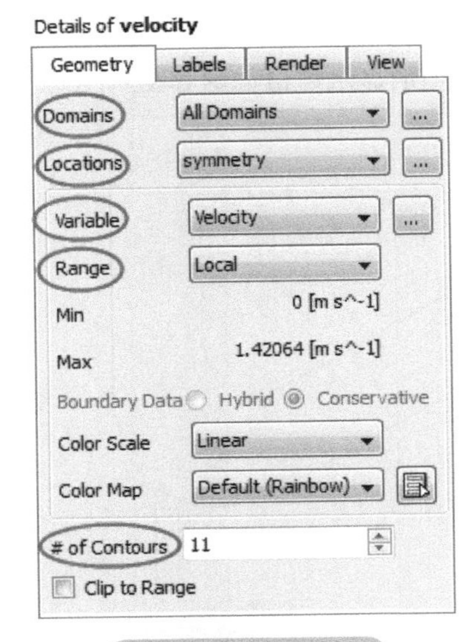

图 6-65 云图设置

如图 6-65 所示为云图设置面板，此处设置 Domains 为默认的 All Domains，设置 Locations 为 symmetry，设置 Variable 为 Velocity，设置 Range 为 Local，保持云图级数为默认值 11。

小技巧：若觉得云图不够精细，可增加 # of Contours 参数值。

云图显示结果如图 6-66 所示。

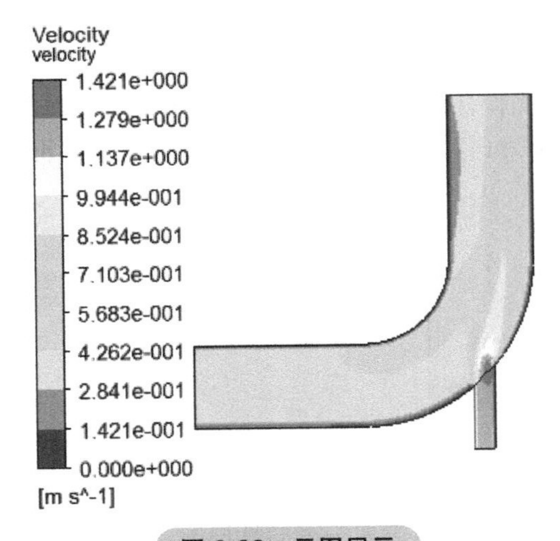

图 6-66 云图显示

Step 4: 修改 Legend

鼠标双击模型树节点 Default Legend View 1，图例设置面板如图 6-67 所示。这里设置 Title Mode 为 User Specified，设置 Title 为速度，设置图例放置方式为 Vertical。在 Appearance 标签页中设置文本类型为 Fixed，设置精度 Precision 为 3 位有效数字。

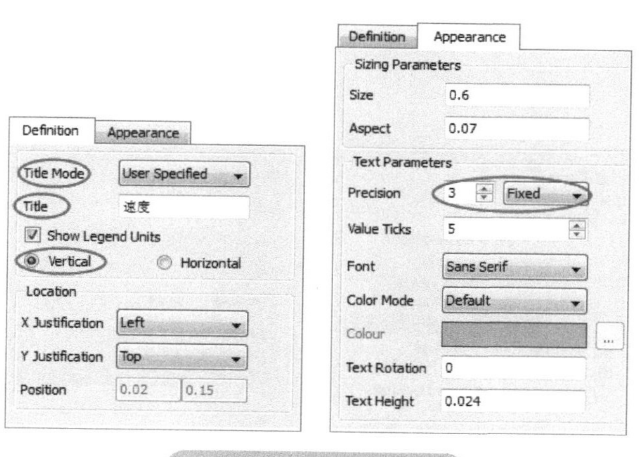

图 6-67　Legend 设置

经过调整后的云图如图 6-68 所示。

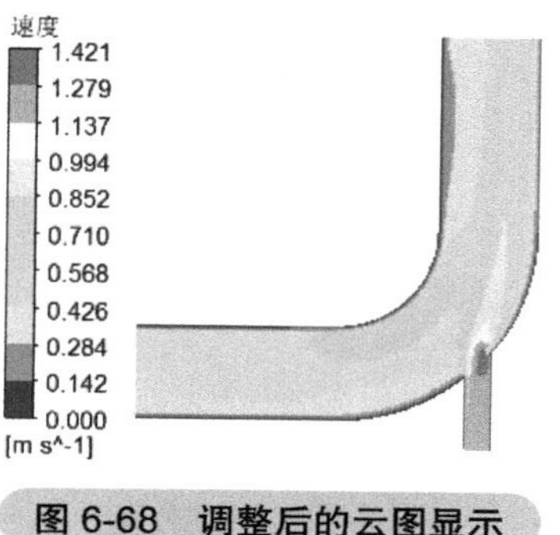

图 6-68　调整后的云图显示

Step 5: 查看温度及压力云图

按 Step 3 相同的步骤创建温度及压力云图，操作步骤基本相同，不同的地方在于图 6-65 中的 Variable 选择 Temperature 与 Pressure，所生成的温度及压力云图如图 6-69 所示。

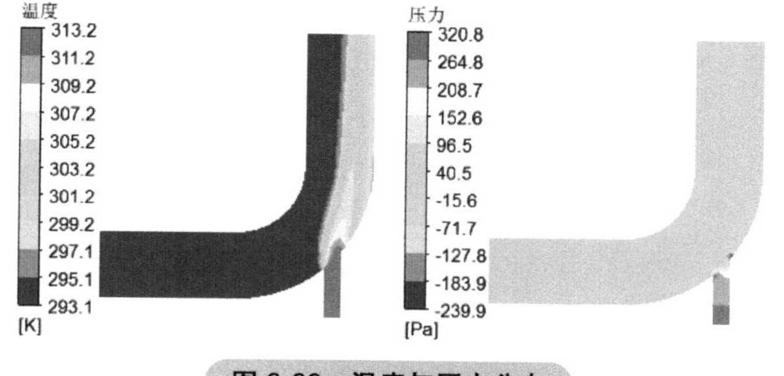

图 6-69　温度与压力分布

Step 6: 观察边界面温度分布

可以查看任意边界面上的物理量分布，这里以温度为例。
鼠标双击模型树上 wall 节点，如图 6-70 左侧图所示。

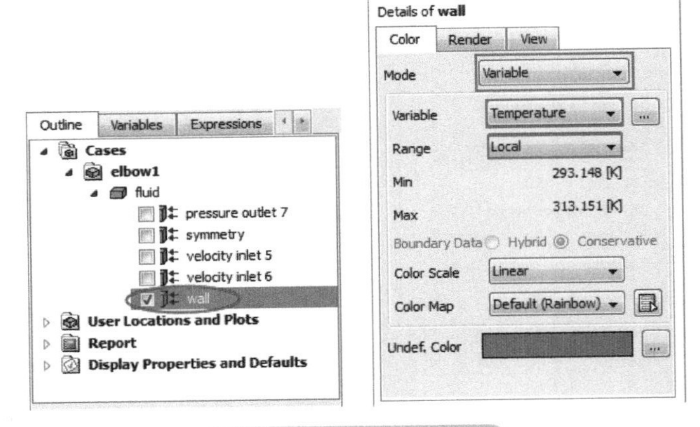

图 6-70　显示壁面数据

在颜色设置标签页中设置 Mode 为 Variable，设置 Variable 为 Temperature，设置 Range 为 Local，单击 Apply 按钮显示 wall 上温度分布，如图 6-71 所示。

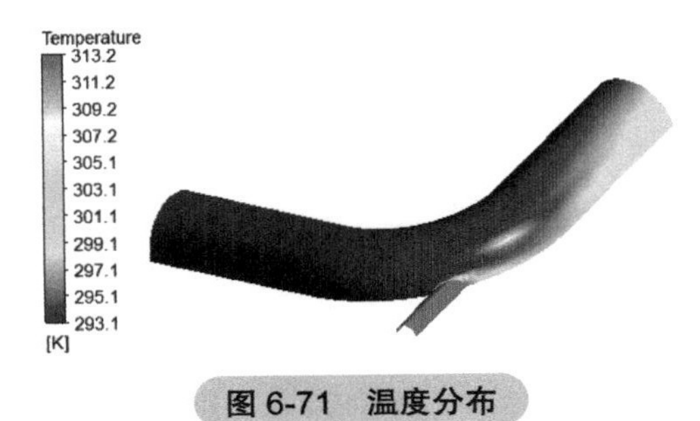

图 6-71　温度分布

Step 7：生成面与面组

分别生成 y=0m，0.05m，0.1m，0.15m 的平面。创建命名为 y0 的 Plane，如图 6-72 左侧图所示。选择 Method 为 ZX Plane，设置 Y 值为 0m，单击 Apply 按钮创建平面。采用同样的方法创建其他四个平面 y005，y01，y015。

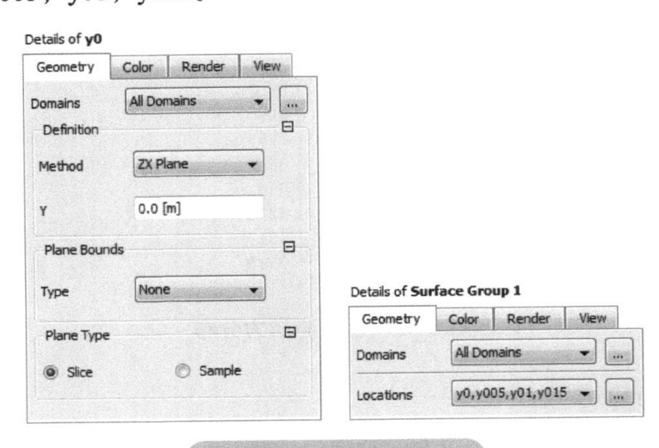

图 6-72　创建面与面组

创建 Surface Group，以默认名称命名。在 Location 选项中利用 Ctrl 键选择所创建的四个平面，如图 6-75 右侧图所示。同时设置其 Color 标签页，如图 6-73 所示。

如图 6-74 所示，在模型树中取消四个平面（y0、y005、y01、y015）前方的复选框，不显示这四个平面。同时调整 wall 边界显示透明度为 0.75（双击 wall 边界，在设置面板中的 Render 标签页中设置 Transparency 参数值为 0.75）。

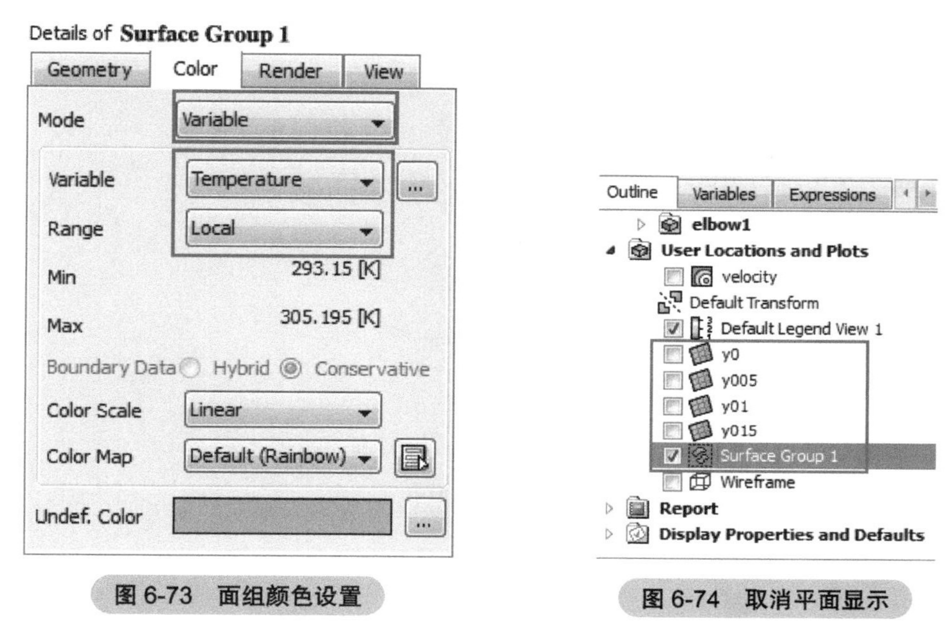

图 6-73 面组颜色设置

图 6-74 取消平面显示

最终形成的图形如图 6-75 所示。

图 6-75 面组显示

Step 8: 显示对称面矢量

选择对称轴上矢量创建按钮，矢量名称采用默认设置。

如图 6-76 所示，对于 Geometry 标签页下，选择 Locations 为 symmetry，选择 Variable 为 Velocity；设置 Symbol 标签页下 Symbol Size 为 4。

图形显示窗口中矢量图如图 6-77 所示。由于矢量以速度为变量，因此矢量长度表示速度大小，矢量的方向为速度方向。

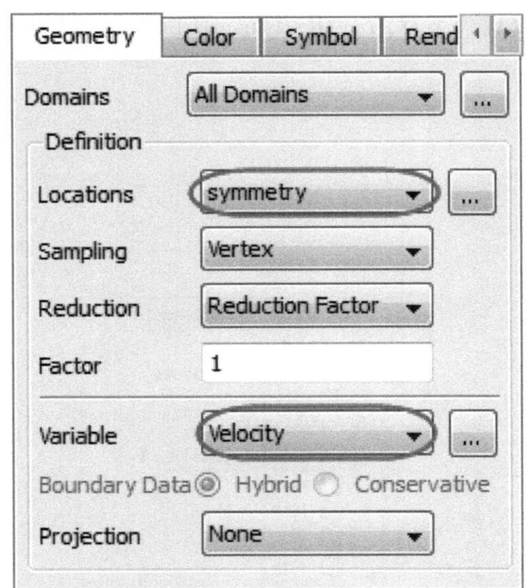

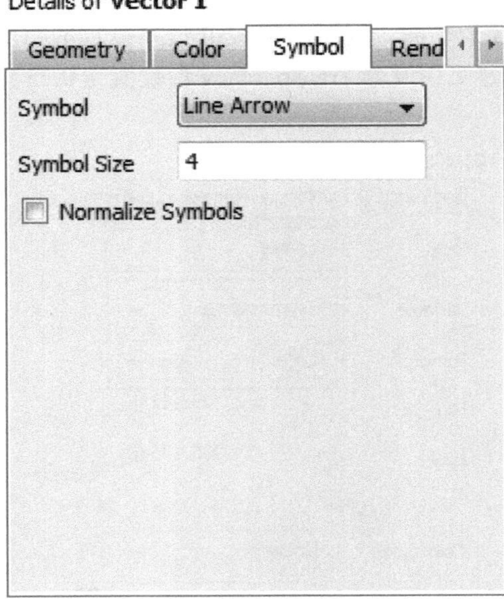

图 6-76　矢量设置

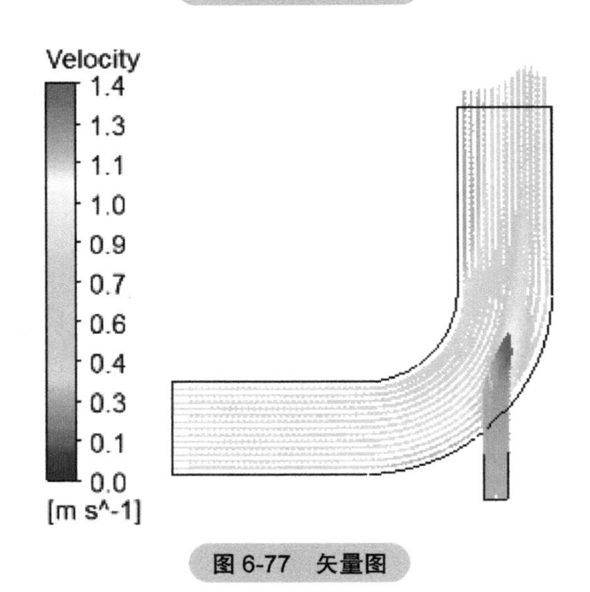

图 6-77　矢量图

Step 9: 创建流线

利用工具栏流线创建按钮，以默认名称创建流线。如图 6-78 所示，设置 Type 为 3D Streamline，设置流线起始位置为 velocity inlet 5、velocity inlet 6，设置 Variable 为 Velocity。在 Color 标签页中，设置变量 Range 为 Local。

单击 Apply 按钮创建 3D 流线，结果如图 6-79 所示。

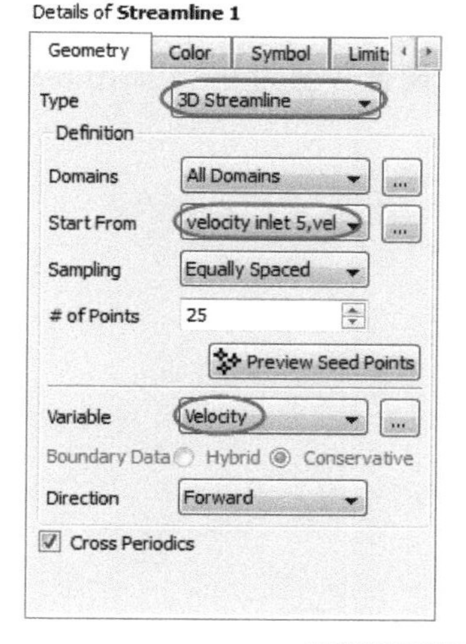

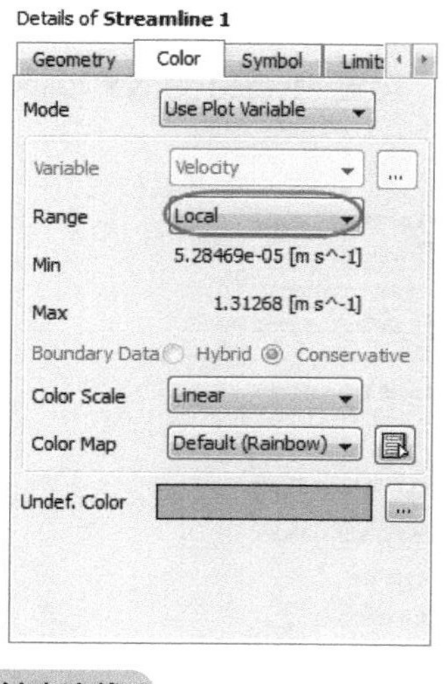

图 6-78　创建流线

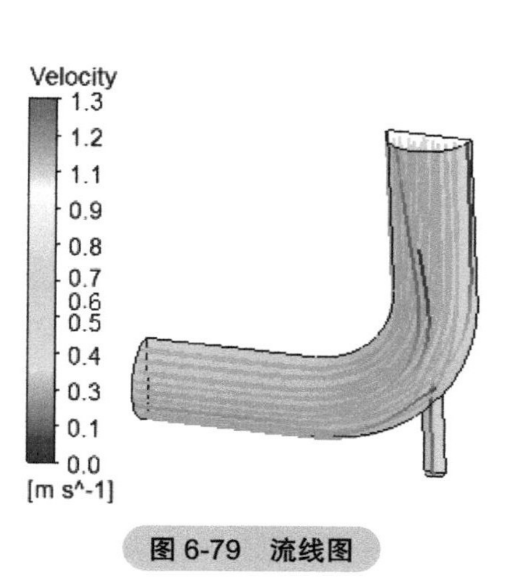

图 6-79　流线图

Step 10：显示涡核及场景变换

利用菜单 Insert → Location → Vortex Core Region 进行涡核区域创建。在弹出的命名对话框中采用默认名称设置。

在 Geometry 标签页中选择涡核定义方法 Method 为 Absolute Helicity，设置 Level 为 0.01。在 Color 标签页下设置 Mode 为 Constant，选择 Color 为绿色，如图 6-80 所示。以透明度 0.75 显示 wall，形成的涡核如图 6-81 所示。

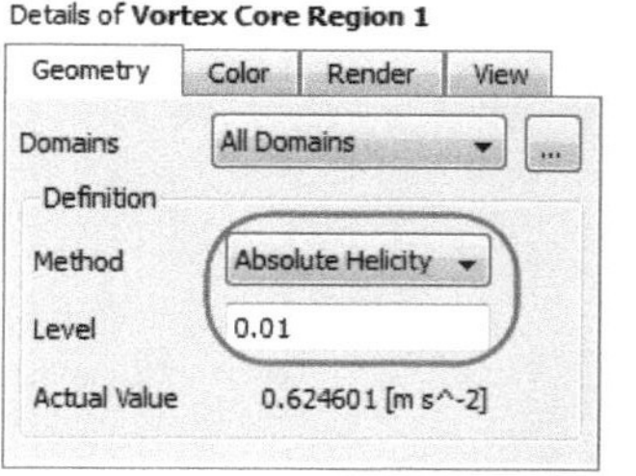

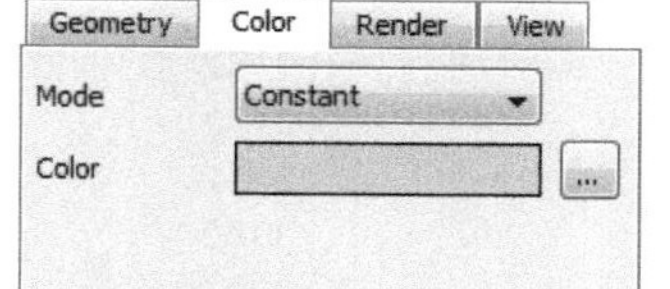

图 6-80　涡核创建

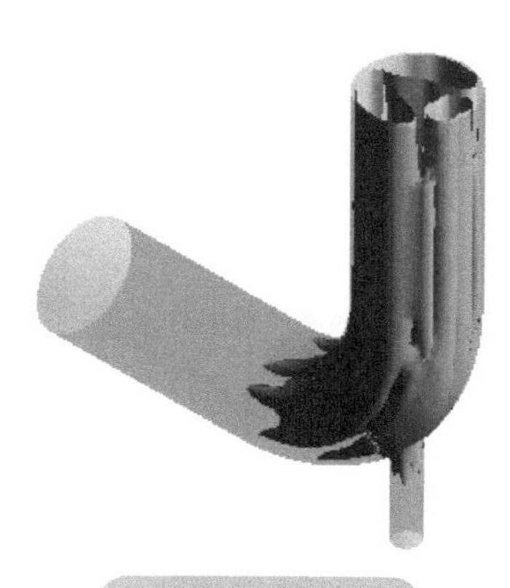

图 6-81　涡核图

利用 Instant Transformed 对几何进行镜像操作。双击模型操作树节点 Default Transform，在属性设置面板中激活 Apply Reflection，设置 Method 为 XY Plane，设置 Z 值为 0m，如图 6-82 所示。

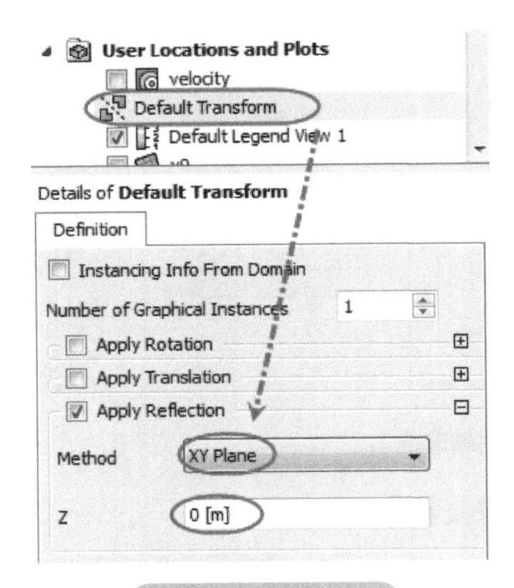

图 6-82　场景变换

Step 11：体渲染

利用菜单 Insert → Volume Rendering 插入体渲染，在弹出的设置面板中设置 Variable 为 Temperature，设置 Range 为 Local，其他参数采用默认设置，生成的图形如图 6-83 所示。

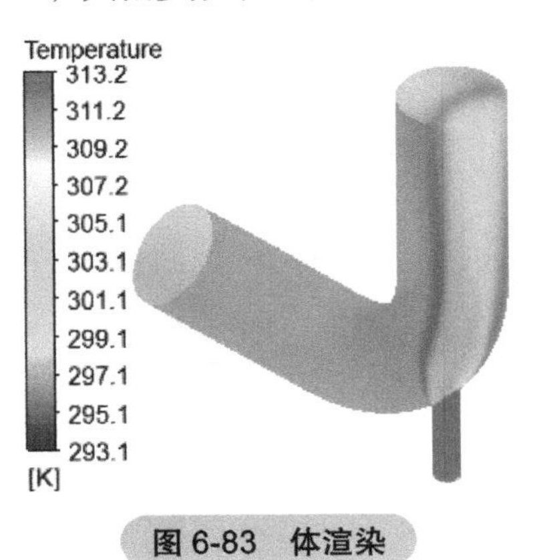

图 6-83　体渲染

Step 12：创建表达式及变量

创建表达式及变量 DynamicHead，其函数表达式为

$$\text{DynamicHead} = \frac{\rho v^2}{2}$$

如图 6-84 所示，在 Expressions 标签页下的 Expression 节点上单击鼠标右键，选择 New 菜单，在弹出的命名对话框中输入表达式名称 DynamicHead，在下方的表达式定义窗口中输入 Density*Velocity^2/2，可以直接输入也可以利用鼠标右键菜单选择变量。

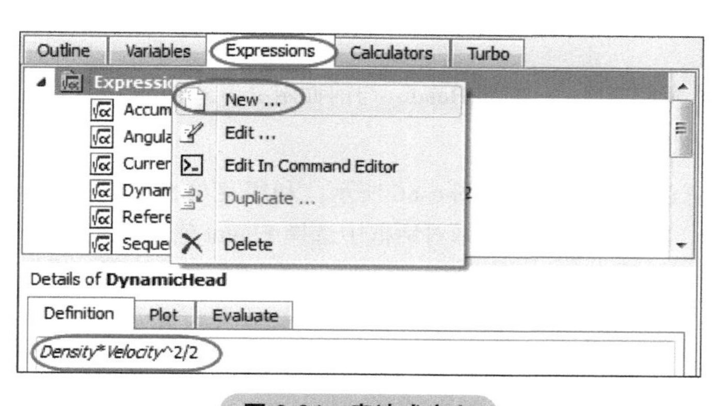

图 6-84　表达式定义

小技巧：在表达式定义过程中，为防止变量输入错误，建议使用右键菜单选择。

变量定义如图 6-85 所示，在 Variables 标签页下任意节点上右键单击，选择 New。

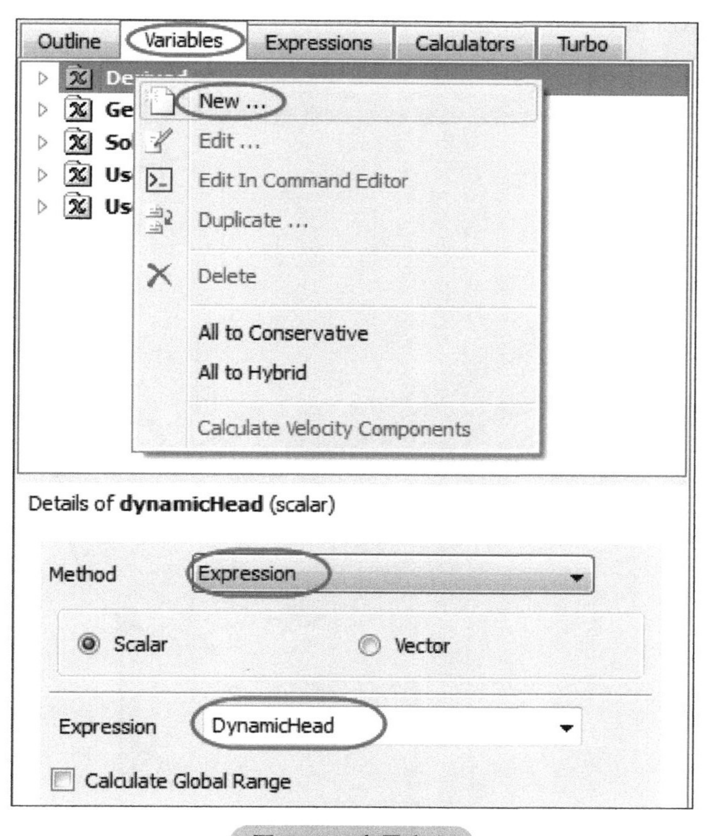

图 6-85　变量定义

在弹出的变量命名对话框中输入变量名称 DynamicHead。在下方的设置面板中选择 Method 为 Expression，选择 Expression 为前面创建的表达式 DynamicHead。单击 Apply 按钮完成变量的定义。

定义 YZ 平面，显示变量 DynamicHead，与前面定义方式相同，这里不再赘述。

Step 13：显示粒子轨迹

导入 Fluent 计算的粒子轨迹。如图 6-86 所示，利用菜单 File → Import → Import FLUENT Particle Track File…，在弹出的文件选择对话框中选择 Fluent 输出的粒子文件 elbow_tracks.xml。

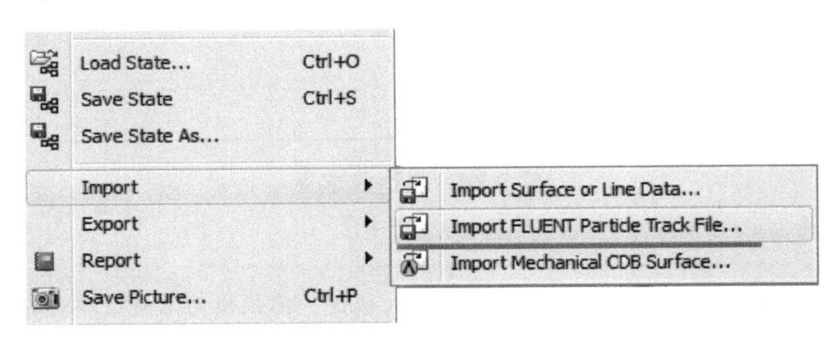

图 6-86 导入粒子文件

文件导入后的图形如图 6-87 所示。

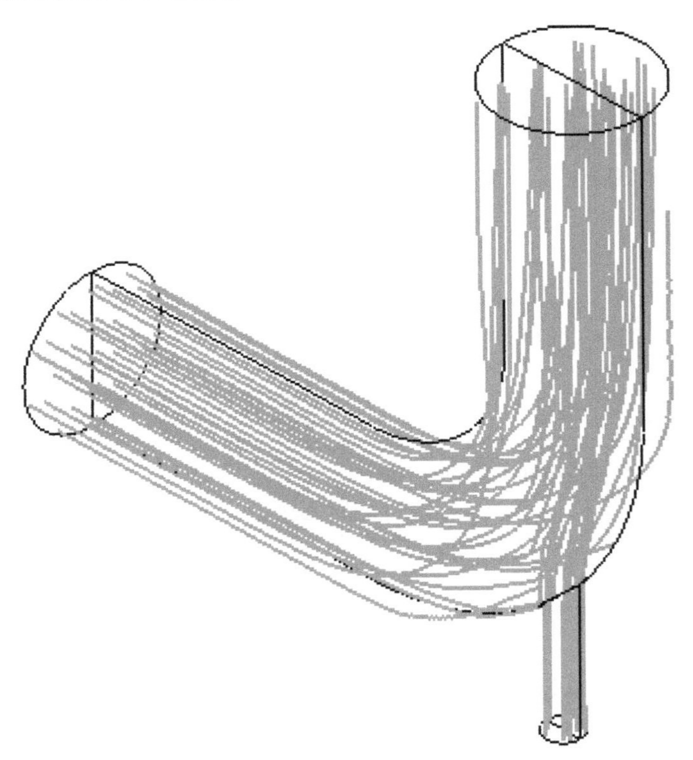

图 6-87 显示粒子轨迹

可以对不同入射口喷入的粒子以不同的颜色进行显示。鼠标双击模型操作树节点 FLUENT PT for Anthracite，在 Geometry 标签页下选择 Injections 为 injection-0 与 injection-1，在 Color 标签页下选择 Mode 为 Variable，选择 Variable 为 Anthracite.Injection，设置 Range 为 Local，如图

6-88 所示。

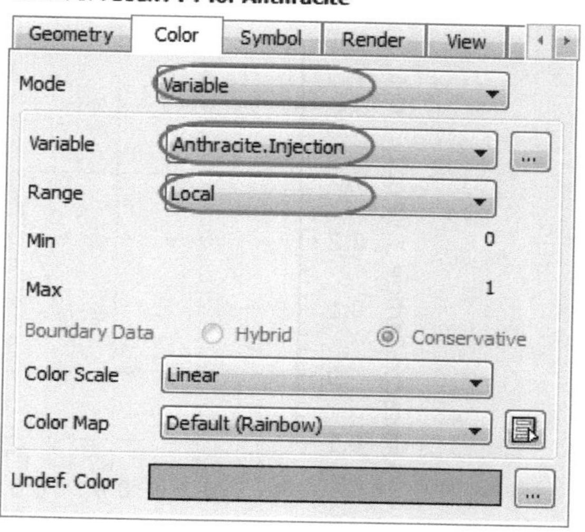

图 6-88 粒子设置

如图 6-89 所示，不同入射口喷入的粒子以不同的颜色进行区分。

可以绘制某一粒子在整个时间上的速度分布。首先需要设置过滤，在模型操作树上双击 FLUENT PT for Anthracite 节点，在 Geometry 标签页下激活 Filter，同时勾选 Track 选项，设置捕捉粒子编号为 54。单击 Apply 按钮，此时图形显示如图 6-90 所示。

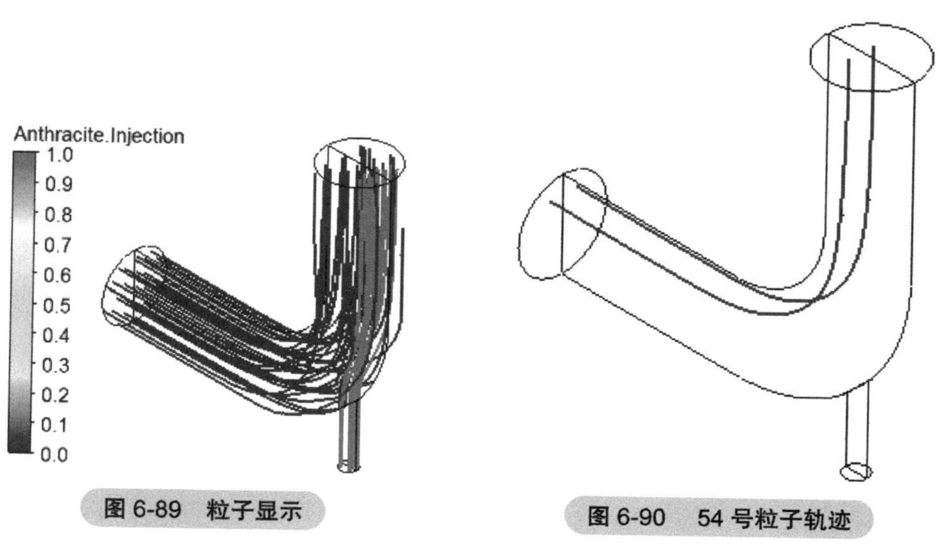

图 6-89 粒子显示

图 6-90 54 号粒子轨迹

利用菜单 Insert → Chart 插入一个 Chart，取名为 Particle54，单击 OK 按钮确定，此时自动打开 Chart View。在 Title 中输入 particle Time vs. particle velocity，在 Data Series 中选择 series 1，设置 Location 为 FLUENT PT for Anthracite，在 X Axis 标签页中设置 Variable 为 Anthracite.Particle time，设置 Y Axis 标签页中 Variable 为 Anthracite.particle Y Velocity，单击 Apply 按钮生成曲线，如图 6-91 所示。

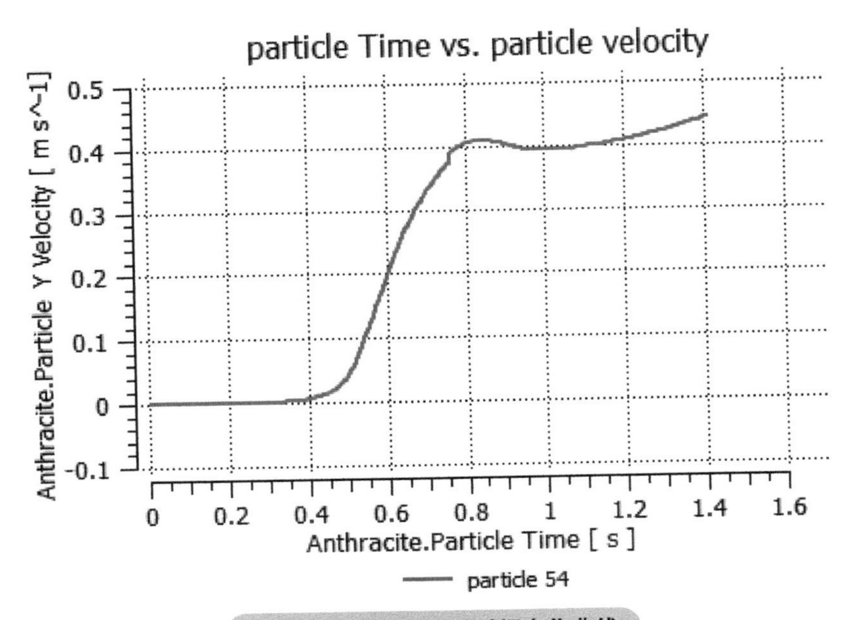

图 6-91 粒子速度随时间变化曲线

将 Y Axis 变量设置为 pressure，则可观察压力随粒子时间的变化曲线，如图 6-92 所示。

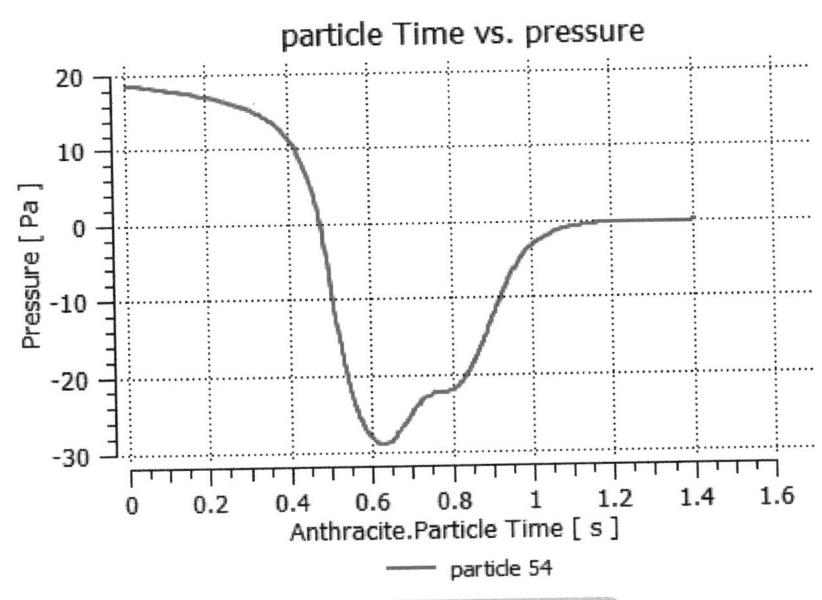

图 6-92 压力随粒子时间变化曲线

可以利用函数计算器计算粒子轨迹上的压力平均长度。利用菜单 Tool → Function Calculator 激活函数计算器，在设置面板中设置 Function 为 lengthAve，设置 Location 为 FLUENT PT for Anthracite，设置 Variable 为 Pressure，激活 Show equivalent expression，单击 Calculate 即可计算出函数值，如图 6-93 所示。

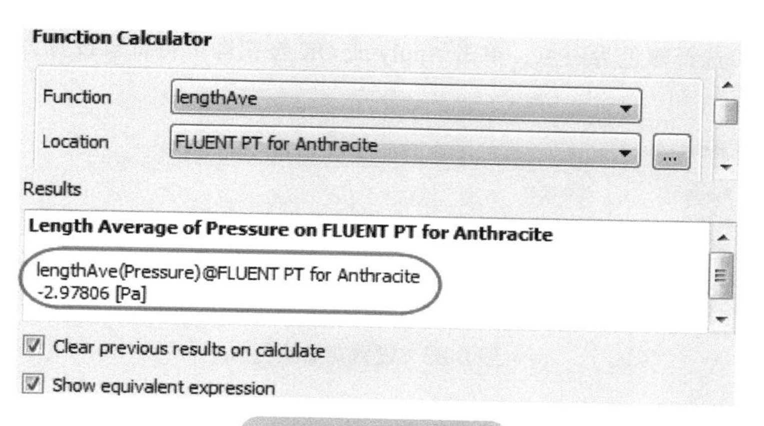

图 6-93 计算函数值

Step 14: 保存后处理文件

可以将所有操作保存为 CST 扩展名的文件，下次直接加载该文件即可自动完成所有后处理操作。利用菜单 File→Save State 或 File→Save State As... 可以保存后处理步骤。如图 6-94 所示，本例保存后处理文件为 elbow1.cst，在后续的例子中还会用到。

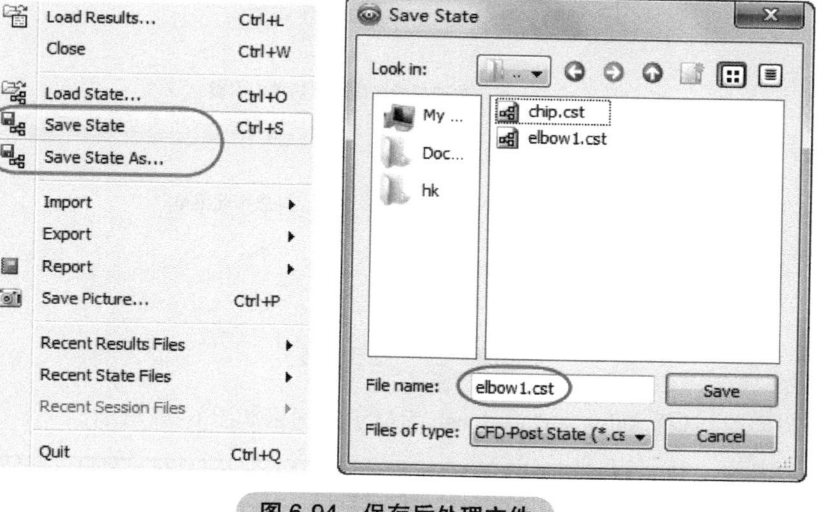

图 6-94 保存后处理文件

6.5 案例 2：定量后处理

后处理过程中经常用到量化工具，本例描述如何使用量化工具以呈现后处理数据。

Step 1: 导入数据文件

启动 CFD-Post，选择菜单 File → Load Result，在弹出的文件选择对话框中选择结果数据文件 EX6-2\chip.cas.gz。

可以将图形显示背景设置为白色，单击菜单 Edit → Option，弹出 Options 对话框，选择节点 CFD-Post → Viewer，在右侧的 Background 项中设置 Mode 为 Color，设置 Color Type 为

Solid，在 Color 中选择颜色为白色，单击 Apply 或 OK 按钮即可将背景设置为白色，如图 6-95 所示。

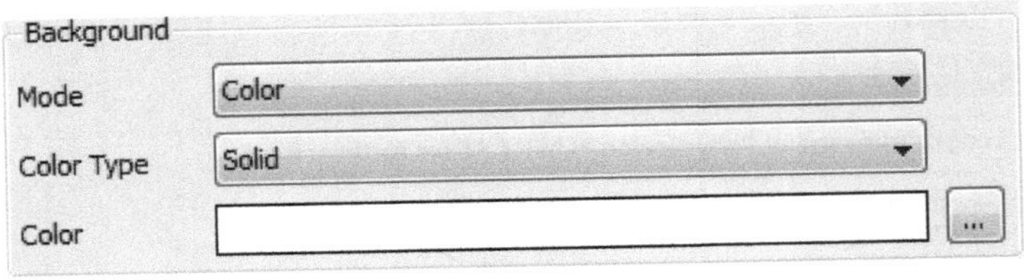

图 6-95　设置背景颜色

Step 2: 显示网格

CFD-Post 有两种显示网格的方式：

1. 显示整体网格

点选图形显示窗口上的选择模式按钮，如图 6-96 所示。

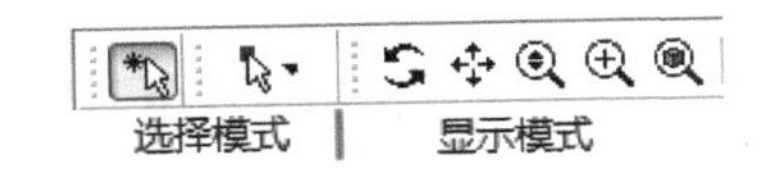

图 6-96　选择模式与显示模式

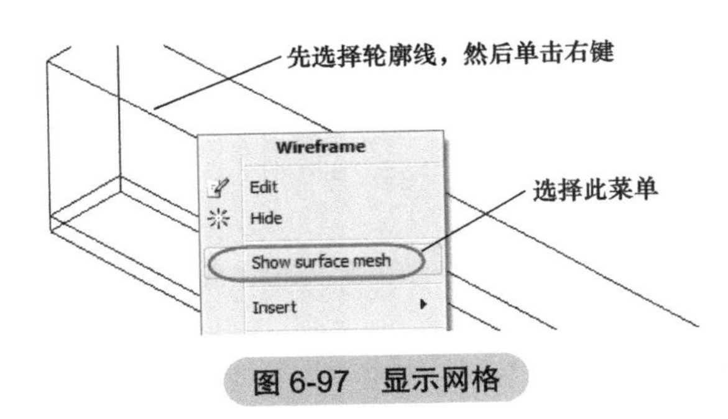

图 6-97　显示网格

如图 6-97 所示，选择 Show surface mesh 后显示的网格如图 6-98 所示。

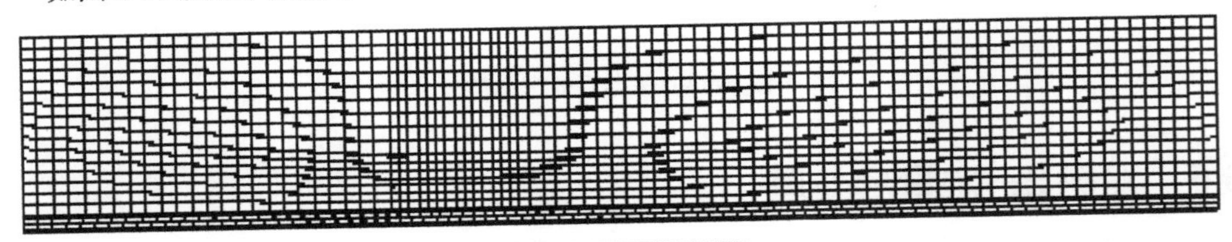

图 6-98　显示网格

2. 显示部分区域网格

例如，要显示边界面 wall 4 shadow 上的网格，如图 6-99 所示，可以双击模型操作树节点 wall 4 shadow，在弹出的设置面板中选择 Render 标签页，勾选激活 Show Mesh Lines，单击 Apply 按钮。

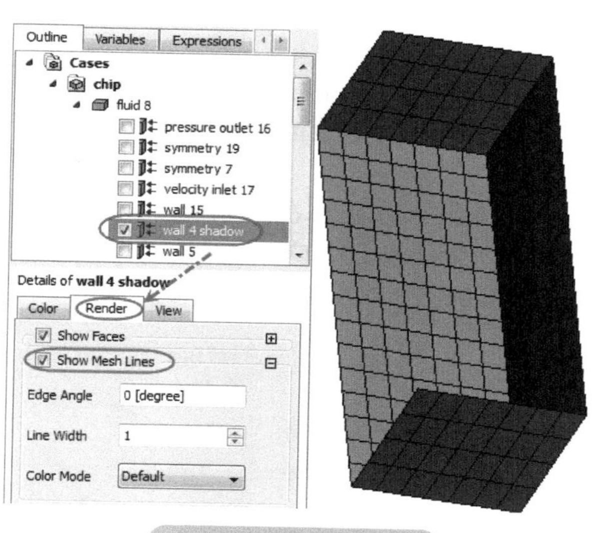

图 6-99　显示部件网格

利用工具栏上网格计算器可以计算网格信息。

在Function项中选择相应的计算函数，单击Calculate按钮即可将计算结果显示在文本框中，如图 6-100 所示。

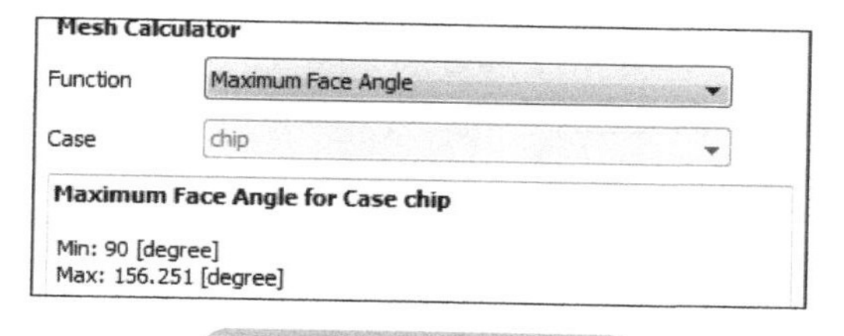

图 6-100　网格计算器

Step 3：Function Calculator（函数计算器）

利用函数计算器可以计算某一位置指定物理量的值。单击工具栏上函数计算器按钮进入设置面板，若要计算出口 pressure outlet 16 的质量流量，则可以在 Function 中选择函数 massFlow，选择 Location 为 pressure outlet 16，单击 Calculate 按钮，函数值将会出现在 Results 文本框中，如图 6-101 所示。

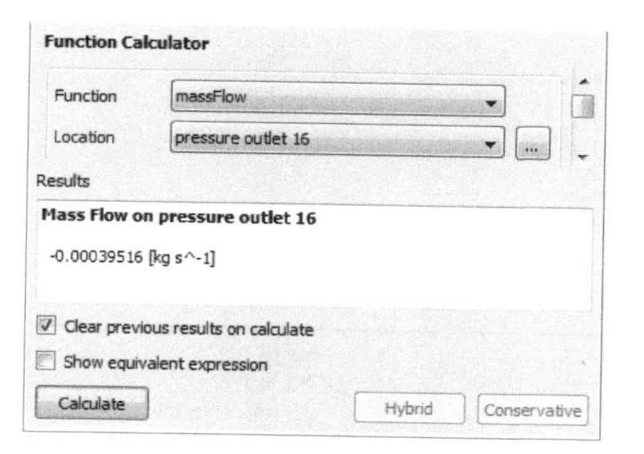

图 6-101　函数计算器

Step 4：创建直线

利用菜单 Insert → Location → Line，在弹出的命名对话框中输入线条名称 Topcenterline，单击 OK 按钮确认。

在 Geometry 标签页中设置 Method 为 Two Points，设置 Point 1 坐标为（0.0508,0.01,0），设置 Point 2 坐标为（0.06985,0.01,0），如图 6-102 所示。

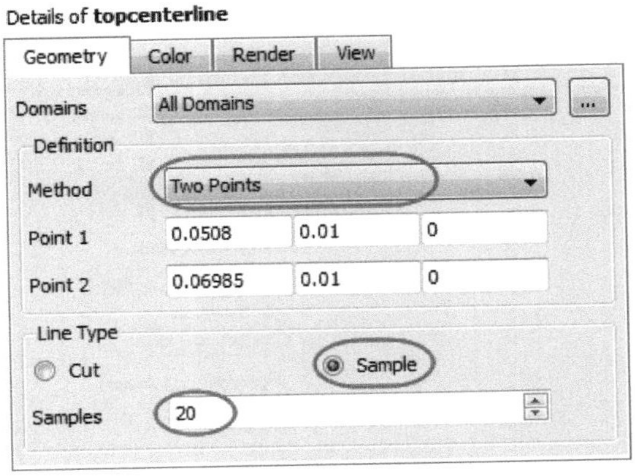

Details of topcenterline
Geometry | Color | Render | View
Domains: All Domains
Definition
Method: Two Points
Point 1: 0.0508 0.01 0
Point 2: 0.06985 0.01 0
Line Type
Cut / Sample
Samples: 20

图 6-102 创建线

Step 5：创建图表

选择菜单 Insert → Chart 插入图表，在弹出的图表名称对话框框中输入 Chip TopTemperature，单击 OK 按钮确认操作。

在图表操作设置面板 General 标签页中，设置 Title 为 Temperature along top of the chip，设置 Caption 为 Graph of the temperature along the top of the chip。

在 Data Series 标签页中，设置 Location 为前面创建的线 Topcenterline。

在 X Axis 标签页中，设置 Variable 为 x。

在 Y Axis 标签页中，设置 Variable 为 temperature。

在 Line Display 标签页中，高亮选择 Chip Top Temperature，设置 Symbols 为 Rectangle。

设置 Symbol Color 为深绿色。

单击菜单 File → Save Picture 设置图片存储路径及图片大小，输出的图形如图 6-103 所示。

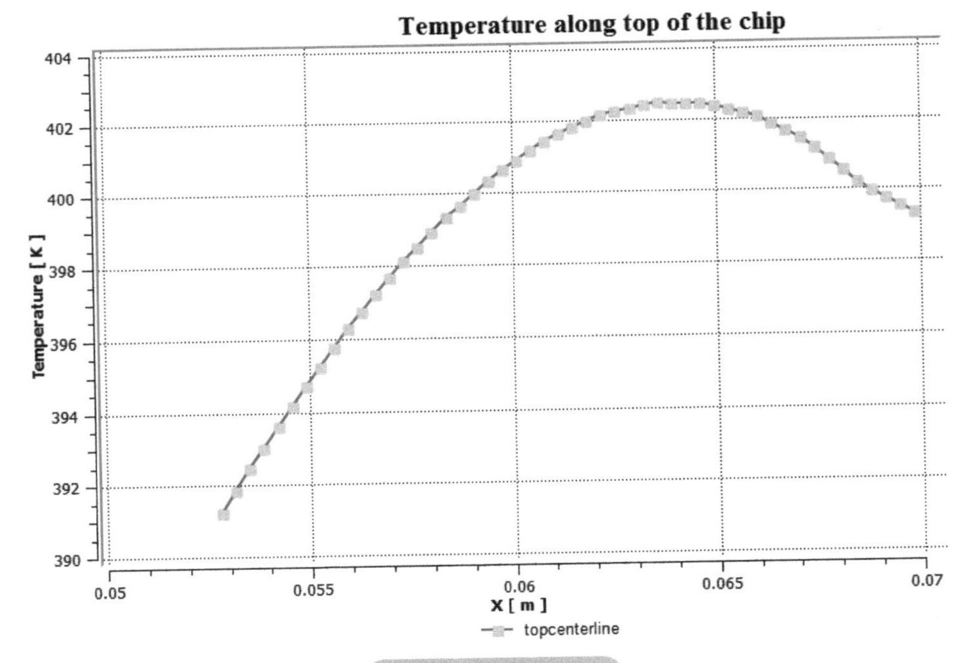

图 6-103 温度分布

Step 6: 创建第二条直线

利用菜单 Insert → Location → Line，在弹出的命名对话框中输入线条名称 bottomsideline，单击 OK 按钮确认。

在 Geometry 标签页中设置 Method 为 Two Points，设置 Point 1 坐标为（0.0508,0.0027,0），设置 Point 2 坐标为（0.06985,0.0027,0）。

Step 7: 创建图表

鼠标双击模型操作树节点 Chip Temperature，在模型设置标签页中更改 Title 为 Temperature along bottom of the Chip，同时修改 Caption 为 Temperature along bottom of the Chip。

在 Data Series 标签页中，单击 New 按钮新建数据序列，设置新建的数据序列名称为 Board-level Temperature，选择 Location 为 Bottomsideline。

在 X Axis 标签页中，设置 Variable 为 x。

在 Y Axis 标签页中，设置 Variable 为 temperature。

在 Line Display 标签页中，选择 Board-level Temperature，设置 Symbols 为 Diamond。

单击 Apply 按钮确认操作，生成的图形如图 6-104 所示。

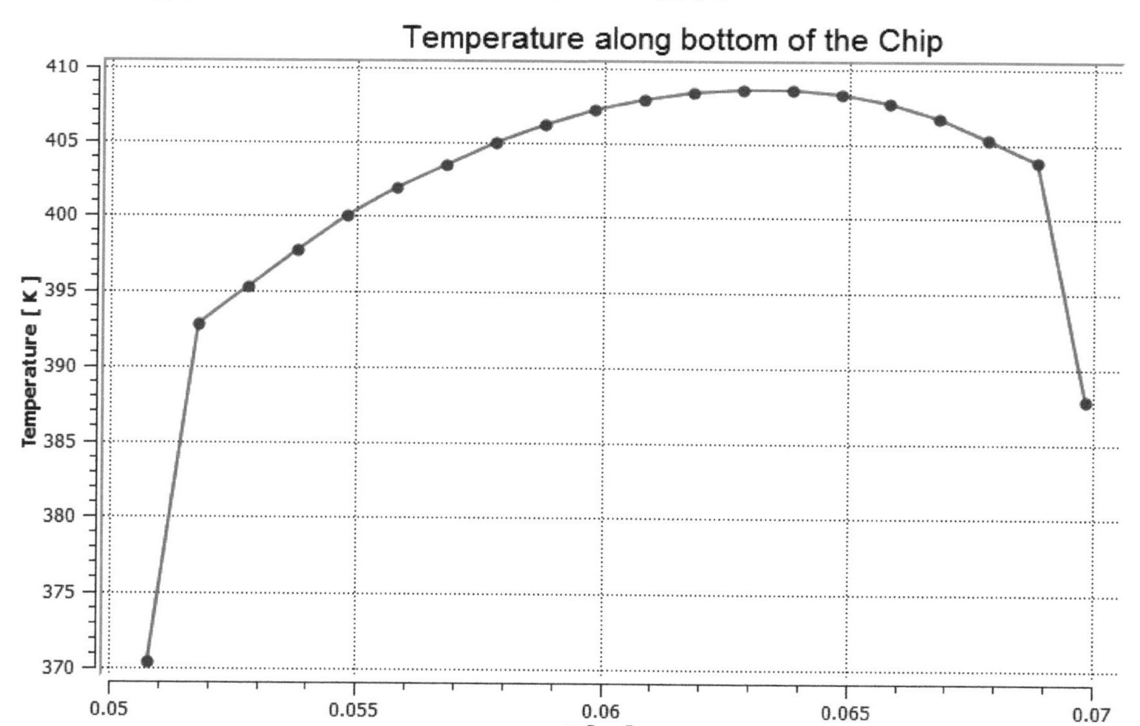

图 6-104　底部温度分布

Step 8: 创建平面

新建三个 Plane，名称采用默认 plane 1，plane 2，plane 3。其定义方式为 YZ 平面，X 值分别为 0.051m，0.0605m，0.0697m，均以变量 Temperature 进行颜色显示，结果如图 6-105 所示。

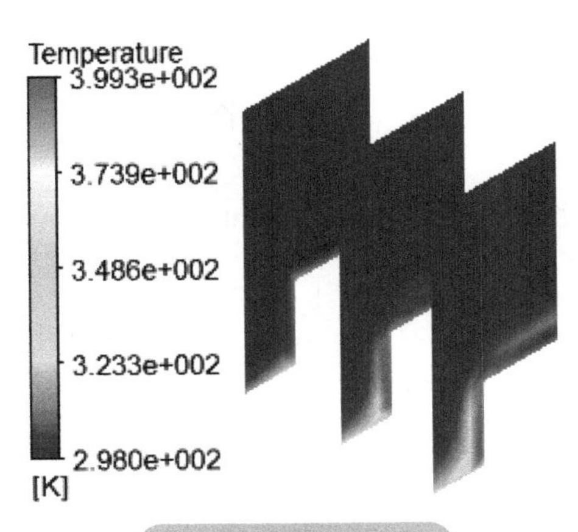

图 6-105　创建平面

Step 9： 创建表格

采用以下步骤：

1）利用菜单 Insert → Table，接受默认的表格名称，单击 OK 按钮创建表格。

2）创建表头，如图 6-106 所示。

Table 1

A2

	A	B	C	D
1	Distance Along Chip	Min. Temperature	Max. Temperature	Difference
2				
3				

图 6-106　表头

3）在 A2 单元格（图中高亮位置）输入 =minVal(x)Plane 1 –minVal(X)@wall 4，如图 6-107 所示。

Table 1

A2　=minVal(X)@Plane 1 -minVal(X)@wall 4

	A	B	C	D
1	Distance Along C...	Min. Temperature	Max. Temperature	Difference
2	0.00 [m]	298.00 [K]	315.91 [K]	17.91 [K]
3	0.01 [m]	298.00 [K]	352.20 [K]	54.20 [K]
4	0.02 [m]	298.00 [K]	366.04 [K]	68.04 [K]

图 6-107　插入公式

采用同样的步骤插入其他单元格内容，见表 6-2 所示。

表 6-2 表格公式

单元格	公式	物理含义
A3	=minVal(X)@Plane 2 -minVal(X)@wall 4	Plane 2 与 wall4 的 X 距离
A4	=minVal(X)@Plane 3 -minVal(X)@wall 4	Plane 3 与 wall4 的 X 距离
B2	=minVal(T)@Plane 1	Plane 1 最低温度
B3	=minVal(T)@Plane 2	Plane 2 最低温度
B4	=minVal(T)@Plane 3	Plane 3 最低温度
C2	=maxVal(T)@Plane 1	Plane 1 最高温度
C3	=maxVal(T)@Plane 2	Plane 2 最高温度
C4	=maxVal(T)@Plane 3	Plane 3 最高温度
D2	=maxVal(T)@Plane 1 -minVal(T)@Plane 1	Plane 1 上温度差
D3	=maxVal(T)@Plane 2 -minVal(T)@Plane 2	Plane 2 上温度差
D4	=maxVal(T)@Plane 3 -minVal(T)@Plane 3	Plane 3 上温度差

Step 10：输出报告

单击图形显示窗口中的 Report Viewer 标签页，会自动生成报告，单击报告视图中左上角工具栏上 Publish 按钮，可将报告输出为 htm 格式文件进行保存，如图 6-108 所示。

Refresh Publish

图 6-108 输出报告

6.6 案例 3：比较多个 CASE

利用 CFD-Post 可以同时载入一个或多个数据文件，并且能够对多个数据文件进行比较操作。本例演示同时导入两个数据文件的情况。

Step 1：导入数据文件

启动 CFD-Post，选择菜单 File → Load Results，在弹出的加载结果文件对话框中按住 Ctrl 键同时选择结果文件 EX6-3\elbow1.cas.gz 与 EX6-3\elbow3.cas.gz，如图 6-109 所示，单击 Open 按钮打开结果文件。

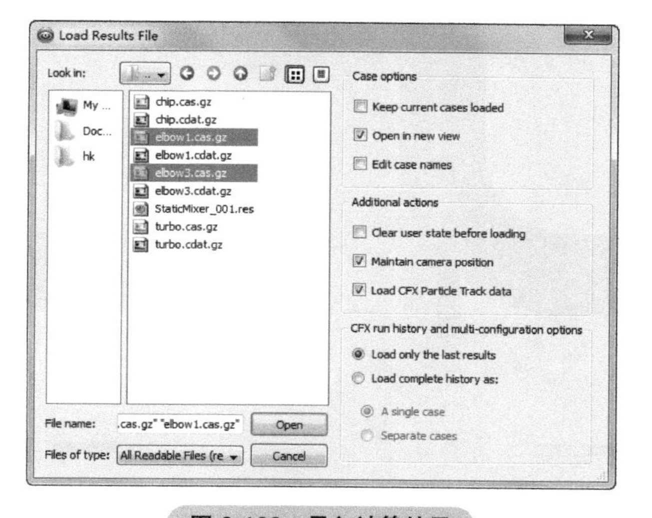

图 6-109 导入计算结果

Step2： 显示视图

图形显示窗口自动分屏进行显示。可以设置每一个视图所对应的数据文件，如图 6-110 所示。单击图形显示窗工具栏按钮中的同步显示按钮，使多个视图保持同步。

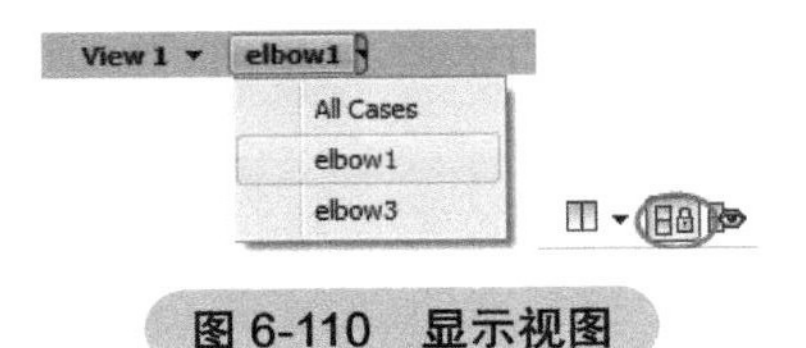

图 6-110 显示视图

Step 3： 显示对称面温度

分别双击属性菜单中的 symmetry 节点，设置使用 Temperature 显示颜色，如图 6-111 所示。设置完成后可以看到图形显示窗口分别显示不同数据文件所对应的图形，如图 6-112 所示。

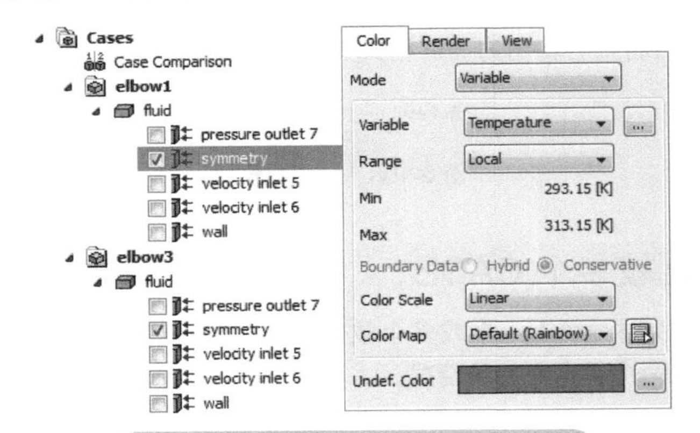

图 6-111 选择 symmetry 并设置颜色

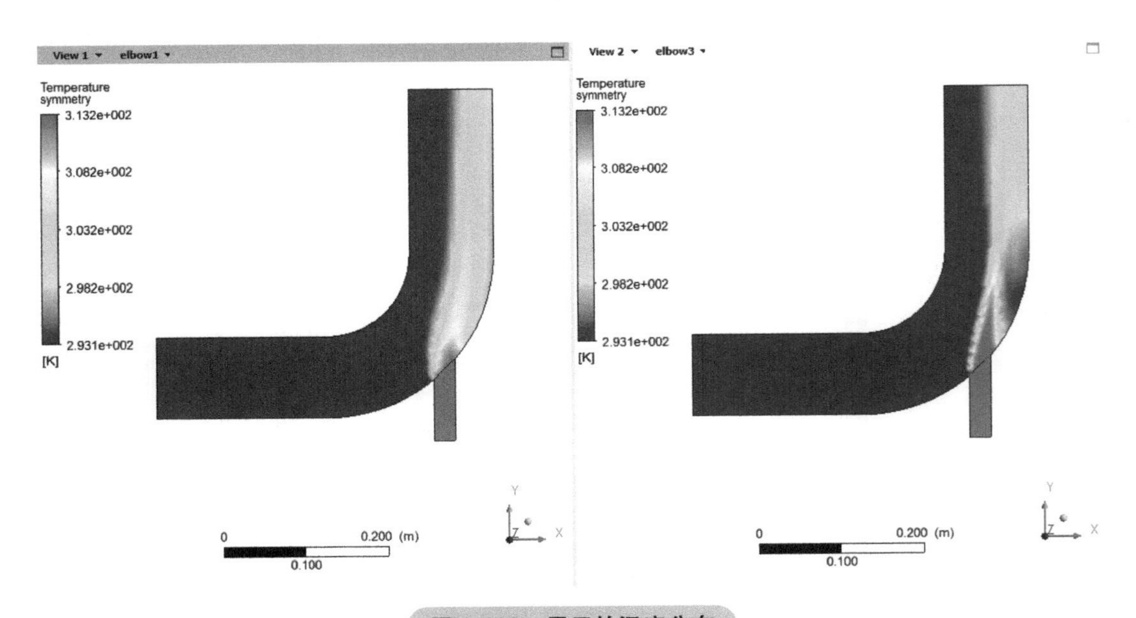

图 6-112 显示的温度分布

Step 4： 模型比较

当同时导入多个结果文件时，在模型操作数中将会出现 Case Comparison 节点。鼠标双击该节点或右键单击该节点选择 Edit 菜单，将会出现如图 6-113 所示设置面板。可以设置用于比较的数据，单击 Apply 完成比较。

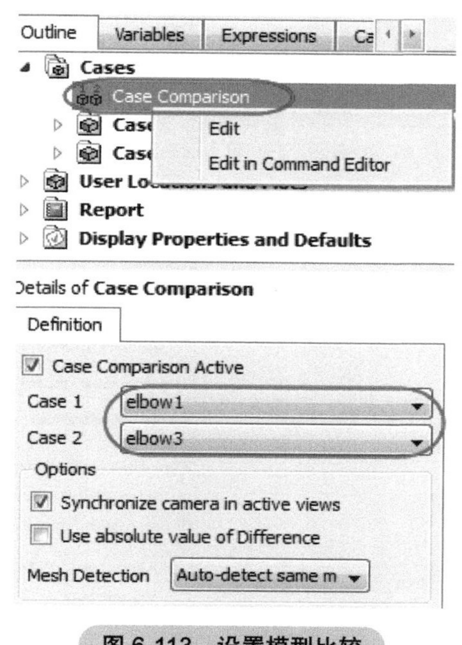

图 6-113　设置模型比较

如图 6-114 所示，图形显示窗口将会多出一个子窗口用于放置比较后的图形。鼠标双击子窗口标题栏可以放大全屏显示。

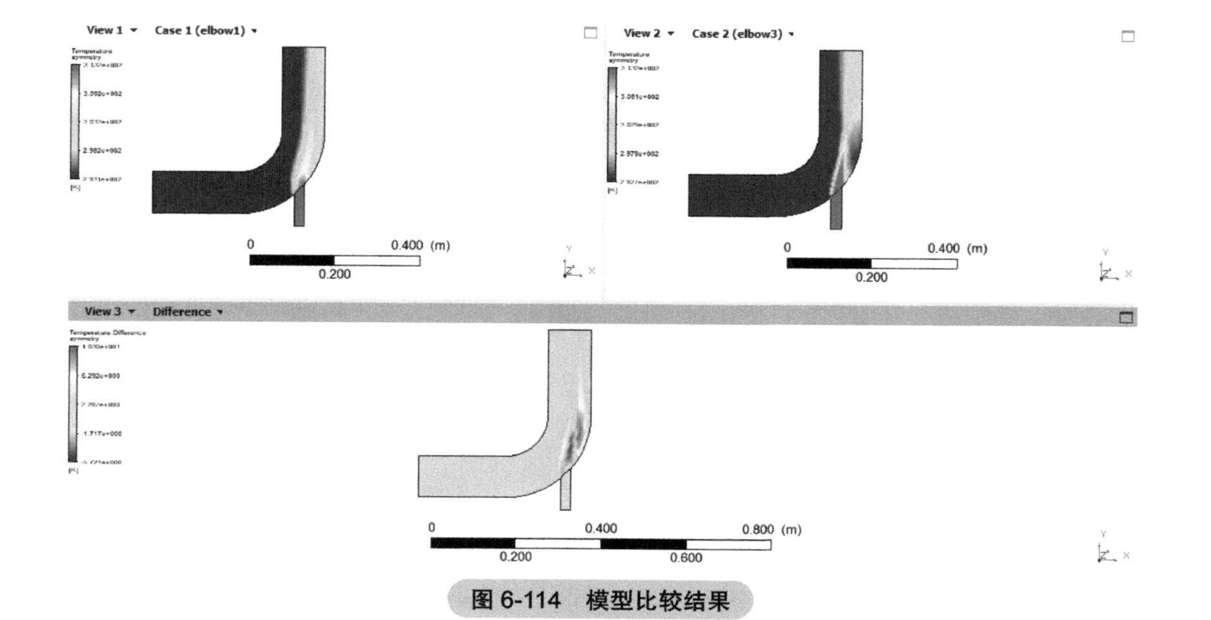

图 6-114　模型比较结果

6.7 案例 4：瞬态后处理

瞬态后处理与稳态所不同的地方在于，瞬态计算结果不止一个文件，通常包含多个数据文件。在进行后处理过程中，需要处理与时间相关的数据，如某一物理量随时间的分布趋势。

Step 1：导入瞬态文件

利用菜单 File → Load Result 打开文件载入对话框，如图 6-115 所示。

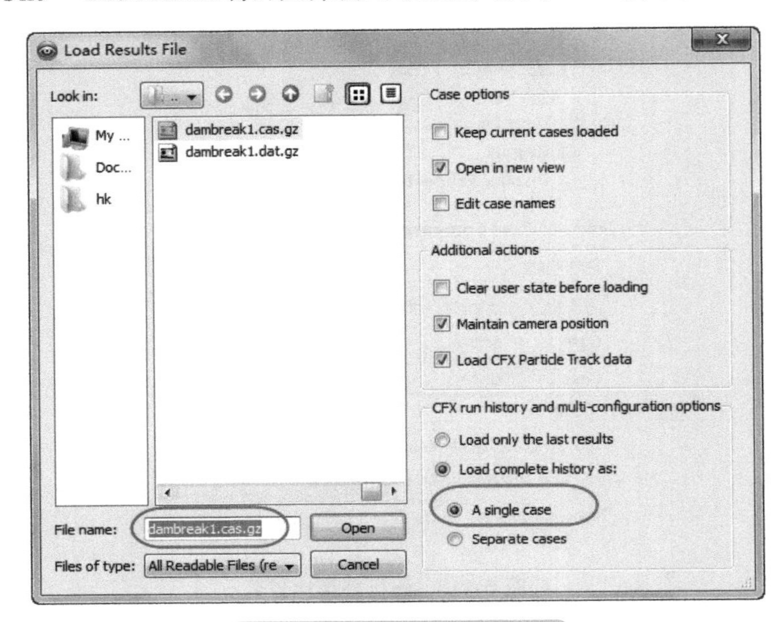

图 6-115 导入瞬态计算结果

选择瞬态文件 EX6-4\dambreak1.cas.gz，单击 Open 按钮，CFD-Post 自动加载瞬态序列文件。

Step 2：显示液态相分布

选择模型操作树 air symmetry 2 与 water symmetry 2 节点前方的复选框，如图 6-116 所示。在对象设置窗口中设置以 Water Liquid. Volume Fraction 显示颜色，如图 6-117 所示。

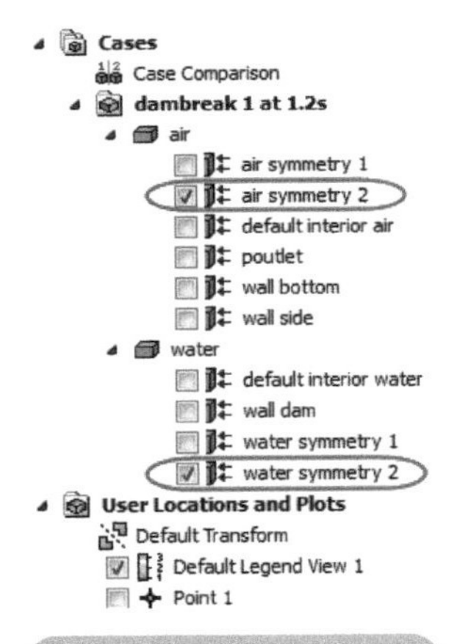

图 6-116 选择几何面

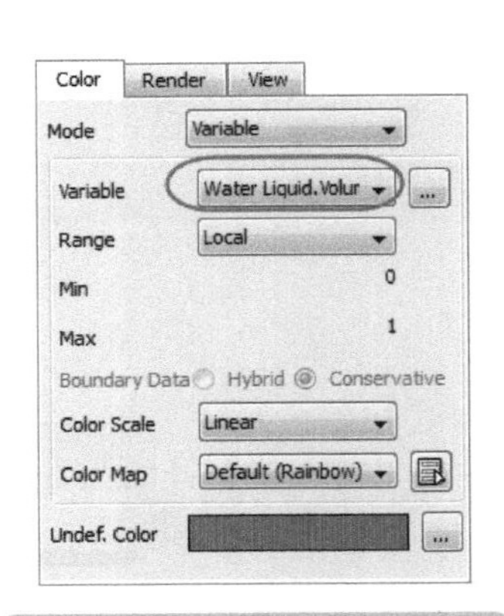

图 6-117 设置液相体积分数

去除模型树中 wireframe 节点前方复选框，图形窗口中的显示如图 6-118 所示。

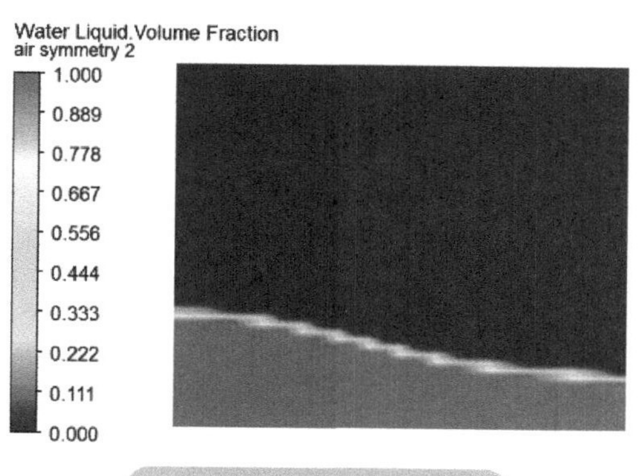

图 6-118　液相体积分数

利用菜单 Tool → Timestep Selector 可以打开时间步选择对话框，如图 6-119 所示，利用该对话框可以增加、删除时间步，还可以直接进入动画创建面板制作时间动画。在该对话框中可以通过双击时间步列表项查看不同时刻液相分布。

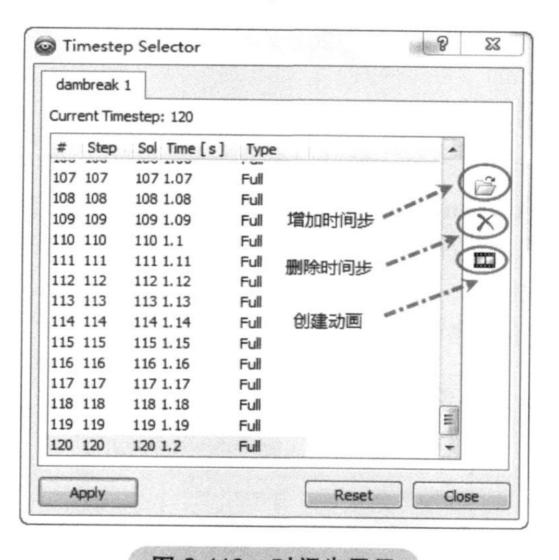

图 6-119　时间步显示

Step 3：创建时间步动画

对于瞬态后处理，最常见的操作为动画创建。利用图 6-119 中的创建动画按钮或单击工具栏按钮可进入动画创建面板。CFD-Post 中的动画创建包括两种类型：

Quick Animation：快速动画，通常是利用瞬态时间步创建动画。动画比较精细，但耗费创建时间，且动画文件较大。

Keyframe Animation：关键帧动画，通常用于变化比较平缓的场合，创建速度快，文件小，但是细节捕捉没有时间步动画精细。

如图 6-120 所示，通过激活 Save Movie 选项可以将动画保存为视频文件，单击播放按钮▶即开始动画创建工作。

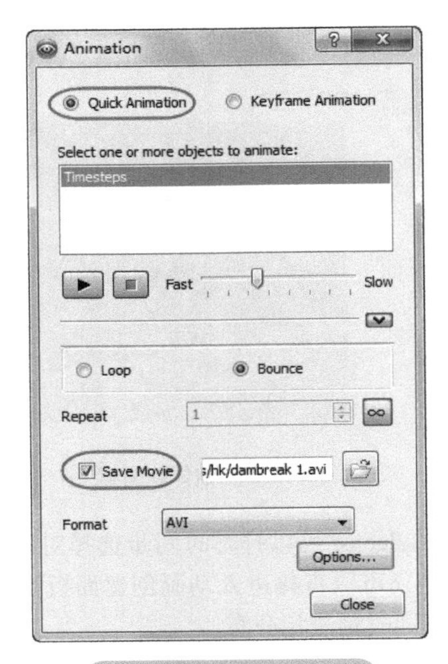

图 6-120　时间步动画

Step 4：创建关键帧动画

利用菜单 Tool → Timestep Selector 打开时间步选择对话框，选择起始时间步。打开动画创建面板，选择 Keyframe Animation 选项，单击新建关键帧按钮，如图 6-121 所示。

打开时间步选择对话框，选择最后一个时间步。然后打开动画创建面板，再次单击新建关键帧按钮，创建第二个关键帧。

单击播放按钮即开始创建动画。

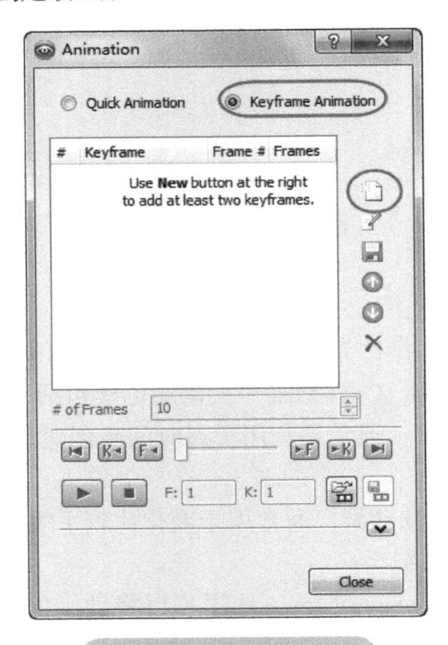

图 6-121　关键帧动画

Step 5: 创建点

利用菜单 Insert → Location → Point 创建坐标为（2.5,1.5,0）的点 Point 1。

Step 6: 创建瞬态曲线

单击工具栏按钮创建图表。在 General 标签页中选择图表类型为 XY-Transient or Sequence，如图 6-122 所示。

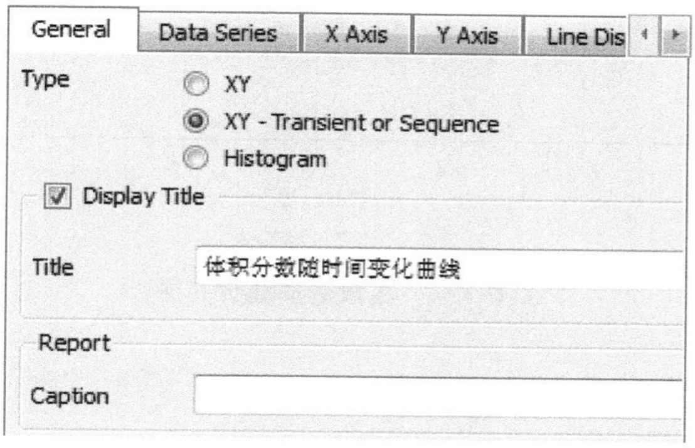

General | Data Series | X Axis | Y Axis | Line Dis
Type: XY / XY - Transient or Sequence / Histogram
Display Title
Title 体积分数随时间变化曲线
Report
Caption

图 6-122　设置 XY 曲线

在 Data Series 标签页中设置 Location 为上一步创建的点 Point 1，如图 6-123 所示。

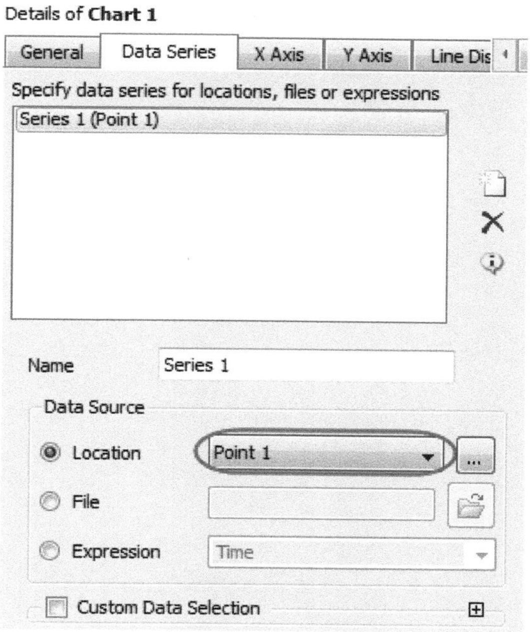

Details of **Chart 1**
General | Data Series | X Axis | Y Axis | Line Dis
Specify data series for locations, files or expressions
Series 1 (Point 1)
Name Series 1
Data Source
Location Point 1
File
Expression Time
Custom Data Selection

图 6-123　选择 Location

保持 X Axis 标签页中变量为 Time。

设置 Y Axis 标签页中设置变量为 Water Liquid. Volume Fraction。

其他参数保持默认设置，生成的图表如图 6-124 所示。

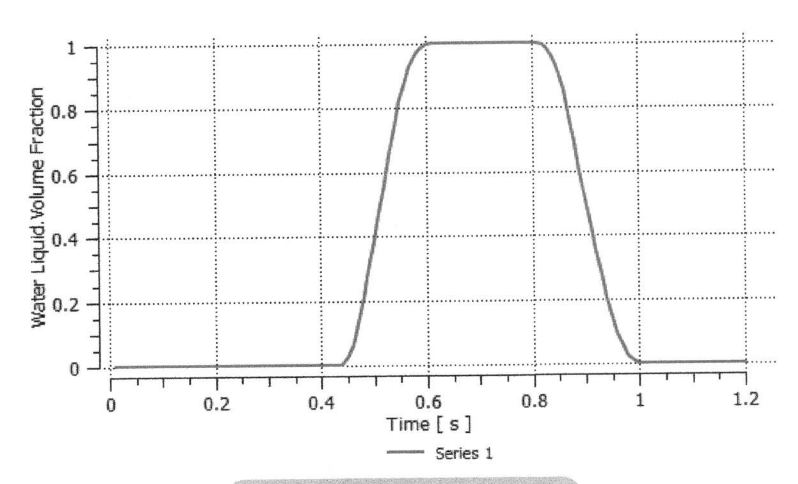

图 6-124　生成的曲线分布图

6.8　本章小结

CFD-Post 是一个功能较为强大的后处理模块。本章对 CFD-Post 进行了全方位的讲解，并通过案例对该模块的使用方式进行了详细描述。